普通高等学校"十四五"规划计算机类专业特色教材

MySQL
数据库项目化
案例教程

主　编◎徐燕飞　林芳宇　宁建飞

副主编◎吴敬婷　王　博　曾凌峰

温子祺　冯宝祥

华中科技大学出版社

http://press.hust.edu.cn

中国·武汉

内 容 简 介

本书共包含 11 个项目，全面、系统地介绍了 MySQL 数据库的基本概念及应用，内容包括初识数据库、数据库的基本操作、数据表的基本操作、数据的基本操作、数据查询、索引、视图、触发器、数据库安全与管理、存储过程与事务、网上书城数据库案例设计。不同于传统教材，本书创新采用项目化教学法，以典型应急物资管理系统为案例主线，将核心知识点融入实操场景，让读者在实践中掌握数据库使用技巧。本书可作为高职高专的教材，也可作为计算机爱好者的数据库自学参考资料。

图书在版编目(CIP)数据

MySQL 数据库项目化案例教程 / 徐燕飞，林芳宇，宁建飞主编. -- 武汉：华中科技大学出版社，2025. 7. -- ISBN 978-7-5772-1957-8

Ⅰ. TP311.132.3

中国国家版本馆 CIP 数据核字第 2025UW4437 号

MySQL 数据库项目化案例教程　　　　　　　　徐燕飞　　林芳宇　　宁建飞　　主编

MySQL Shujuku Xiangmuhua Anli Jiaocheng

策划编辑：汪　粲

责任编辑：徐晓琦　　毛雪菲

封面设计：廖亚萍

责任校对：谢　源

责任监印：曾　婷

出版发行：华中科技大学出版社（中国·武汉）　　　电话：(027)81321913
　　　　　武汉市东湖新技术开发区华工科技园　　　邮编：430223

录　　排：武汉市洪山区佳年华文印部

印　　刷：武汉科源印刷设计有限公司

开　　本：787mm×1092mm　1/16

印　　张：15.5

字　　数：337 千字

版　　次：2025 年 7 月第 1 版第 1 次印刷

定　　价：52.80 元

前言 preface

随着使用数据库技术的信息管理系统和应用系统日益增加,对掌握数据库技术的专业人员的需求也在不断增长。MySQL 作为全球广受欢迎的数据库管理系统之一,具有开源、免费、体积小、易于安装、性能高效和功能齐全等特点,非常适合用于数据库技术的教学。

本书旨在为广大读者提供一本实用的 MySQL 数据库学习与应用指南。不同于传统的教材,本书摒弃了单纯的理论介绍和孤立的例子,而是采用了项目化的教学方法,以实际的项目案例为依托,将 MySQL 数据库的基础知识与实际应用紧密结合,使读者能够在实际操作中学习和掌握 MySQL 数据库的使用技巧。

本书以一个典型的应急物资管理系统为例,逐步介绍 MySQL 数据库的各个知识点。从数据库的创建与管理到数据表的操纵与查询,再到存储过程和触发器的实战应用,最后到事务和数据库的安全管理,我们将通过项目化的教学方式,带领读者逐步进入 MySQL 数据库的精彩世界。

同时,为了帮助读者更好地理解和掌握各知识点,本书在每个章节都配备了拓展训练和课后习题,使读者能够在实践中巩固所学知识。此外,为了方便读者学习,本书还提供了与课程内容配套的 PPT、电子教案、微课视频、数据库源码等资源,使读者能够更加方便地进行学习和实践。

本书所有编写人员均长期从事数据库课程的教学和科研工作,具有丰富的教学经验。全书各项目内容都与实例紧密结合,有助于学生理解和应用所学知识,方便学生在掌握理论知识的同时提高解决问题的能力,达到学以致用的目的。

本书可作为高职高专的教材,也可作为计算机爱好者的数据库自学参考书。

本书由徐燕飞、林芳字、宁建飞主编,参加本书编写的有吴敬婷、王博、曾凌峰、温子祺(企业导师)、冯宝祥(企业导师)、梁浩、蔡长征、曾德胜、邱燕玲、王晓婷,在编写过程中,我们得到了众多同仁的大力支持与帮助,在此表示衷心的感谢。

由于编者的水平和经验有限,不足之处在所难免,恳请各位专家和读者予以指正,并欢迎同行进行交流。

编 者
2025 年 1 月

目 录

Contents

项目一 初识数据库

【教学目标】

✧ 熟练掌握数据库、数据库管理系统和数据库三级模式结构等基本概念。

✧ 牢固掌握关系模型的组成部分及关系数据结构。

✧ 能够熟练安装 MySQL 和配置 MySQL，完成登录和退出 MySQL 服务器等操作。

✧ 了解 MySQL 图形窗口工具。

【思政目标】

✧ 通过介绍 MySQL 数据库的发展历程，理解其在信息技术领域的重要作用，引导学生思考信息技术如何助力国家创新驱动发展战略，以及个人在信息技术领域中的责任和使命。

✧ 通过介绍数据模型和 MySQL 的配置，认识到在技能培养过程中团队合作的重要性，鼓励学生通过协作完成数据库设计与管理任务，让学生亲身体验团结协作的力量，认识到个人价值在社会价值中的实现需要融入集体，同时发扬爱国主义和集体主义精神。

✧ 在 E-R 图教学过程中，应注重科学精神、责任感、法治观念的培养，鼓励创新与实践，强调团队协作与沟通，并引导学生结合国家发展树立社会责任感，实现个人价值与社会价值的统一。

任务一　了解数据库系统

●【任务描述】

信息是对客观事物及其关系的描述，数据是信息的具体化、形象化，是表示信息的一种符号。数据、信息、物质三者相互关联，各自形成独立的体系。数据库是大量数据的集合。数据处理的目的是借助计算机技术科学地保存和管理大量复杂的数据，并从大量的原始数据中抽取并推导出对人们有价值的信息。那么,如何从杂乱的海量数据中抽取出有组织的数据结构呢? 数据库管理系统是如何利用关系模型进行定义和操作数据的? 下面根据要求从 MySQL 中查找相关的概念信息,并绘制应急物资管理系统的 E-R 图。

●【任务分析】

深入理解数据库管理系统和关系模型中的数据结构,使用数据库管理系统来统一管理和操控数据。利用 MySQL 关系型数据库管理系统建立关系模型。

●【任务实施】

1. 数据库基本概念

1) 数据

数据(Data)是用来描述客观事物的特征和状态的可鉴别符号,是数据库中存储的基本对象。它的载体形式可以是数字、文字、图形、图像、音频和视频等,经过数字化处理后都能永久存储在计算机中。

2) 数据库

数据库(Database,DB)是指按一定的数据结构将相关数据组织在一起并存储在计算机上,能够为多个用户共享,且与应用程序彼此独立的一组相关数据的集合。它是长期存储在计算机内、有组织、可共享的大量数据的集合。

3) 数据库管理系统

数据库管理系统(Database Management System,DBMS)是一套软件,它允许用户创建、检索、更新和管理数据库中的数据。DBMS 是数据库的核心组件,它提供了数据存储、数据操纵和数据维护的功能。数据库管理系统主要有以下功能。

(1) 数据定义。通过数据定义语言对数据库中各种对象的组成和结构进行定义。

(2) 数据操纵。通过数据操纵语言实现数据的基本操作,如插入、删除、修改和查询等。

(3) 数据组织、存储和管理。DBMS 要确定以何种物理结构存储各种数据,如何实现数据之间的联系,提高存储空间的利用率和存取效率。

(4) 数据库的事务管理和运行管理。数据库在建立、使用和维护时由 DBMS 统一管理和控制,以保证数据的安全性、完整性、多用户对数据库的并发访问和故障后的恢复。

(5) 数据通信。DBMS 可实现与其他软件系统的通信,包括不同 DBMS 之间的数据转换、异构数据库之间的互访和互操作功能等。

4) 数据库应用系统

数据库应用系统(Database Application System,DBAS)是在数据库管理系统(DBMS)支持下建立的计算机应用系统。它利用数据库技术对数据进行存储、管理、查询和处理,通过 DBMS 来提供高效、安全的数据操作,并具备数据的持久性、完整性和一致性等特性。如教务管理系统、图书借阅管理系统,以及京东、天猫等公司使用的系统都是数据库应用系统。

数据库应用系统是由数据库(DB)、数据库管理系统(DBMS)、数据库管理员(DBA)、应用软件、应用界面、用户以及支撑环境(硬件平台、软件平台)组成的有机整体。这些部分按一定的逻辑层次结构组成,共同实现数据的存储、管理和应用。

5)数据库系统

(1)数据库系统的组成。

数据库系统通常由硬件系统、软件系统、数据库、数据库管理系统、数据库管理员及用户组成,如图1-1所示。

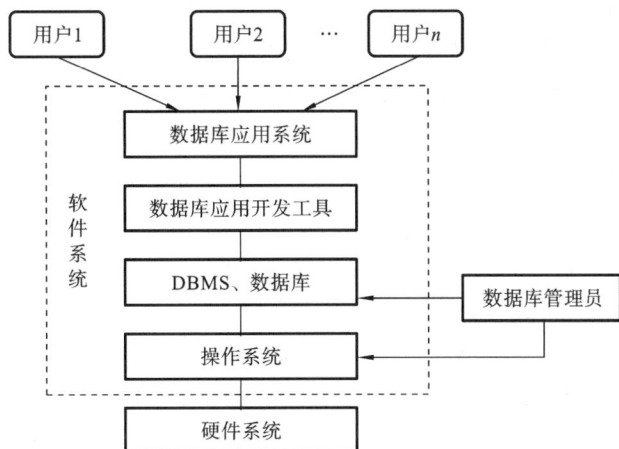

图1-1 数据库系统结构

- 硬件系统:提供数据库运行所需的物理资源。
- 软件系统:包括操作系统、网络软件等,支持数据库系统的运行。
- 数据库:存储结构化数据的集合。
- 数据库管理系统:作为核心软件,用于创建和管理数据库。
- 数据库管理员:负责数据库的维护和管理。
- 用户:包括终端用户(操作应用界面)和开发人员(编写应用程序)。

数据库系统具有以下特征。

① 灵活的数据模型。数据库系统采用数据模型来抽象和表示现实世界中的数据及其联系。这些模型(如层次模型、网状模型、关系模型等)提供了灵活的数据表示方式,能够适应不同应用场景的需求。

② 数据共享,冗余度低,易扩充。数据共享包括所有用户可以同时存取数据库中的数据,也包括用户可以用各种方式通过接口使用数据库。因为数据是面向整体的,所以数据可以被多个用户、多个应用程序共享使用,这样大大减少数据冗余,节约存储空间,避免数据之间的不相容性与不一致性。

③ 数据独立性高。用户的应用程序与数据库中数据的逻辑结构相互独立。当数据的逻辑结构发生变化时(如修改表结构),应用程序不需要修改。同样,用户的应用程序与数

据库中数据的物理存储结构也相互独立。当数据的物理存储结构发生变化时（如更换存储设备），应用程序仍然能够正常工作。

④ 数据统一管理与控制。数据库系统通过 DBMS 提供统一的数据管理功能，包括数据的定义、组织、存储、访问、更新、维护等。同时，DBMS 还负责数据的安全性、完整性和并发控制，确保数据的安全性和一致性。

⑤ 数据的持久性与可恢复性。数据库系统确保数据的持久性，即使发生系统故障或断电等意外情况，已存入数据库的数据也不会丢失。同时，数据库系统还提供了数据恢复功能，可以在系统发生故障后迅速恢复数据到某个一致的状态，保障数据的可靠性。

（2）数据库系统的应用模式。

数据库系统的应用模式包括客户机/服务器（Client/Server，C/S）模式和浏览器/服务器（Browser/Server，B/S）模式。

C/S 模式将任务合理分配到客户端和服务器端，从而降低系统的通信开销，充分利用两端计算机的资源。基于 C/S 模式的数据库系统必须在每个客户端安装专门的应用软件。C/S 模式的软件响应速度快，可以充分满足客户的个性化需求，但升级不方便，维护和管理的难度较大。因此，C/S 模式一般在特定行业使用，如证券交易系统、QQ 聊天软件等。

B/S 模式下，客户端不需要另外安装专门的软件，只需安装浏览器即可运行软件。这种结构的优点是系统升级简单，维护方便；缺点是较难实现个性化的功能，响应速度较慢。

2. 数据库三级模式结构

数据库的三级模式结构是数据库管理系统（DBMS）中用于组织和抽象数据的关键概念。它包括外模式、概念模式和内模式，每个模式分别对应不同的数据抽象层次。数据库三级模式结构如图 1-2 所示。

外模式：也称用户模式，是数据库系统的最上层。它定义了最终用户或应用程序与数据库交互时所看到的视图。

概念模式：也称逻辑模式或模式，是数据库系统的中间层。它提供了数据库的完整逻辑结构，包括所有数据的组织方式、数据类型、数据之间的关系以及数据的完整性约束。

内模式：内模式也称存储模式，是数据库系统的最底层。它描述了数据在存储介质上的实际存储方式，包括数据的物理结构、存储记录、索引、存储路径等。一个数据库系统只有一个内模式，如 SQL 中的数据库文件。

三个模式之间通过映射进行联系，包括外模式/概念模式映射、概念模式/内模式映射。

外模式/概念模式映射（external/conceptual mapping）定义了外模式与概念模式之间的对应关系，即如何将用户视图转换为数据库的完整逻辑结构。

概念模式/内模式映射（conceptual/internal mapping）定义了概念模式与内模式之间的对应关系，即如何将完整逻辑结构转换为物理存储结构。

三级模式结构是现代数据库管理系统设计的核心，它提供了一个灵活、可扩展且高效的数据管理框架。

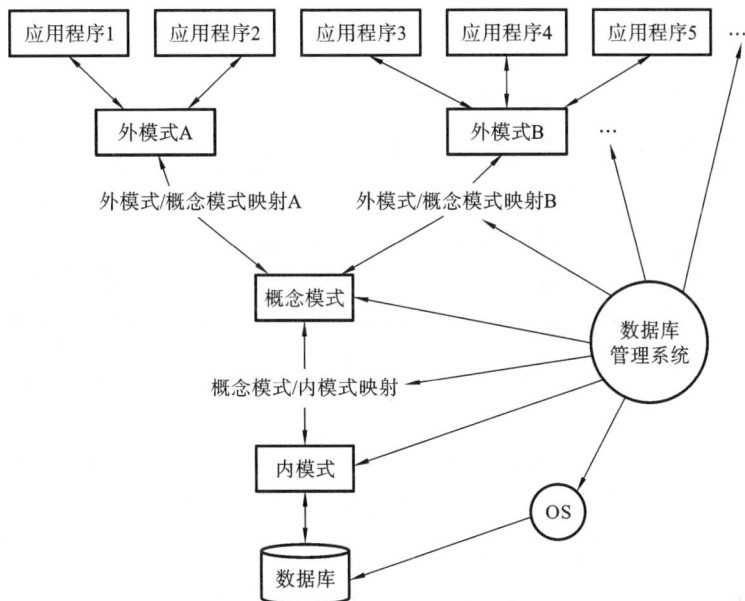

图 1-2　数据库三级模式结构

3．数据库技术的发展

数据库管理技术先后经历了人工管理、文件管理、数据库管理三大主要阶段。

1）人工管理阶段

20 世纪 50 年代中期以前,计算机主要应用于科学计算领域。当时的硬件环境只有磁带、卡片等存储设备,软件只有汇编语言,数据处理方式是批处理。人工管理阶段的特点是数据不能长期保存,由应用程序进行数据管理,没有通用的数据管理系统软件支持,数据没有独立性,也不能实现共享。

2）文件管理阶段

20 世纪 50 年代末期到 60 年代中期,硬件方面有了磁盘等可以直接存取的存储设备,软件方面也出现了操作系统。文件管理阶段的特点是数据可以长期保存,应用程序可以采用统一的存取方法来存储和操作数据,程序和数据不再直接一一对应,数据有了一定的独立性,但数据冗余度大、共享性差,容易造成数据不一致。

3）数据库管理阶段

20 世纪 60 年代后期以后,为了满足多用户、多应用共享数据的需求,统一管理数据的系统软件——数据库管理系统出现了。这一全新的阶段以共享的数据库为中心。数据库管理阶段的特点是数据集中统一管理,操作由 DBMS 控制,实现了数据整体结构化,数据共享性高、冗余度低,数据库的数据逻辑结构和物理结构相互独立,提高了数据的利用率和一致性。

4. 常见的数据库

1）金仓数据库

金仓数据库管理系统（KingbaseES）是中电科金仓（北京）科技股份有限公司（原人大金仓）开发的通用关系型数据库管理系统。KingbaseES 基于成熟的关系数据模型，是大型通用的跨平台系统，可以安装和运行于 Windows、Linux、Solaris 以及 AIX 等多种操作系统平台。它具有大型数据管理能力、高效稳定的数据库管理能力，支持 50～1000 个及以上的数据库并发用户，适合各类企业级信息系统，重点应用于电子商务、电子政务、制造业、教育等领域。

其他国产数据库还包括：达梦数据库（DM）、OpenBASE 数据库、神通数据库（原 OSCAR 数据库）、天津南大通用数据库等。

2）Oracle 数据库

Oracle 数据库是由美国甲骨文公司开发的超大型关系型数据库管理系统。在业界内，Oracle 可能是应用最广泛的企业级数据库产品，一般比较适合超大型的行业领域，如电信、移动等部门。Oracle 在数据库市场上的统治地位曾持续了很长时间，它具有全面的数据库工具集和相关解决方案。Oracle 的不同版本可运行在 UNIX、Linux 和 Windows Server 等多种操作系统上。

3）DB2 数据库

DB2 是内嵌于 IBM 的 AS/400 系统上的数据库管理系统，直接由硬件支持。关系型数据库与 SQL 语言的概念最初是由 IBM 的研发部门提出并实现的。DB2 支持标准的 SQL 语言，具有速度快、可靠性好的优点。

DB2 能在许多主流平台上运行，包括 Windows、UNIX 和 Linux，最适合用于处理海量数据。

4）SQL Server 数据库

SQL Server 起初是 Sybase 在 IBM OS/2 平台上开发的产品。由 Microsoft、Sybase 与 IBM 共同研发，但最终 Microsoft 退出了该项目。Microsoft 取得了 Sybase SQL Server 代码的授权，并将它移植到了 Windows NT 平台上。Microsoft SQL Server 不仅是一个完整的数据库，而且具有强大的扩展性。它是 Windows 操作系统中最为流行的数据库。

5）MySQL 数据库

MySQL 是由开源社区支持的数据库工具，如同 Linux 和 Java，MySQL 是免费的，并且包含源代码。通过更改编译器和组件，对数据库引擎重新编译，MySQL 可以运行于任何计算机平台上。虽然 MySQL 支持 ANSI SQL 规范，但是它更重视使用包含了 SQL 语句的应用程序编程接口（API）。作为一款优秀的数据库产品，MySQL 得到了用户的广泛接受。相对于商业用户，MySQL 更受开源软件开发者的青睐。

6）非关系型数据库

非关系型数据库也称 NoSQL（not only SQL），其存储数据不以关系模型为依据，不需要固定的表格式，是对结构化数据库的有效补充。

非关系型数据库包括 Memcached、Redis、MongoDB、HBase。

5.MySQL 数据库概述

MySQL 是一款功能强大的关系型数据库管理系统(RDBMS),最初由瑞典的 MySQL AB 公司开发,现隶属于 Oracle 公司旗下。MySQL 在众多 RDBMS 中脱颖而出,成为最受欢迎的数据库系统之一,特别是在 Web 应用领域中,其表现尤为卓越。MySQL 的主要特点包括以下方面。

(1)数据组织。MySQL 采用关系型数据模型,数据被组织成多个表,每个表包含多个列(字段)和行(记录)。这种分表存储的方式不仅提高了数据处理速度,还增强了系统的灵活性和可扩展性。

(2)语言支持。MySQL 支持结构化查询语言 SQL(structured query language),这是国际标准的数据库查询和程序设计语言。通过编写 SQL 语句,用户可以实现对数据库中数据的增、删、改、查等操作。

(3)版本策略。MySQL 提供两种主要版本——社区版和商业版,以满足不同用户群体的需求。社区版以其开源特性、体积小、速度快、成本低等优势,深受中小型和大型网站开发者的青睐。

(4)跨平台能力。MySQL 具备强大的跨平台能力,通过调整编译器和组件并重新编译数据库引擎,它可以在多种计算机平台上无缝运行,展现了高度的灵活性和适应性。

(5)标准支持。MySQL 遵循 ANSI SQL 规范,但更侧重于通过丰富的应用程序编程接口来集成和使用 SQL 语句,这为用户提供了更多选择和便利。

SQL 是一种数据库查询语言和程序设计语言,是程序员与数据库交互的桥梁。无论是使用 MySQL 还是其他数据库系统(如 Oracle、DB2 等),掌握 SQL 语句都是必不可少的。SQL 语句的编写与执行,是实现数据库数据管理的关键步骤。通过精心设计的 SQL 语句,程序员能够高效地查询、修改和维护数据库中的数据。

SQL 由以下四部分组成。

(1)数据定义语言(DDL):定义数据库的各类对象。

(2)数据操作语言(DML):添加、删除、修改数据记录。

(3)数据查询语言(DQL):查询数据记录。

(4)数据控制语言(DCL):实现权限管理及控制。

DBMS、SQL 和 DB 三者之间的关系可简单表述为 DBMS→执行→SQL→操作→DB。

6.数据模型

模型是一个抽象的概念,它用于表示现实世界中的实体、过程或系统。模型可以是物理的,也可以是概念的,它帮助我们理解复杂系统的行为和特征。

数据模型(data model)是数据特征的抽象,其按不同的应用层次可分成三种类型:概念模型、逻辑模型、物理模型。

数据模型从抽象层次上描述了系统的静态特征、动态特征和约束条件,为数据库系统的信息表示与操作提供了一个抽象的框架。

数据模型的三要素包括数据结构(静态特征)、数据操作(动态特征)和数据的约束条件。其中,数据结构定义了数据的组织方式,包括数据的类型、内容和数据之间的联系。数据操作定义了对数据执行的操作,如查询、插入、更新和删除。数据的约束条件定义了数据的规则和限制,以确保数据的准确性和完整性。

1) 概念模型

概念模型也称为信息模型,它基于用户的视角对数据进行建模,主要用于数据库的设计阶段。概念模型最常用的是 P. P. S. Chen 在 1976 年提出的实体-联系(entity-relationship,E-R)模型,该模型使用 E-R 图来描述现实世界的概念结构,涉及以下主要概念。

实体(entity):客观存在并相互区别的事物,其可以是具体的人、事或物,如部门、职员、学生、课程等,也可以是抽象的概念和联系,如选修等。

实体集(entity set):由同一类实体构成的集合。实体集用矩形框表示,矩形框内写上实体名。

属性(attribute):实体的所有特征。一个实体可以通过若干个属性来描述,如一个学生可以由学号、姓名、所在院系、专业等多个属性描述。

键(key):能唯一标识实体的属性集,如学号就是学生实体的键,因为学号绝不会重复,姓名可能重复,所以姓名不能作为键使用。

联系(relationship):现实世界事物之间都是相互联系的,实体之间的联系有一对一、一对多和多对多三种类型。

(1) 一对一联系。

若实体集 A 中的一个实体只与实体集 B 中的一个实体发生联系,同样,实体集 B 中的一个实体只与实体集 A 中的一个实体发生联系,则 A、B 两个实体集之间的联系被定义为一对一联系,记为 1:1,如图 1-3 所示。

图 1-3　1:1 联系

例如,学校和校长之间就是一对一联系。每个学校只能有一个校长,每个校长只允许在一个学校任职。

(2) 一对多联系。

若实体集 A 中的一个实体与实体集 B 中的任意多个实体发生联系,而实体集 B 中的一个实体至多与实体集 A 中的一个实体发生联系,则 A、B 两个实体集之间的联系被定义为一对多联系,记为 $1:n$,如图 1-4 所示。

例如,班级和学生之间就是一对多联系。每个班级包含多个学生,每个学生只能属于一个班级。

图 1-4 1∶n 联系

（3）多对多联系。

若实体集 A 中的一个实体与实体集 B 中的任意多个实体发生联系，同样，实体集 B 中的一个实体也与实体集 A 中的任意多个实体发生联系，则 A、B 两个实体集之间的联系被定义为多对多联系，记为 $m∶n$，如图 1-5 所示。

图 1-5 $m∶n$ 联系

例如，学生与所选课程之间就是多对多联系，如图 1-6 所示。每个学生允许选修多门课程，每门课程允许由多个学生选修。

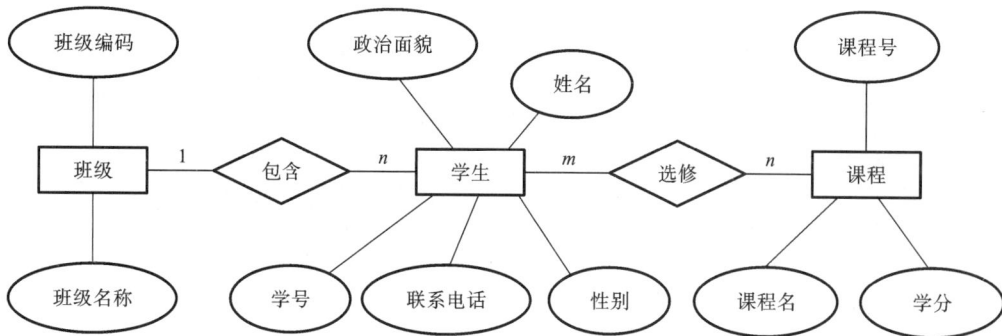

图 1-6 班级、学生、课程实体联系图

2）逻辑模型

逻辑模型是基于计算机的视角对数据建模，主要用于数据库管理系统的实现阶段。逻辑模型是一种面向数据库系统的模型，是具体的 DBMS 所支持的数据模型，主要包括层次模型、网状模型、关系模型、面向对象模型等。此模型既要面向用户，又要面向系统。

（1）层次模型。

层次模型是数据库系统最早使用的一种数据模型，它的数据结构是一棵有向树，其特点如下：有且仅有一个节点无父节点，这个节点为树的根，称为根节点；其余的节点有且仅有一个父节点，如图 1-7 所示。

（2）网状模型。

网状模型是用网状结构表示实体及其之间联系的一种模型，也称为网络模型。网中的每一个节点代表一个记录型。其特点如下：可以有一个以上节点无父节点，至少有一个节点有多于一个的父节点,如图 1-8 所示。

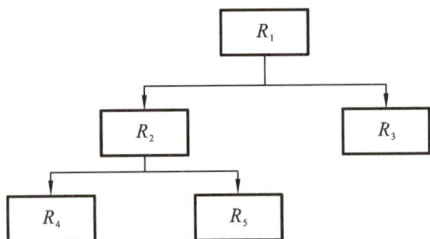

图 1-7　层次模型示例

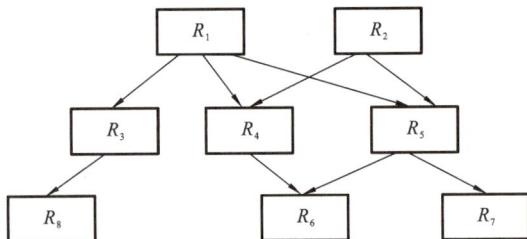

图 1-8　网状模型示例

（3）关系模型。

关系模型是把数据的逻辑结构归结为满足一定条件的二维表的模型。在关系模型中,每一个关系是一个二维表,用来描述实体与实体之间的联系,如表 1-1 所示。

表 1-1　关系 S(学生表)

学号	姓名	性别	出生日期	政治面貌
202207001	孙庆梅	女	2002-6-7	共青团员
202207002	李林桐	男	2001-12-11	共青团员
202207003	王立辉	男	2002-5-3	中共党员

关系中的每一个数据都可看成独立的数据项,它们共同构成该关系的全部内容。关系中的每一行称为一个元组,它相当于一个记录值,用以描述一个个体。关系中的每一列称为一个属性,其取值范围称为域。关系模型中的关系具有如下性质:

● 在一个关系中,每一个数据项不可再分,它是最基本的数据单位;

● 在一个关系中,每一列数据项要具有相同的数据类型;

● 在一个关系中,不允许有相同的属性名;

● 在一个关系中,不允许有相同的元组;

● 在一个关系中,行和列的次序可以任意调换,不影响它们的信息内容。

关系模型中包括以下主要概念。

关系:一个关系就是一张二维表,关系可以用关系模式来描述,其格式为关系名(属性 1,属性 2,…,属性 n)。例如,表 1-1 所示的"学生表"关系的关系模式可表示为"学生表(学号,姓名,性别,出生日期,政治面貌)"。

属性:二维表中垂直方向的列称为属性,每一列是一个属性名,是数据库中可以命名的最小逻辑数据单位。例如,学生有学号、姓名、性别、出生日期、政治面貌等属性。

元组:二维表中水平方向的行称为元组,每一行是一个元组。元组对应存储文件中的一个具体记录。例如,学生表和成绩表两个关系各包括多个元组。

域:属性的取值范围,即不同元组对同一个属性的取值所限定的范围。

主键:唯一标识关系中每一个元组的属性或属性集。例如,学生的学号可以作为学生关系的主键。

外键:用于连接另一个关系,并且在另一个关系中为主键或主键一部分的属性。例如,"成绩"关系中的课程号就可以看作是外键。

数据模型可以由实体-联系模型(E-R 模型)转换而来。将 E-R 模型转换为关系模型的规则如下:一个实体型转换为一个关系模式。实体的属性就是关系的属性,实体的键就是关系模式的主键。

实体间的联系转换成关系的基本原则如下。

1:1 联系:可以转换为一个独立的关系模式,也可以与任意一端对应的关系模式合并。如果转换为一个独立的关系模式,则与该联系相连的各实体的主键以及联系本身的属性均转换为关系的属性,每个实体的主键均是该关系的外键。如果与某一端对应的关系模式合并,则需要在该关系模式的属性中加入另一个关系模式的主键和联系本身的属性。

1:n 联系:可以转换为一个独立的关系模式,也可以与 n 端对应的关系模式合并。若转换为一个独立的关系模式,则与该联系相连的各实体的主键以及联系本身的属性均转换为关系的属性,而关系的主键为 n 端实体的主键。若与 n 端关系模式合并,则在 n 端实体的属性中增加新属性,新属性由联系对应的一端实体的主键和联系本身的属性构成,而关系模式的主键不变。

$m:n$ 联系:与该联系相连的各实体的键以及联系本身的属性均转换为关系的属性,而关系的键为各实体键的组合。

(4)面向对象模型。

面向对象模型是数据库系统中继层次、网状、关系等传统数据模型之后得到不断发展的一种新型的逻辑数据模型。它是数据库技术与面向对象程序设计方法相结合的产物。面向对象模型表达信息的基本单位为对象,每个对象包含记录的概念,但比记录含义更广、更复杂,它不仅要包含所描述对象(实体)的状态特征(属性),还要包含所描述对象的行为特征。例如,对于描述学生实体的记录而言,只要包含学号、姓名、出生日期、专业等表示学生状态的属性特征即可;而对于描述学生实体的对象而言,不仅要包含表示学生状态的那些属性特征,还要包含诸如修改学生姓名、出生日期、专业,以及显示学生当前状态信息等行为特征。

对象具有封装性、继承性和多态性,这些特性都是传统数据模型中的记录所不具备的,这也是面向对象模型区别于传统数据模型的本质特征。

3)物理模型

物理模型是对数据最底层的抽象,描述的是数据在系统内部存储介质的表示方式和存取方法。物理模型是一种面向计算机物理表示的模型,描述了数据在存储介质上的组织结构,它不但与具体的 DBMS 有关,而且还与操作系统和硬件环境有关。

● 【任务总结】

本任务首先介绍了数据库的相关概念,包括数据、数据库、数据库管理系统、数据库应用系统和数据库系统等。接着,逐步探讨了数据库的三级模式结构、数据库技术的发展、常见的数据库以及 MySQL 数据库概述。最后,重点讲解了数据模型,特别强调要理解这一部分的抽象概念,以便更深入地掌握数据库的共享性和独立性等基本特征。

任务二　MySQL 安装与配置

●【任务描述】

通过上一个任务的学习,我们了解了数据库应用系统和数据库系统都是通过数据库管理系统来实现对数据库的管理和操作。为了便于后续对应急物资管理系统的管理,我们选择 MySQL 作为管理平台。本任务中,我们将一起学习如何对 MySQL 进行安装和配置。

●【任务分析】

安装 MySQL 需要提前准备好 MySQL 安装包。我们通过官网下载符合机构和个人需求的软件版本,在这里建议选择下载社区版。

●【任务实施】

1. MySQL 下载

(1) 打开 MySQL 官网下载网址 https://dev.mysql.com/downloads/,按回车键进入下载页面,如图 1-9 所示。

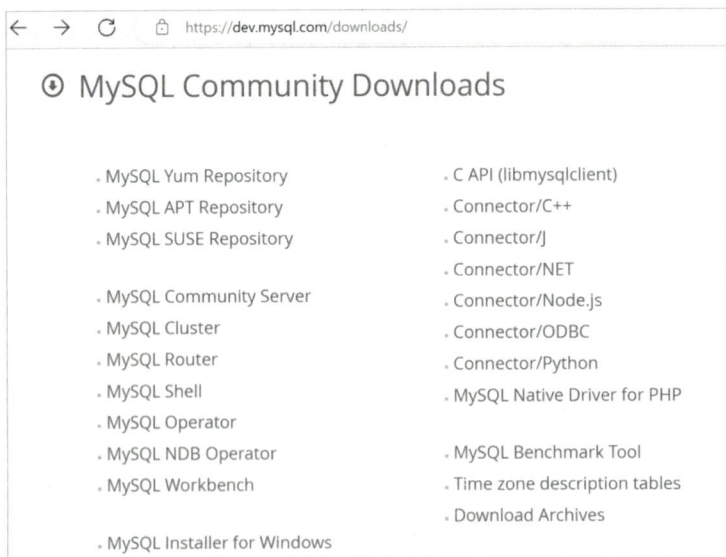

图 1-9　下载页面

(2) 选择 MySQL Community Server,进入如图 1-10 所示窗口,图中显示的是 MySQL 的最新版本。切换到"Archives"选项卡,则可以下载其他版本。

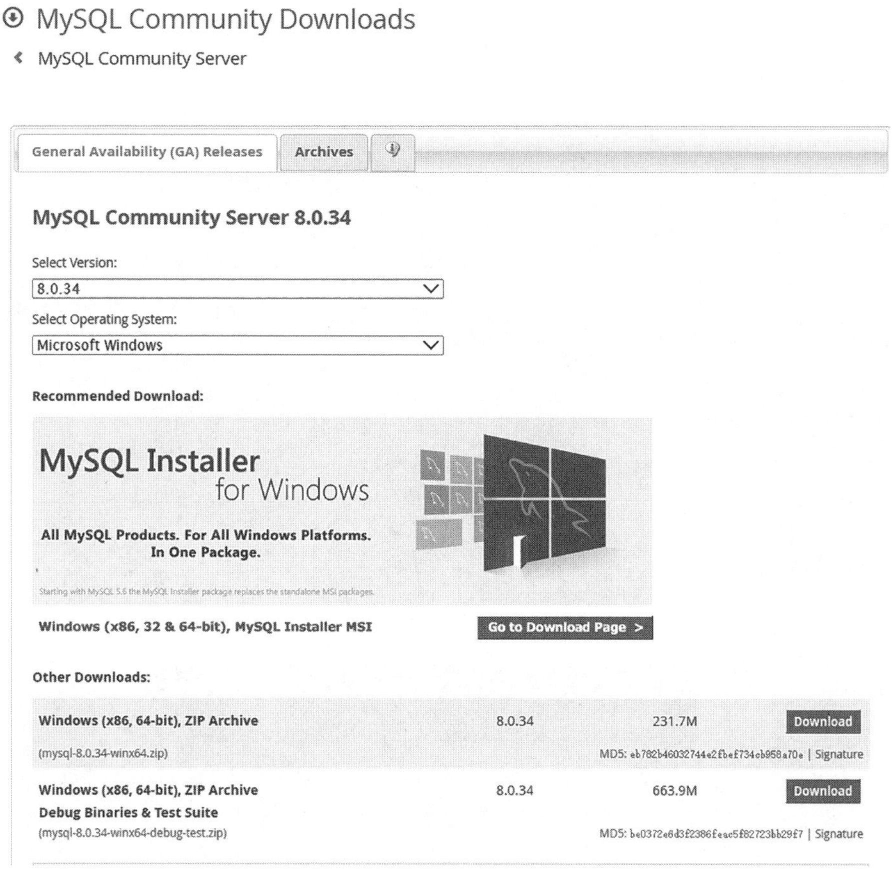

图 1-10　版本选择

（3）后续安装章节中以 8.0.26 版本为参照进行安装,本步骤选择"Archives"选项卡下的 8.0.26 版本,如图 1-11 所示。

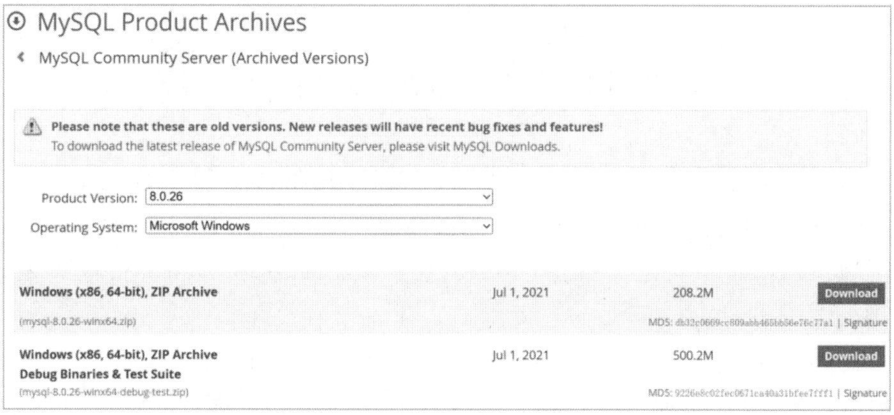

图 1-11　选择 8.0.26 版本

说明：在安装之前，请检查计算机操作系统位数，32 位操作系统下载 32-bit 版本，64 位操作系统下载 64-bit 版本。msi 版为安装包版本，需要通过安装程序进行安装；zip 版为免安装版本，下载后解压运行即可。

（4）选择"Download"，进入如图 1-12 所示窗口，直接单击下方的文字"No thanks，just start my download."超链接，会跳过注册步骤。若下载非最新版本，则不会弹出注册页面，而是直接进入下载文件保存窗口。

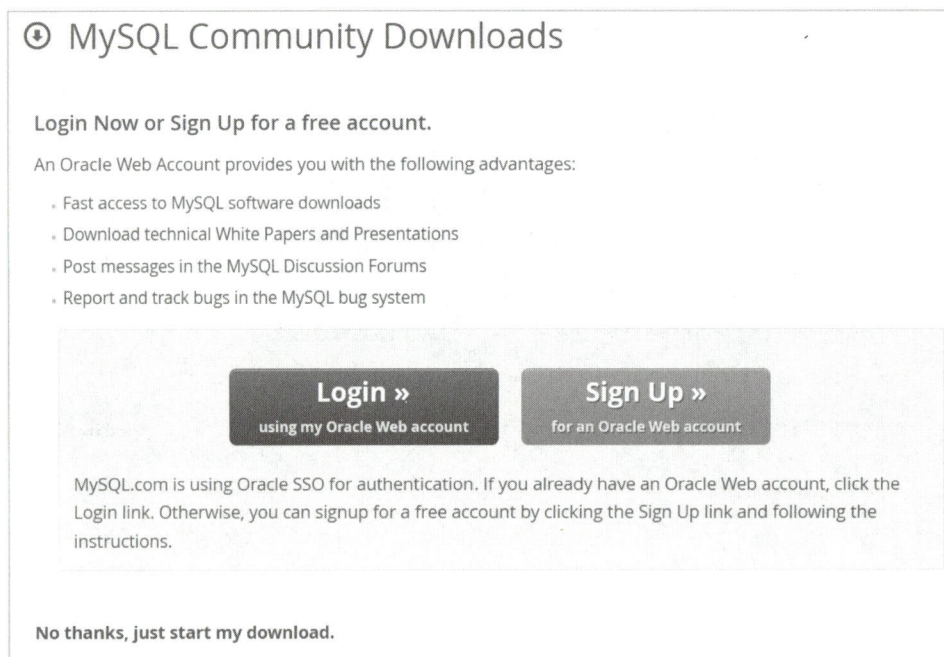

图 1-12　开始下载

2. MySQL 安装

安装 MySQL 时要注意步骤的选择，安装过程中要记住参数设置和密码，其他选项可以选用默认值。

（1）双击安装包文件，打开选择安装类型窗口，可供选择的安装类型有 Developer Default（默认安装类型）、Server only（仅作为服务器）、Client only（仅作为客户端）、Full（完全安装类型）和 Custom（自定义安装类型）。选中"Custom"单选按钮进行自定义安装，如图 1-13 所示。

（2）单击"Next"按钮，打开选择产品及功能窗口。单击"MySQL Servers"节点，选择对应的功能项。其中，Applications（应用）、MySQL Connectors（连接器）和 Documentation（文档资料）功能为可选项，如图 1-14 所示。

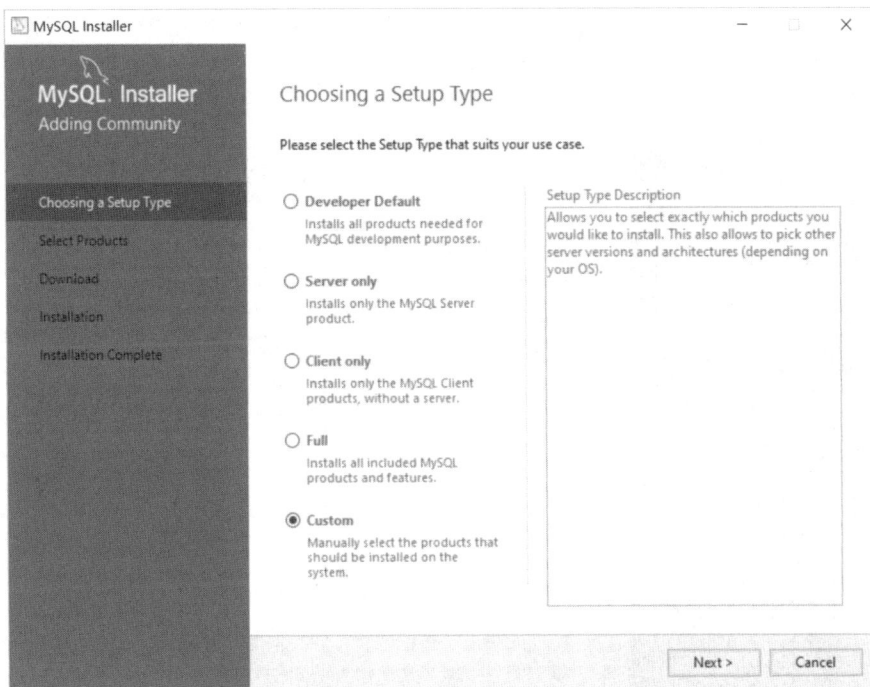

图 1-13　选择安装类型窗口

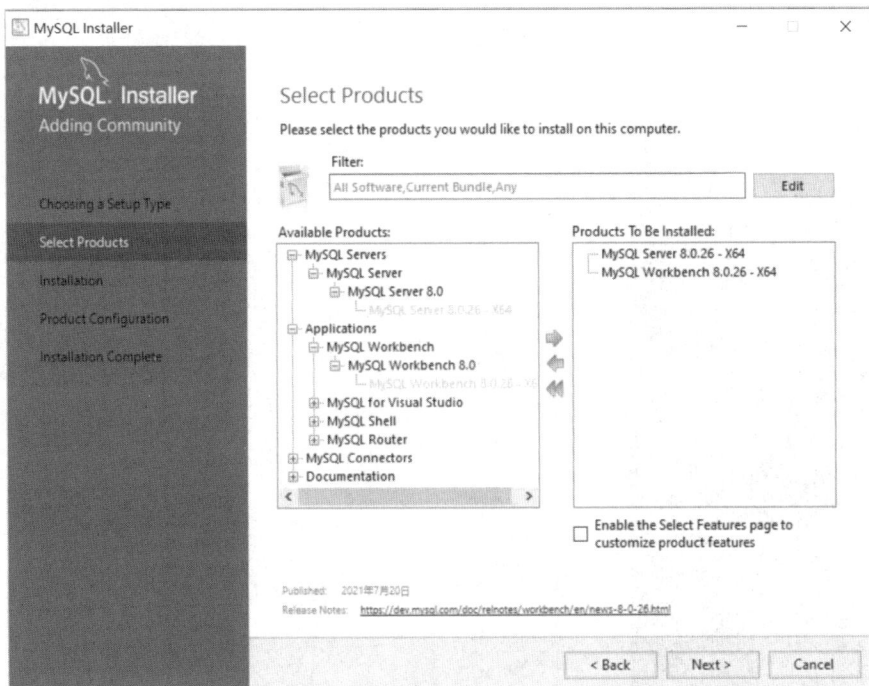

图 1-14　选择产品及功能窗口

（3）单击"Next"按钮，打开安装产品窗口，如图 1-15 所示。单击"Execute"按钮，开始安装程序。安装完成后，弹出如图 1-16 所示的安装完成窗口。

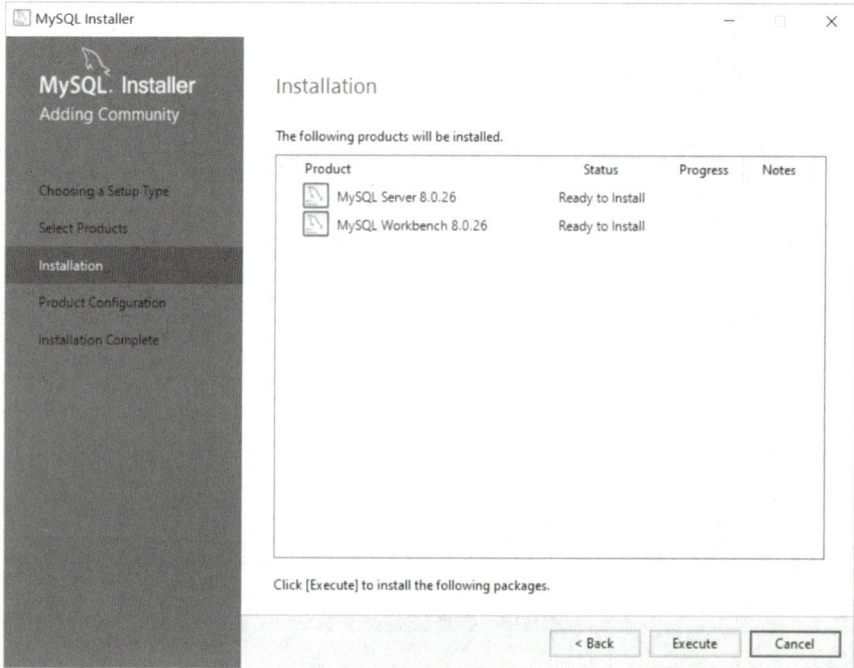

图 1-15　安装产品窗口

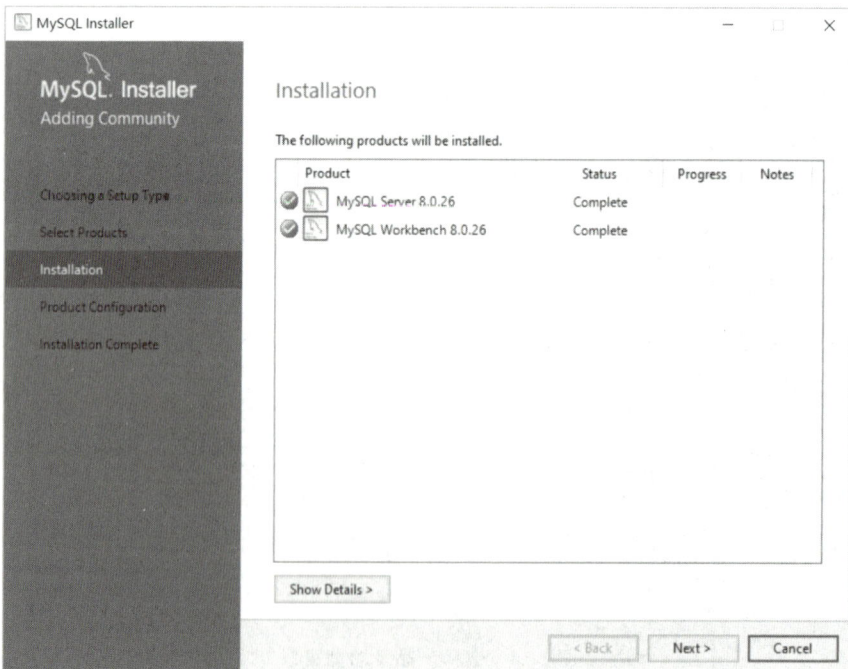

图 1-16　安装完成窗口

MySQL 安装完成之后，开始进行服务器的配置。

（4）单击图 1-16 中的"Next"按钮，打开产品配置窗口，如图 1-17 所示。

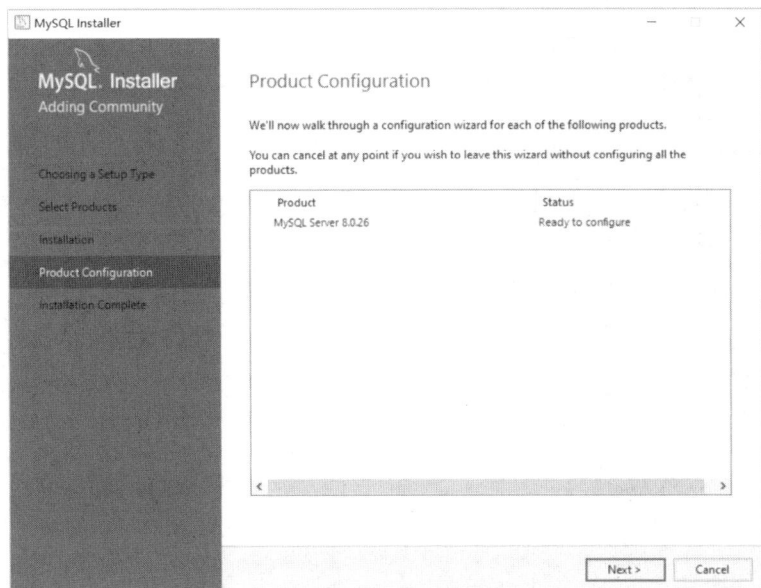

图 1-17　产品配置窗口

（5）单击"Next"按钮，打开类型与网络窗口，在 Server Configuration Type 下的"Config Type"下拉列表中选择配置选项。在 Advanced Configuration 下，选中"Show Advanced and Logging Options"复选框，如图 1-18 所示。

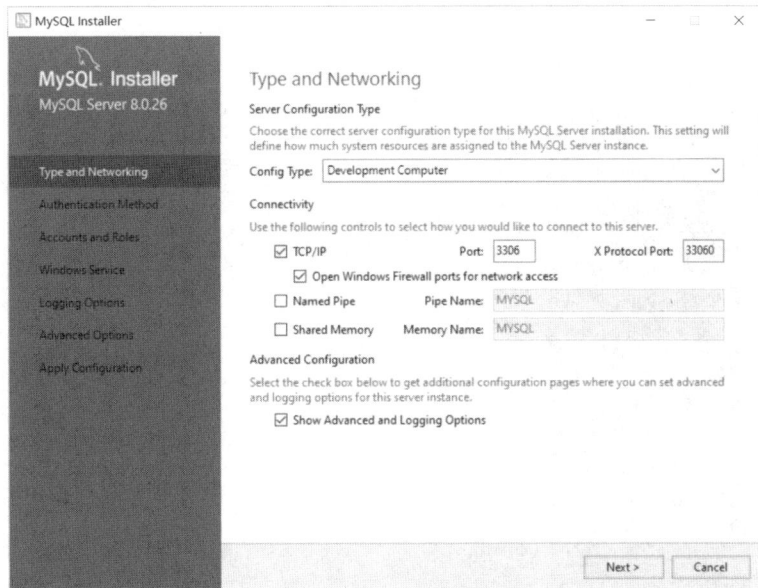

图 1-18　类型与网络窗口

（6）单击"Next"按钮，打开密码验证方式窗口，选择第二个选项，如图 1-19 所示。

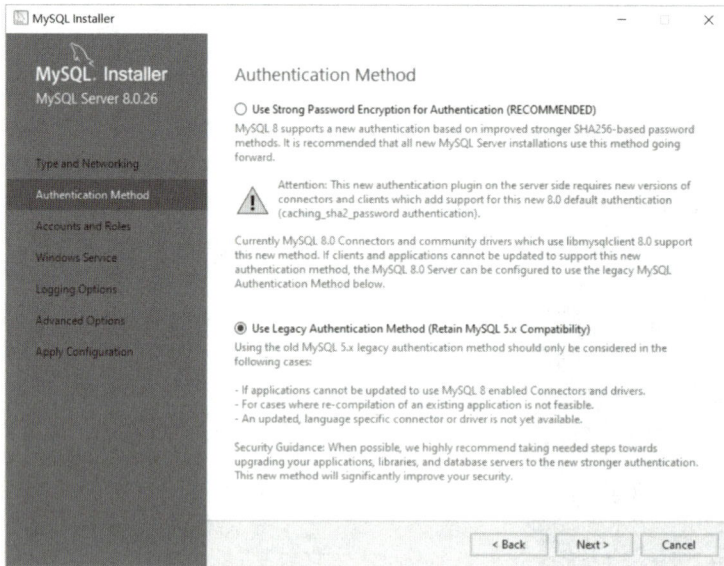

图 1-19　密码验证方式窗口

在图 1-19 中，第一个选项是强密码校验，MySQL 推荐使用最新的数据库和相关客户端，MySQL80 更换了加密插件，如果选择第一种密码验证方式，Navicat 等客户端很可能连不上 MySQL80。

（7）单击"Next"按钮，打开账号与角色窗口，在 Root Account Password 下的"MySQL Root Password"文本框中输入密码，在"Repeat Password"文本框中再次输入密码，如图1-20 所示。

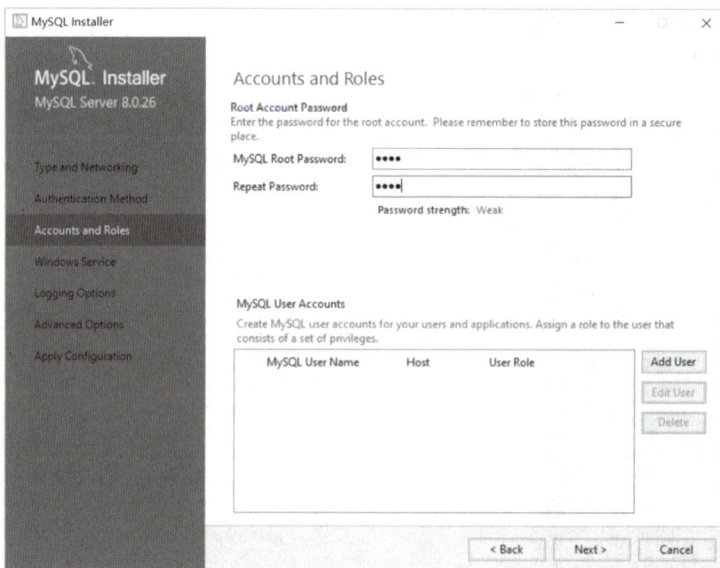

图 1-20　账号与角色窗口

在图 1-20 中,可以在 MySQL User Accounts 下单击"Add User"按钮来添加新的用户。

(8)单击"Next"按钮,打开 Windows 服务窗口,采用默认设置配置 Windows 服务,如图 1-21 所示。

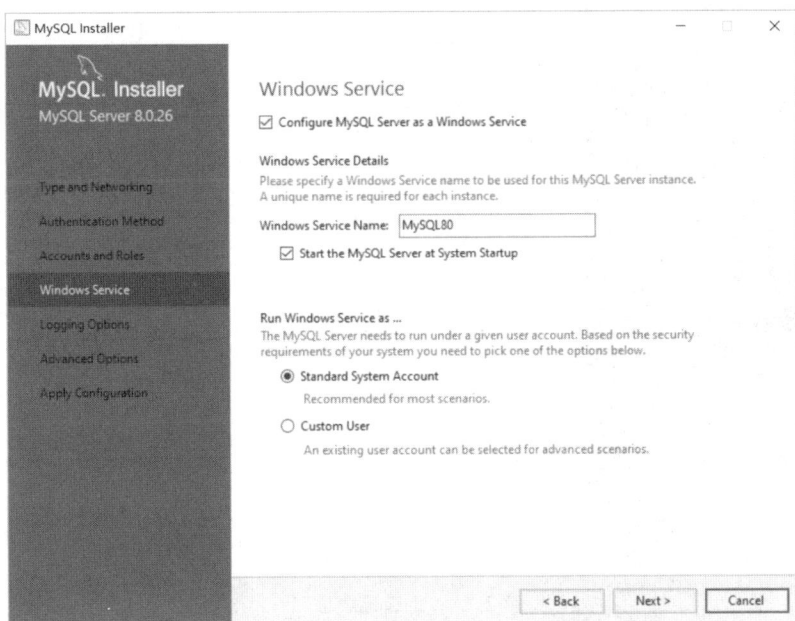

图 1-21 Windows 服务窗口

(9)单击"Next"按钮,打开注册选项窗口,如图 1-22 所示。

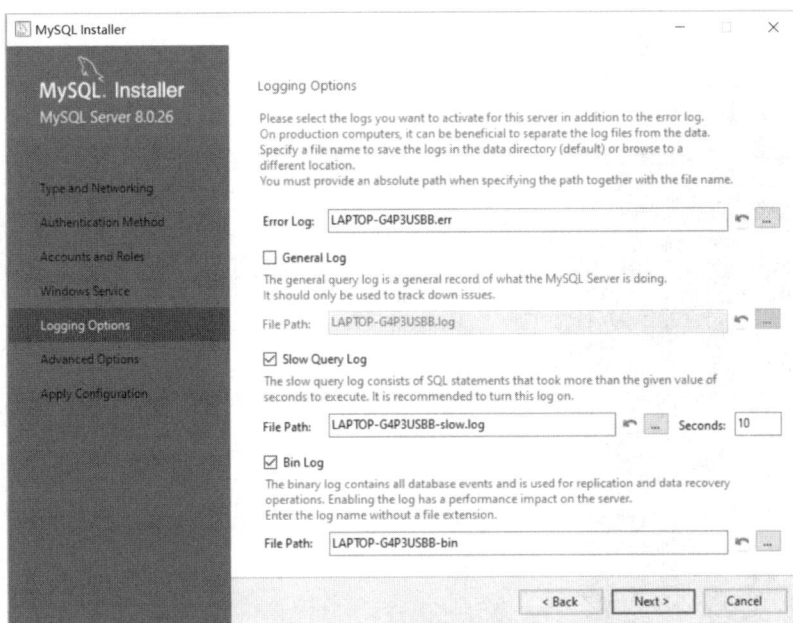

图 1-22 注册选项窗口

（10）单击"Next"按钮，打开高级选项窗口，如图 1-23 所示。

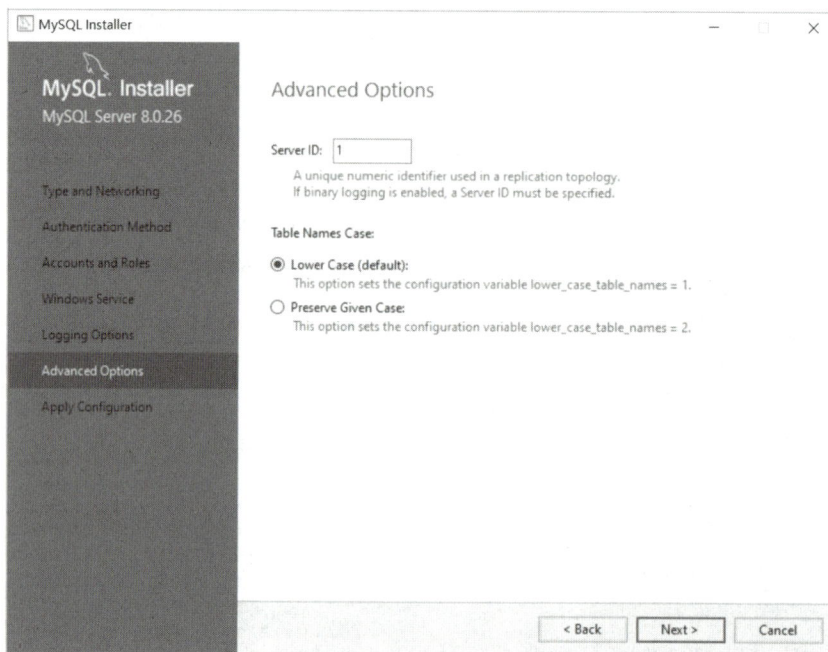

图 1-23　高级选项窗口

（11）单击"Next"按钮，打开应用服务配置窗口，如图 1-24 所示。

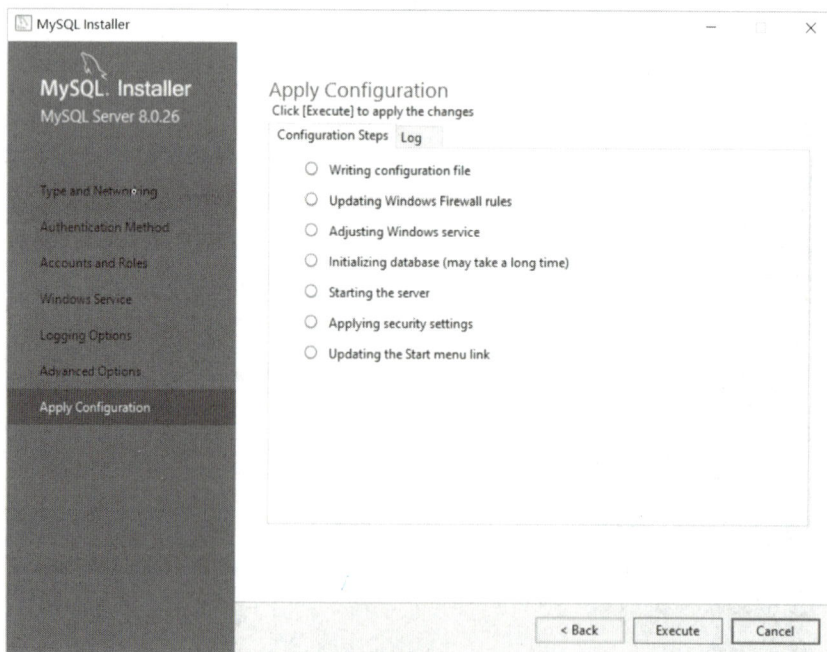

图 1-24　应用服务配置窗口

（12）单击"Execute"按钮，开始配置过程。配置完成后，弹出如图 1-25 所示的应用服务配置完成窗口。

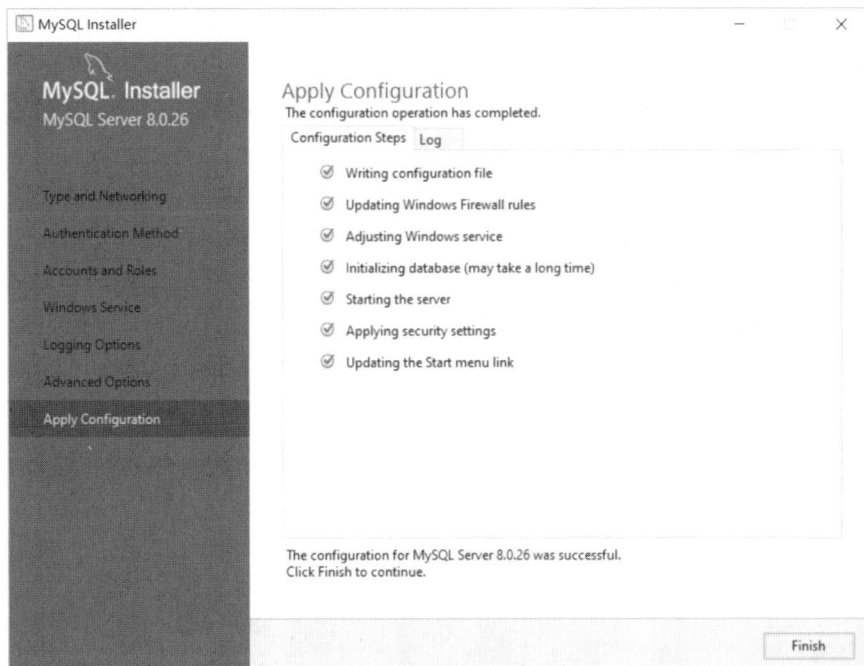

图 1-25　应用服务配置完成窗口

（13）单击"Finish"按钮，再次打开产品配置窗口。

（14）单击"Next"按钮，打开安装完成窗口，单击"Finish"按钮，完成全部安装配置。

3. MySQL 配置

如果使用 MySQL 免安装版，则需要配置 my.ini 文件进行初始化和服务安装。

第一步，安装系统文件到指定目录。本次安装目录为 D:\mysql\MySQL80\mysql-8.0.26-winx64。

第二步，创建配置文件"my.ini"。本项目安装目录 D:\mysql\MySQL80\mysql-8.0.26-winx64 中没有 my.ini 文件，所以要新建一个文本文件，命名为 my.ini。

第三步，使用记事本打开"my.ini"文件，并编辑录入以下内容。

```
［mysqld］ #服务器设置参数
#设置数据库的服务端口号,默认为 3306 端口
port=3306
#设置 MySQL 的安装目录
basedir=D:\mysql\MySQL80\mysql-8.0.26-winx64
#设置 MySQL 数据库的数据存放目录
datadir=D:\mysql\MySQL80\mysql-8.0.26-winx64\data
```

```
#允许最大连接数
max_connections=200
#允许连接失败的次数。这是为了防止有人从该主机攻击数据库系统
max_connect_errors=10
#服务端使用的字符集默认为 UTF8
character_set_server=utf8mb4
#创建新表时使用的默认存储引擎
default_storage_engine=INNODB
#默认使用"mysql_native_password"插件认证
default_authentication_plugin=mysql_native_password
#设置 MySQL 客户端默认字符集为 UTF8
default_character_set=utf8mb4
#错误日志文件
log_error=D:\mysql\MySQL80\mysql-8.0.26-winx64\data\he-pc.err
secure_file_priv="D:/"
[client]
#设置 MySQL 客户端连接服务器端时默认使用的端口
port=3306
default_character_set=utf8mb4
```

第四步，初始化 MySQL 数据库。用管理员身份打开 cmd 窗口，然后输入命令进入 MySQL 系统 bin 目录，在 bin 目录下初始化 MySQL 数据库。执行 mysqld --initialize --console 命令。

执行如下：

```
D:\mysql\MySQL80\mysql-8.0.26-winx64\bin>mysqld --initialize --console
```

初始化会自动创建"data"文件夹，不需要手动创建。执行完成后要记住 root 用户的初始默认密码（不含首位空格）。

第五步，安装 MySQL 服务。用管理员身份打开 cmd 窗口，执行 mysqld -install［服务名］，若计算机上需要安装多个 MySQL 服务，可以用不同的名字进行区分，比如"mysql"或者"mysql80"。

第六步，设置环境变量 Path。选择桌面图标"此电脑"，右击选择"属性"，在弹出的"系统属性"对话框中选择"高级"，弹出如图 1-26 所示的对话框，选择"环境变量"，弹出如图 1-27 所示的对话框，在弹出的"环境变量"对话框中选择下方系统变量中的"Path"，选择"编辑"，在弹出的对话框中添加 bin 目录，路径为 D:\mysql\MySQL80\mysql-8.0.26-winx64\bin，单击"确定"按钮，环境变量设置完成。

第七步，检查 Windows 注册表中路径。在打开的注册表中选择"\HKEY_LOCAL_MACHINE\SYSTEM\CurrentControlSet\Services\MySQL"下拉项。选择右侧窗口的服

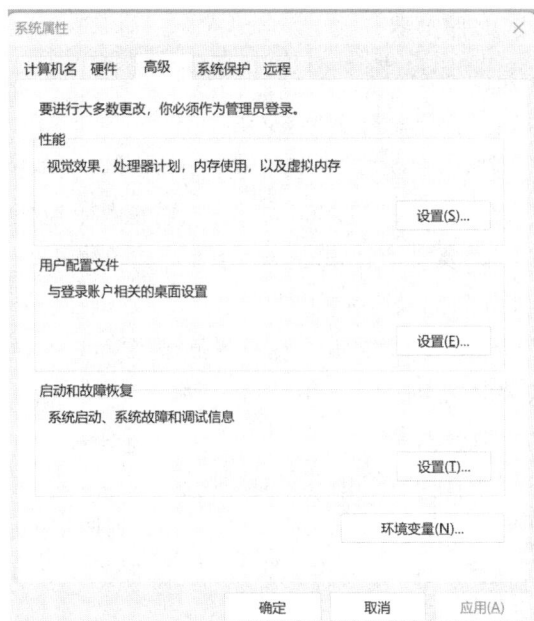

图 1-26　"系统属性"对话框

务程序项"ImagePath",将"ImagePath"的数据数值修改为"D：\mysql\MySQL80\mysql-8.0.26-winx64\bin\mysqld MySQL"。

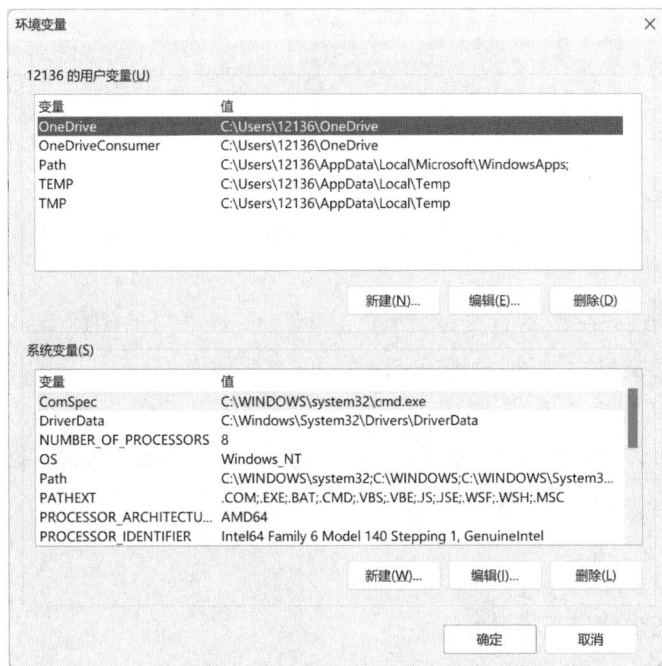

图 1-27　"环境变量"对话框

4. 启动和停止 MySQL 服务器

1）启动 MySQL 服务器的服务

（1）通过 Windows 服务管理器启动 MySQL 服务。

选择桌面图标"此电脑"，右击选择"管理"，在弹出的对话框中选择"服务和应用程序"下的"服务"，进入服务管理器。找到 MySQL80 服务，右键菜单包括 MySQL 的启动、停止、暂停、恢复、重新启动等选项，要启动服务，选择"启动"。

（2）通过 cmd 命令提示符启动 MySQL 服务。

按 win 键＋R 打开 cmd 命令窗口，在命令行界面输入"net start mysql80"。

注意：mysql80 为安装时指定的 MySQL 服务名称。

2）停止 MySQL 服务器的服务

（1）通过 Windows 服务管理器停止 MySQL 服务。

选择桌面图标"此电脑"，右击选择"管理"，在弹出的对话框中选择"服务和应用程序"下的"服务"，进入服务管理器。找到 MySQL80 服务，右键选择"停止"。

（2）通过 cmd 命令提示符停止 MySQL 服务。

按 win 键＋R 打开 cmd 命令窗口，在命令行界面输入"net stop mysql80"。

5. 登录和退出 MySQL 服务器

1）登录 MySQL 服务器

打开 cmd 命令窗口，输入以下命令：

```
mysql -u root -h 服务器 IP -p[password]
```

其中：

-u 为用户参数，默认管理员用户名为 root；-p 为密码参数；password 为安装时给定的随机密码。

-h 服务器 IP 表示连接登录的服务器（如-h 127.0.0.1），默认为本主机时可以省略不写。

-p[password]密码一般不直接写，回车后再输入；如果写的话就直接在-p 后面输入密码，不要写空格（明文显示，不推荐）。

2）退出 MySQL 服务器

若不需要连接使用数据库了，则最好退出服务器，以安全保存数据，同时降低服务器的连接压力。MySQL 退出命令语法：

```
exit 或 quit
```

6. MySQL 图形窗口工具介绍

MySQL 数据库的图形窗口工具有很多，它们提供了用户友好的界面来帮助用户管理、开发和维护 MySQL 数据库。

1）Navicat

Navicat 是一款功能强大的数据库管理工具,特别适用于管理和开发 MySQL 或 MariaDB 数据库,同时也支持与其他多种数据库系统的连接和操作。它提供了一个直观且强大的图形界面,支持数据库管理、开发、维护等操作,兼容 MySQL、MariaDB、OceanBase,以及 Amazon RDS、Amazon Aurora、Oracle Cloud、Microsoft Azure 等多个云数据库。Navicat 不仅支持数据迁移、数据同步等功能,还提供了数据导入导出、数据查询分析、数据库设计等丰富功能,使得数据库管理和开发变得更加高效便捷。

2）MySQL Workbench

MySQL Workbench 是一款专为 MySQL 设计的集成化桌面软件,它是下一代的可视化数据库设计和管理的工具。MySQL Workbench 支持 Windows 和 Linux 系统,提供了数据库设计与模型建立、SQL 开发、数据库管理等一系列功能,旨在简化数据库的工作流程。该软件同时具有开源社区版和收费商业版,可满足不同用户的需求。

3）phpMyAdmin

phpMyAdmin 是一款基于 PHP 的 Web 应用程序,专门用于管理 MySQL 或 MariaDB 数据库服务器。它提供了一个图形化界面,使用户能够通过 Web 浏览器执行大多数数据库管理任务,如创建数据库、运行查询、添加用户账户等。

phpMyAdmin 的设计使得管理 MySQL 数据库变得更加直观和简单,尤其对于不熟悉 SQL 命令行的用户来说,它提供了一个友好的图形界面来完成各种数据库管理任务。此外,phpMyAdmin 还支持远程管理,允许用户从任何地方通过 Web 接口管理数据库,只要拥有适当的访问权限。

4）DBeaver

DBeaver 是一款通用的数据库管理工具和 SQL 客户端,支持 MySQL、PostgreSQL、Oracle、DB2、MSSQL、Sybase、Mimer、HSQLDB、Derby,以及其他兼容 JDBC 的数据库。DBeaver 提供了一个图形界面,用于查看数据库结构、执行 SQL 查询和脚本、浏览和导出数据、处理 BLOB/CLOB 数据、修改数据库结构等。

5）HeidiSQL

HeidiSQL 是一款简洁的图形化数据库管理工具,支持 MySQL、SQL Server、PostgreSQL、SQLite 等多种数据库。HeidiSQL 提供了一个简单易用的界面,用于在数据库浏览、SQL 查询和标签之间切换,带有语法突出显示功能。其他功能包括 BLOB 和 MEMO 编辑、大型 SQL 脚本支持、用户进程管理等,该软件开源。

● 【任务总结】

本任务讲解了如何进行 MySQL 下载、安装与配置,同时详细介绍了 MySQL 服务器的启动与停止、MySQL 服务器的登录与退出,以及对 MySQL 的图形窗口工具作了简单描述。本任务中需特别注意 MySQL 数据库的初始化操作,环境变量要正确配置到 bin 目录,如果设置错误就会出现登录不成功的情况。学习完本项目,应具有下载安装系统环境、配置服务、测试服务和排除数据库服务安装过程中的基本故障等技术水平,提高解决实际问题的能力。

拓展训练

1. 绘制学生、教师、课程三者之间的 E-R 图。
2. 下载并安装 MySQL。
3. 请用任意一种方法启动 MySQL 服务。
4. 退出 MySQL 服务器。
5. 停止 MySQL 服务。
6. 登录 MySQL 服务器。

课后习题

1. 一个数据库最多可以创建数据表的个数是(　　　)。

A. 一个　　　　　　　B. 两个　　　　　　　C. 一个或两个　　　　D. 多个

2. 下面选项中,MySQL 用于放置日志文件以及数据库的目录是(　　　)。

A. bin　　　　　　　　B. data　　　　　　　C. include　　　　　　D. lib

3. 关于在 DOS 中停止 MySQL 的命令,正确的是(　　　)。

A. stop net mysql　　　　　　　　　B. service stop mysql

C. net stop mysql　　　　　　　　　D. service mysql stop

4. 下面选项中,不属于关系型数据库产品的是(　　　)。

A. Oracle　　　　　　B. SQL Server　　　　C. MongoDB　　　　　D. MySQL

5. 在 E-R 模型中,联系用(　　　)表示。

A. 矩形　　　　　　　B. 椭圆　　　　　　　C. 菱形　　　　　　　D. 三角形

6. 以下不能作为实体的是(　　　)。

A. 学生　　　　　　　B. 班级　　　　　　　C. 城市　　　　　　　D. 大小

7. 打开 cmd 命令窗口的快捷键是＿＿＿＿＿＿＿。

8. 实体间联系的类型包括 1∶1、＿＿＿＿＿＿＿和＿＿＿＿＿＿＿。

9. 退出 MySQL 服务器连接的命令是＿＿＿＿＿＿＿或＿＿＿＿＿＿＿。

10. 数据模型三要素包括数据结构、＿＿＿＿＿＿＿和数据的约束条件。

项目二　数据库的基本操作

【教学目标】

✧ 掌握数据库的创建、查看操作。
✧ 掌握数据库的选择、修改与删除操作。

【思政目标】

✧ 当前"互联网＋"、大数据时代,一切运作皆以数据库为根基。以数据说话,首先需要聚集、分析和管理数据。数据库技术已成为各种计算系统的核心技术,数据库相关知识也已成为每个人必须掌握的知识。有知识、有技术的人才从来不缺,但我们更需要的是德才兼备的数据技术人员。我们要教会学生科学做事、踏实做人,引导学生意识到只有具有责任心、有担当的青年,才能日后为国家做出更大的贡献,才能成为担负起民族复兴大任的时代新人。

任务一　创建数据库

●【任务描述】

在学习 MySQL 数据库的过程中,掌握数据库的基本操作是至关重要的。这些操作不仅是学习后续内容的基础,也是快速熟悉和应用数据库技能的关键所在。本任务旨在帮助大家深入了解和掌握 MySQL 数据库的创建以及数据库的字符集与校对规则。

●【任务分析】

创建应急物资管理系统数据库,并在创建数据库前判断数据库是否存在,以及如何查看、指定字符集和校对规则。

●【任务实施】

1. 创建数据库

MySQL 作为一个关系型数据库管理系统,其主要功能就是管理数据库。数据库管理系统中可以有多个数据库,分别存放不同的数据。我们可以使用已经存在的数据库,也可以自行己创建一个数据库来存放自己的数据。创建数据库的基本语法格式如下:

CREATE DATABASE 数据库名称 [库选项];

说明:

CREATE DATABASE:表示创建数据库。

数据库名称:自行定义,但要注意命名规则,一般是由字母、数字和下划线组成的字符串,还要注意数据库的名字不能重复,如果与已经存在的数据库名字重名则会创建失败。

库选项:用于设置数据库的字符集、校对规则。

注意:语法中用"[]"括起来的部分表示可选参数,可省略不写。

例 2.1 创建一个应急物资管理系统数据库,数据库的名字为 wzgl。

相应的 SQL 语句如下:

```
create database wzgl;
```

执行后的结果如图 2-1 所示。

```
mysql> CREATE DATABASE wzgl;
Query OK, 1 row affected (0.01 sec)
```

图 2-1　例 2.1 运行结果

2. 创建数据库前判断数据库是否存在

因为数据库不能重名,我们在创建数据库时可以先判断是否存在同名数据库,方法是在数据库名称前添加"IF NOT EXISTS",基本语法格式如下:

CREATE DATABASE [IF NOT EXISTS] 数据库名称 [库选项];

说明:

IF NOT EXISTS:表示当指定的数据库名字不存在时,才执行数据库创建操作,否则不创建。

例 2.2 创建一个应急物资管理系统数据库,数据库的名字为 wzgl,创建数据库前判断是否存在同名数据库。

相应的 SQL 语句如下:

```
create database if not exists wzgl;
```

执行后的结果如图 2-2 所示。

```
mysql> CREATE DATABASE IF NOT EXISTS wzgl;
Query OK, 1 row affected, 1 warning (0.00 sec)

mysql> show warnings;
+-------+------+------------------------------------------------+
| Level | Code | Message                                        |
+-------+------+------------------------------------------------+
| Note  | 1007 | Can't create database 'wzgl'; database exists  |
+-------+------+------------------------------------------------+
1 row in set (0.00 sec)
```

图 2-2　例 2.2 运行结果

从执行结果可以看到,系统返回了一条警告信息。通过"show warnings;"命令查看警告信息,提示我们数据库 wzgl 已经存在,不能重复创建。

3. 查看字符集和校对规则

在 MySQL 中,每个数据库都有自己的字符集和校对规则。了解这些概念对正确存储和处理文本数据至关重要。

字符集(character set):字符集是用于编码和表示字符的集合。不同的字符集支持不同范围的字符。例如,UTF-8 是一种常用的字符集,可以表示几乎世界所有语言的字符;GBK字符集是对 GB2312 字符集的扩展,是专门为支持中文字符而设计的。

MySQL 提供了多种字符集支持,可以通过"show character set;"命令查看 MySQL 可用的字符集。

```
show character set;
```

执行后的结果如图 2-3 所示。

```
mysql> SHOW CHARACTER SET;
+----------+-----------------------------+---------------------+--------+
| Charset  | Description                 | Default collation   | Maxlen |
+----------+-----------------------------+---------------------+--------+
| armscii8 | ARMSCII-8 Armenian          | armscii8_general_ci |      1 |
| ascii    | US ASCII                    | ascii_general_ci    |      1 |
| big5     | Big5 Traditional Chinese    | big5_chinese_ci     |      2 |
| binary   | Binary pseudo charset       | binary              |      1 |
| cp1250   | Windows Central European    | cp1250_general_ci   |      1 |
| cp1251   | Windows Cyrillic            | cp1251_general_ci   |      1 |
| cp1256   | Windows Arabic              | cp1256_general_ci   |      1 |
| cp1257   | Windows Baltic              | cp1257_general_ci   |      1 |
| cp850    | DOS West European           | cp850_general_ci    |      1 |
| cp852    | DOS Central European        | cp852_general_ci    |      1 |
| cp866    | DOS Russian                 | cp866_general_ci    |      1 |
| cp932    | SJIS for Windows Japanese   | cp932_japanese_ci   |      2 |
| dec8     | DEC West European           | dec8_swedish_ci     |      1 |
| eucjpms  | UJIS for Windows Japanese   | eucjpms_japanese_ci |      3 |
| euckr    | EUC-KR Korean               | euckr_korean_ci     |      2 |
| gb18030  | China National Standard GB18030 | gb18030_chinese_ci |   4 |
| gb2312   | GB2312 Simplified Chinese   | gb2312_chinese_ci   |      2 |
| gbk      | GBK Simplified Chinese      | gbk_chinese_ci      |      2 |
| geostd8  | GEOSTD8 Georgian            | geostd8_general_ci  |      1 |
| greek    | ISO 8859-7 Greek            | greek_general_ci    |      1 |
| hebrew   | ISO 8859-8 Hebrew           | hebrew_general_ci   |      1 |
| hp8      | HP West European            | hp8_english_ci      |      1 |
| keybcs2  | DOS Kamenicky Czech-Slovak  | keybcs2_general_ci  |      1 |
| koi8r    | KOI8-R Relcom Russian       | koi8r_general_ci    |      1 |
| koi8u    | KOI8-U Ukrainian            | koi8u_general_ci    |      1 |
| latin1   | cp1252 West European        | latin1_swedish_ci   |      1 |
```

图 2-3　MySQL 可用的字符集

校对规则(collation):校对规则定义了字符的比较和排序方式。它决定了数据库如何比较两个字符串。例如,校对规则可以决定排序时是否区分大小写,或比较时是否忽略重音符号。

字符集和校对规则是一对多的关系,即一个字符集可以对应多个校对规则,当没有指定校对规则时使用默认校对规则。

可以通过"show collation;"命令查看 MySQL 可用的校对规则。

```
show collation;
```

执行后的结果如图 2-4 所示。

```
mysql> show collation;
+---------------------+----------+-----+---------+----------+---------+---------------+
| Collation           | Charset  | Id  | Default | Compiled | Sortlen | Pad_attribute |
+---------------------+----------+-----+---------+----------+---------+---------------+
| armscii8_bin        | armscii8 | 64  |         | Yes      | 1       | PAD SPACE     |
| armscii8_general_ci | armscii8 | 32  | Yes     | Yes      | 1       | PAD SPACE     |
| ascii_bin           | ascii    | 65  |         | Yes      | 1       | PAD SPACE     |
| ascii_general_ci    | ascii    | 11  | Yes     | Yes      | 1       | PAD SPACE     |
| big5_bin            | big5     | 84  |         | Yes      | 1       | PAD SPACE     |
| big5_chinese_ci     | big5     | 1   | Yes     | Yes      | 1       | PAD SPACE     |
| binary              | binary   | 63  | Yes     | Yes      | 1       | NO PAD        |
| cp1250_bin          | cp1250   | 66  |         | Yes      | 1       | PAD SPACE     |
| cp1250_croatian_ci  | cp1250   | 44  |         | Yes      | 1       | PAD SPACE     |
| cp1250_czech_cs     | cp1250   | 34  |         | Yes      | 2       | PAD SPACE     |
| cp1250_general_ci   | cp1250   | 26  | Yes     | Yes      | 1       | PAD SPACE     |
| cp1250_polish_ci    | cp1250   | 99  |         | Yes      | 1       | PAD SPACE     |
| cp1251_bin          | cp1251   | 50  |         | Yes      | 1       | PAD SPACE     |
| cp1251_bulgarian_ci | cp1251   | 14  |         | Yes      | 1       | PAD SPACE     |
| cp1251_general_ci   | cp1251   | 51  | Yes     | Yes      | 1       | PAD SPACE     |
| cp1251_general_cs   | cp1251   | 52  |         | Yes      | 1       | PAD SPACE     |
| cp1251_ukrainian_ci | cp1251   | 23  |         | Yes      | 1       | PAD SPACE     |
| cp1256_bin          | cp1256   | 67  |         | Yes      | 1       | PAD SPACE     |
| cp1256_general_ci   | cp1256   | 57  | Yes     | Yes      | 1       | PAD SPACE     |
| cp1257_bin          | cp1257   | 58  |         | Yes      | 1       | PAD SPACE     |
| cp1257_general_ci   | cp1257   | 59  | Yes     | Yes      | 1       | PAD SPACE     |
| cp1257_lithuanian_ci| cp1257   | 29  |         | Yes      | 1       | PAD SPACE     |
```

图 2-4　MySQL 可用的校对规则

从执行结果可以看到，以 armscii8 字符集为例，它对应两个校对规则：armscii8_bin、armscii8_general_ci，其中 armscii8_general_ci 为默认校对规则。

在创建数据库时若没有指定字符集，则默认使用服务器的字符集。可使用"show variables like 'character%';"命令查看当前 MySQL 使用的字符集。

```
show variables like 'character%';
```

执行后的结果如图 2-5 所示。

```
mysql> show variables like 'character%';
+--------------------------+------------------------------------------------------+
| Variable_name            | Value                                                |
+--------------------------+------------------------------------------------------+
| character_set_client     | gbk                                                  |
| character_set_connection | gbk                                                  |
| character_set_database   | utf8mb4                                              |
| character_set_filesystem | binary                                               |
| character_set_results    | gbk                                                  |
| character_set_server     | utf8mb4                                              |
| character_set_system     | utf8mb3                                              |
| character_sets_dir       | C:\Program Files\MySQL\MySQL Server 8.0\share\charsets\ |
+--------------------------+------------------------------------------------------+
8 rows in set, 1 warning (0.00 sec)
```

图 2-5　查看当前 MySQL 字符集

4. 创建数据库时指定字符集和校对规则

创建数据库时可以指定字符集和校对规则,基本语法格式如下:

CREATE DATABASE [IF NOT EXISTS] 数据库名称

　　[[DEFAULT] CHARACTER SET 字符集名]

　　[[DEFAULT] COLLATE 校对规则名];

说明:

DEFAULT:可选参数,默认。

CHARACTER SET:字符集。

COLLATE:校对规则。

例 2.3　创建一个测试数据库,数据库的名字为 wzgl_1,指定其默认字符集为 utf8,默认校对规则为 utf8_bin,并在创建前检查是否存在同名数据库。

相应的 SQL 语句如下:

```
create database if not exists wzgl_1 default character set utf8
default collate utf8_bin;
```

执行后的结果如图 2-6 所示。

```
mysql> CREATE DATABASE IF NOT EXISTS wzgl_1 DEFAULT CHARACTER SET utf8 DEFAULT COLLATE  utf8_bin;
Query OK, 1 row affected, 2 warnings (0.05 sec)
```

图 2-6　例 2.3 运行结果

也可以将 default 省略。

```
create database if not exists wzgl_2 character set utf8 collate utf8_bin;
```

执行后的结果如图 2-7 所示。

```
mysql> CREATE DATABASE IF NOT EXISTS wzgl_2 CHARACTER SET utf8 COLLATE  utf8_bin;
Query OK, 1 row affected, 2 warnings (0.04 sec)
```

图 2-7　例 2.3 运行结果

💬 任务二　管理数据库

🔵【任务描述】

在数据库管理过程中,创建数据库只是起点。为了有效地使用和维护数据库,我们还需要掌握一系列的操作技能,包括查看、使用、修改以及删除数据库等操作。通过学习这些操作,我们将能够对数据库进行全面的管理,从而提高系统的效率和安全性。

● 【任务分析】

将应急物资管理系统数据库设置为当前数据库,并掌握查看、使用、修改和删除数据库的方法。

● 【任务实施】

1. 查看数据库

当我们完成数据库的创建后,该怎样查看我们自己的数据库信息,或者当我们想知道当前服务器下都有哪些数据库时,该怎么办呢? 下面我们就来学习 MySQL 为我们提供了哪些数据库查看命令。

1) 查看 MySQL 服务器下所有数据库

基本语法格式如下:

```
show databases;
```

```
mysql> SHOW DATABASES;
+--------------------+
| Database           |
+--------------------+
| bookstore          |
| information_schema |
| mysql              |
| performance_schema |
| scoredb            |
| stu_1              |
| sys                |
| wzgl               |
| wzgl_1             |
| wzgl_2             |
| xsgl               |
| xsxk               |
+--------------------+
12 rows in set (0.00 sec)
```

图 2-8 查看全部数据库

执行后的结果如图 2-8 所示。

从执行结果可以看到,除了之前创建的 wzgl、wzgl_1、wzgl_2 数据库以外,还有几个其他数据库:information_schema(信息数据库)、mysql(核心数据库)、performance_schema(性能数据库)、sys(系统数据库),这些都是 MySQL 系统数据库,是在安装时一并自动创建的。对于初学者来说不要随意修改或者删除这些数据库,以免出现服务器故障。

information_schema:主要存储数据库和数据表的结构信息,如用户表信息、字段信息、字符集信息。

mysql:主要存储 MySQL 自身需要使用的控制和管理信息,如用户的权限。

performance_schema:用于存储系统性能相关的动态参数,如全局变量。

sys:系统数据库,包括存储过程、自定义函数等信息。

2) 查看指定数据库的创建信息

基本语法格式如下:

```
show create database 数据库名称;
```

例 2.4 查看数据库 wzgl 的创建信息。

相应的 SQL 语句如下:

```
show create database wzgl;
```

执行后的结果如图 2-9 所示。

```
mysql> SHOW CREATE DATABASE wzgl;
+----------+-------------------------------------------------------------------------------------+
| Database | Create Database                                                                     |
+----------+-------------------------------------------------------------------------------------+
| wzgl     | CREATE DATABASE `wzgl` /*!40100 DEFAULT CHARACTER SET utf8mb4 COLLATE utf8mb4_0900_ai_ci */ /*!80016 DEFAULT ENCRYP
TION='N' */ |
+----------+-------------------------------------------------------------------------------------+
1 row in set (0.04 sec)
```

图 2-9　例 2.4 运行结果

从执行结果可以看到，数据库的创建语句以及数据库的字符集和校对规则。

2. 使用数据库

在 MySQL 服务器中，通常包含多个数据库。当我们需要在 MySQL 中存储或操作数据时，必须首先明确指定要使用的数据库；否则，直接输入存储数据的命令会导致系统报错。这是因为 MySQL 服务器无法确定我们希望将数据存储到哪个特定的数据库中。

因此，在执行任何数据操作或创建数据表之前，我们需要选择一个数据库作为当前数据库。这一选择确保接下来的所有操作都在指定的数据库下进行。

基本语法格式如下：

use 数据库名称；

例 2.5　选择数据库 wzgl 作为当前默认数据库。

相应的 SQL 语句如下：

use wzgl;

执行后的结果如图 2-10 所示。

```
mysql> USE wzgl;
Database changed
mysql> |
```

图 2-10　例 2.5 运行结果

3. 修改数据库

在管理 MySQL 数据库的过程中，我们可能需要对数据库进行一些修改。主要的修改操作包括更改数据库的字符集和校对规则，以及修改数据库的名称。需要注意的是，一般不建议修改数据库的名称，因为这样可能会影响到应用程序和数据库之间的连接配置。

基本语法格式如下：

ALTER DATABASE 数据库名称［［DEFAULT］CHARACTER SET 字符集名］［［DEFAULT］COLLATE 校对规则名］；

例 2.6　修改数据库 wzgl 的字符集为 gbk。

相应的 SQL 语句如下：

```
alter database wzgl character set gbk;
```

执行后的结果如图 2-11 所示。

```
mysql> ALTER DATABASE wzgl CHARACTER SET gbk;
Query OK, 1 row affected (0.04 sec)
```

图 2-11　例 2.6 运行结果

我们可以使用数据库查看语句，查看是否修改成功。

```
show create database wzgl;
```

执行后的结果如图 2-12 所示。

```
mysql> show create database wzgl;
+----------+----------------------------------------------------------------+
| Database | Create Database                                                |
+----------+----------------------------------------------------------------+
| wzgl     | CREATE DATABASE 'wzgl' /*!40100 DEFAULT CHARACTER SET gbk */    |
+----------+----------------------------------------------------------------+
1 row in set (0.00 sec)
```

图 2-12　查看 wzgl 数据库创建信息

从执行结果可以看到，数据库 wzgl 的字符集已经改变为 gbk，修改成功。

4. 删除数据库

删除数据库是一个不可逆的操作，是指将 MySQL 服务器中存在的某个数据库及其所有数据彻底移除。执行此操作时，数据库中的所有表和数据都将被永久清除。因此，在执行删除操作之前，务必确保数据库中的数据已经做好备份，或确定这些数据确实不再需要。

基本语法格式如下：

```
DROP DATABASE [IF EXISTS]数据库名称;
```

说明：

[IF EXISTS]：这是一个可选项，用于防止因试图删除不存在的数据库而导致的错误。如果数据库存在，则执行删除操作；如果数据库不存在，则不会抛出错误，仅会给出一个警告信息。使用此选项能够提高 SQL 语句的容错性。

数据库名称：指定要删除的数据库的名称。需要注意的是，数据库名应准确无误，且在执行命令前确认该数据库确实不再需要。

例 2.7　删除数据库 wzgl_2。

相应的 SQL 语句如下：

```
drop database if exists wzgl_2;
```

执行后的结果如图 2-13 所示。

```
mysql> DROP DATABASE IF EXISTS wzgl_2;
Query OK, 0 rows affected, 1 warning (0.03 sec)
```

图 2-13　例 2.7 运行结果

查看所有数据库,检查数据库 wzgl_2 是否已经删除。

```
show databases;
```

执行后的结果如图 2-14 所示。

```
mysql> show databases;
+--------------------+
| Database           |
+--------------------+
| bookstore          |
| information_schema |
| mysql              |
| performance_schema |
| scoredb            |
| stu_1              |
| sys                |
| wzgl               |
| xsgl               |
| xsxk               |
+--------------------+
10 rows in set (0.00 sec)
```

图 2-14　查看全部数据库

从执行结果可以看到,数据库 wzgl_2 确实已经被删除了。需要注意的是,当执行删除数据库操作时,如果待删除的数据库不存在,且未使用 if exists 选项,系统会报错。

● **【任务总结】**

本任务主要介绍了数据库的基本操作,包括数据库的创建、使用、查看、修改以及删除。这些操作都是管理数据库的基础,大家要认真掌握。

拓展训练

1. 创建一个名为 xsxk 的数据库。
2. 创建一个名为 xxss 的数据库,创建前先判断该数据库是否存在。
3. 创建数据库 xsgl,指定字符集为 GBK。
4. 将数据库 xxss 指定为当前使用的数据库。
5. 删除数据库 xsgl。
6. 查看所有数据库。
7. 查看 xsxk 数据库的创建信息。

课后习题

1. 下列选项中，用于存储数据库和数据表的结构信息是（　　）。

A. information_schema　　　　　　　B. mysql

C. performance_schema　　　　　　　D. sys

2. 下列选项中，可以创建指定名称的数据库的语句有（　　）。

A. ALTER DATABASE　　　　　　　B. ALTER SCHEMA

C. CREATE DATABASE　　　　　　　D. CREATE TABLE

3. 下列选项中，可以删除指定名称的数据库的语句有（　　）。

A. DROP DATABASE　　　　　　　　B. DELETE DATABASE

C. DELETE SCHEMA　　　　　　　　D. ALTER DATABASE

4. 使用_____语句可以查看 MySQL 中可用的字符集。

5. 使用_____语句可以查看 MySQL 中可用的校对规则。

6. 在 MySQL 中，使用_____语句可以查看所有的数据库。

7. 在 MySQL 中，使用_____语句可以修改数据库。

8. 在 MySQL 中，使用_____语句可以查看数据库的创建信息。

项目三　数据表的基本操作

【教学目标】

✧ 掌握 MySQL 的数据类型。
✧ 掌握数据表的创建、查看、修改与删除操作。
✧ 掌握数据表的约束，以及如何为数据表添加、删除约束。

【思政目标】

✧ 在数据表创建、查看、修改与删除操作过程中，遇到的大部分问题来自书写代码的不规范。正所谓"无规矩不成方圆"，我们要让学生懂得严谨、精益、专注、创新的工匠精神，理解并敬重工匠精神，在学习中努力发扬工匠精神，遇到各种问题时，都能坚韧执着、迎难而上。

✧ 通过对表的约束以及数据类型取值的规定和限制，表中的数据得以保持完整性、正确性和一致性。我们要让学生深入理解增强自我约束的重要性，引导学生规范做事、严谨做人，恪守职业道德，遵守行业规范，爱岗敬业，诚实守信。

任务一　创建和管理数据表

● 【任务描述】

在 MySQL 数据库管理系统中，数据表(table)是存储数据的基本单位。数据表存在于特定的数据库(database)中。一个数据库可以由多个数据表组成，这些数据表通过行和列的结构来存储和组织数据。

本任务将详细介绍数据表的基本操作，包括创建、查看、修改和删除等内容。这些操作是数据库管理的基础技能，掌握它们将帮助学习者有效地管理和操作 MySQL 数据库中的数据。

● 【任务分析】

在现实生活中，我们接触到的数据形式多种多样，包括数字、字母、时间、日期等。为了有效地存储和处理这些不同类型的数据，MySQL 支持多种数据类型。每种数据类型在 MySQL 中有不同的存储方式，以实现数据库的优化。因此，在创建数据表时，我们需要为每个字段指定合适的数据类型，这要求我们熟悉 MySQL 中支持的数据类型。

在本任务中，我们将以应急物资管理系统数据库为例，创建一些数据表，并通过此过程熟悉数据表的创建、查看、修改和删除操作。这将帮助我们更好地理解如何选择和应用适当的数据类型，从而实现高效的数据库设计和管理。

● 【任务实施】

1. 数据类型

数据类型是指 MySQL 系统中所允许的数据的类型。数据表中的每个字段都应该有适当的数据类型，用于限制该列中允许存储的数据格式与取值范围。例如，某字段中存储的是商品的库存量，则相应的数据类型应该为数值类型。因此，在创建数据表时必须为每个字段设置正确的数据类型和长度。

MySQL 中常用的数据类型可以分为数值类型、日期和时间类型、字符串类型、二进制类型等。

1）数值类型

数值类型包括整数类型（TINYINT、SMALLINT、MEDIUMINT、INT、BIGINT）、浮点数类型（FLOAT 和 DOUBLE）、定点数类型（DECIMAL）。常用的数值类型如表 3-1 所示。

表 3-1　数值类型

数据类型	字节数	取值范围	说明
TINYINT	1	无符号：0～255 有符号：－128～127	最小整数
SMALLINT	2	无符号：0～65535 有符号：－32768～32767	小整数
MEDIUMINT	3	无符号：0～16777215 有符号：－8388608～8388607	中整数
INT	4	无符号：0～4294967295 有符号：－2147483648～2147483647	整数值
BIGINT	8	无符号：0～18446744073709551615 有符号：－9223372036854775808～9223372036854775807	大整数
FLOAT	4	无符号：$0,1.175494351\,E-38\sim3.402823466\,E+38$ 有符号：$-3.402823466\,E+38\sim-1.175494351\,E-38$， 　　　　$0,1.175494351\,E-38\sim3.402823466\,E+38$	单精度浮点数
DOUBLE	8	无符号：$0,2.2250738585072014\,E-308\sim1.7976931348623157\,E+308$ 有符号：$-1.7976931348623157\,E+308\sim-2.2250738585072014\,E-308$， 　　　　$0,2.2250738585072014\,E-308\sim1.7976931348623157\,E+308$	双精度浮点数

（1）整数类型（TINYINT、SMALLINT、MEDIUMINT、INT、BIGINT）。

从表 3-1 可以看出，不同类型的整数存储所需的字节数不相同，占用字节数最小的是 TINYINT 类型，占用字节数最大的是 BIGINT 类型。占用的字节数越多的类型所能表示的数值范围越大。实际应用中要根据自己的需要合理地选择数据类型，避免存储空间的浪费。常用的数据类型是 TINYINT 和 INT。

需要注意的是，数值类型默认使用的是有符号数据类型，若需要使用无符号数据类型，需要在数据类型的右边加上"UNSIGNED"关键字来修饰，例如，INT UNSIGNED 表示无符号 INT 类型。修饰为无符号后，取值范围将不包含负数。

（2）浮点数类型（FLOAT 和 DOUBLE）。

MySQL 中使用浮点数和定点数来表示小数。浮点数类型有两种，分别是单精度浮点数（FLOAT）和双精度浮点数（DOUBLE）。

浮点数虽然取值范围广，但其精度不高。FLOAT 的精度为 6～7 位，DOUBLE 的精度大约为 15 位。如果超出精度，则会进行四舍五入处理，即发生精度损失。另外，两个浮点数进行减法和比较运算时也容易出问题，所以在使用浮点数时需要注意，并尽量避免做浮点数比较。

（3）定点数类型（DECIMAL）。

同样用来表示小数，在对精度要求比较高的时候（如货币、科学数据），使用 DECIMAL 类型比较好。

DECIMAL(M, D) 可设置位数和精度，M 表示数字的总位数（不包括"."和"－"），最大值为 65，默认值为 10；D 表示小数点后的位数，最大值为 30，默认值为 0。例如，DECIMAL$(5, 2)$ 表示的取值范围是 -999.99～999.99。

DECIMAL 的存储空间并不是固定的，而由 M 的值决定，占用 $M+2$ 个字节。

浮点数类型也可以用 (M, D) 来表示，浮点数类型的取值范围为 $M(1\sim255)$ 和 $D(1\sim30$，且不能大于 $M-2)$，分别表示总位数和小数位数。M 和 D 在 FLOAT 和 DOUBLE 中是可选的，FLOAT 和 DOUBLE 类型将被保存为硬件所支持的最大精度。浮点数相对于定点数的优点是在长度一定的情况下，能够表示更大的范围，缺点是会引起精度问题。

2）日期和时间类型

MySQL 中有多种表示日期与时间的数据类型：YEAR、DATE、TIME、DATETIME、TIMESTAMP。每一个类型都有合法的取值范围，当指定不合法的值时，系统会将零值插入数据库中。

YEAR 类型是单字节类型，用于表示年份。TIME 类型用于只需要时间信息的值，在存储时需要 3 个字节，格式为 HH:MM:SS（其中 HH 表示小时，MM 表示分钟，SS 表示秒）。DATE 类型用于仅需要日期的值（无时间部分），在存储时需要 3 个字节，格式为 YYYY-MM-DD（其中 YYYY 表示年，MM 表示月，DD 表示日）。DATETIME 类型用于需要同时包含日期和时间信息的值，在存储时需要 8 个字节。常用的日期和时间类型如表 3-2 所示。

表 3-2　日期和时间类型

数据类型	大小/字节	取值范围	日期格式	零值
YEAR	1	1901～2155	YYYY	0000
DATE	3	1000-01-01～9999-12-31	YYYY-MM-DD	0000-00-00
TIME	3	−838:59:59～838:59:59	HH:MM:SS	00:00:00
DATETIME	8	1000-01-01 00:00:00～9999-12-31 23:59:59	YYYY-MM-DD HH:MM:SS	0000-00-00 00:00:00
TIMESTAMP	4	1970-01-01 00:00:01 UTC～2038-01-19 03:14:07 UTC	YYYY-MM-DD HH:MM:SS	0000-00-00 00:00:00

　　TIMESTAMP 的显示格式与 DATETIME 的相同,日期格式为 YYYY-MM-DD HH:MM:SS,在存储时需要 4 个字节。但是 TIMESTAMP 的取值范围小于 DATETIME 的取值范围,TIMESTAMP 与 DATETIME 除了存储字节和支持的范围不同外,还有一个最大的区别是 DATETIME 在存储日期数据时,按实际输入的格式存储,即输入什么就存储什么,与时区无关;而 TIMESTAMP 值的存储是以 UTC(世界标准时间)格式保存的,存储时对当前时区进行转换,检索时再转换回当前时区,即查询时,根据当前时区的不同,显示的时间值是不同的,推荐使用 DATETIME。

　　3）字符串类型

　　字符串类型不仅用来存储字符串数据,还可以存储图片和声音的二进制数据。MySQL 中常用的字符串类型如表 3-3 所示。

表 3-3　字符串类型

数据类型	类型说明	大小/字节
CHAR	固定长度字符串	0～255
VARCHAR	可变长度字符串	0～65535
TEXT	大文本数据	0～65535
ENUM	枚举类型	1 或 2
SET	字符串对象	1、2、3、4 或 8
BINARY	固定长度的二进制数据	0～255
VARBINARY	可变长度的二进制数据	0～65535
BLOB	二进制大对象	0～65535

　　(1) CHAR 和 VARCHAR。

　　CHAR(*M*)是固定长度字符串,*M* 表示字符串的最大长度,范围是 0～255 字节。保存时,当存储内容长度不足时会自动用空格补齐以达到指定的长度。当我们要保存手机号码、身份证号等固定位数的数据,可以使用固定长度字符串。

VARCHAR(M)是可变长度字符串,M表示字符串的最大长度,范围是 0～65535 字节。VARCHAR 占用的存储空间是动态的,实际占用的空间为字符串的实际长度加 1。例如,VARCHAR(50)定义了一个最大长度为 50 的字符串,如果插入的字符串只有 10 个字符,则实际存储的字符串为 10 个字符和 1 个字符串结束字符。当我们不能确定数据的长度时(如地址、名称等),可以使用 VARCHAR。

CHAR 会比较浪费磁盘空间,但存储效率高;VARCHAR 节省磁盘空间,但存储效率低。实际使用中可以结合待存储的数据特点选择合适的数据类型。

(2) TEXT。

TEXT 类型用于保存大文本数据,例如文章内容、评论等较长的文本。TEXT 类型也是可变长度类型,保存的最大字符数量取决于字符串实际占用的字节数。

需要注意的是,当插入的字符串末尾有空格时,VARCHAR、TEXT 类型会保留空格而 CHAR 类型会自动去掉空格后保存。

(3) ENUM 和 SET。

ENUM 类型也称枚举类型,如果保存的数据只有几个固定的值(如性别),可以将其设置为枚举类型。其语法格式表示为 ENUM('值 1','值 2','值 3',…,'值 n')。

在上述语法中,括号内的内容为枚举值列表。当向枚举类型的列中插入数据时,只能从枚举值列表中取值,并且只能取一个。ENUM 值在数据库服务器内部是用整数表示的,每个枚举值均有一个索引值,成员值从 1 开始编号,MySQL 存储的就是这个索引编号,枚举最多可以有 65535 个元素。

SET 类型也是从列表中取值,其语法格式表示为 SET('值 1','值 2','值 3',...,'值 n')。

从格式上可以看出,SET 和 ENUM 很相似,其区别是 SET 可以从列表中选择一个或多个值来保存,多个值之间用逗号","分隔。SET 列表最多可以有 64 个成员,如果插入 SET 字段中的列值有重复,则 MySQL 自动删除重复的值。插入 SET 字段的值的顺序并不重要,MySQL 会在存入数据库时按照定义的顺序显示。

ENUM 类型类似于单选框,SET 类型类似于复选框。它们的优势在于规范数据,限定只能插入规定的数据项,既节省了磁盘空间,也提高了查询速度。

(4) BINARY 、VARBINARY、BLOB。

BINARY 和 VARBINARY 类型类似于 CHAR 和 VARCHAR,不同的是它们存储的是二进制数据。在语法 BINARY(M)或者 VARBINARY(M)中,M 表示二进制数据的最大字节长度。

BLOB 类型用于保存数据量很大的二进制数据。

2. 创建数据表

数据表是数据库的重要组成部分,每一个数据库都是由若干个数据表组成的,所有的数据都存放在数据表中。

1）连接数据库

创建数据表是指在已经创建的数据库中建立新表，所以在创建新表之前首先应指定在哪个数据库中进行表的创建。

语法格式为：

```
use 数据库名称
```

例 3.1　指定数据库 wzgl 为当前数据库。

相应的 SQL 语句如下：

```
use wzgl;
```

2）创建数据表

在创建数据表时，应明确以下几点内容：首先，每个数据表应有一个具体的名称，且必须是唯一的；其次，数据表由多个列（即字段）组成，每个字段应详细说明字段名称、数据类型、是否为空值、完整性约束或索引等相关信息；此外，如果需要，还应指定数据表的表选项，如字符集、存储引擎等。创建数据表的语法格式如下：

```
CREATE TABLE  〔IF NOT EXISTS〕表名(
    列名 1 数据类型〔约束条件〕,
    列名 2 数据类型〔约束条件〕,
    ...
    列名 N 数据类型〔约束条件〕
)〔表选项〕;
```

说明：

CREATE TABLE：创建表。

IF NOT EXISTS：可选项，创建表时检查是否存在重名的表，如果存在则不创建。

表名：指定要创建表的名称，必须符合标识符的命名规则，不能使用 SQL 语言中的关键字，如 DROP、ALTER、INSERT 等。

列名：是数据表的字段名，创建多个列时，要用逗号隔开。

数据类型：字段中保存的数据类型，如时间类型、数值类型等。

约束条件：可选，可以为列指定约束条件，如 NOT NULL、UNIQUE、PRIMARY KEY、DEFAULT 等。

表选项：可选，用于设置表的相关特性，如字符集、校对规则、存储引擎等。

例 3.2　在数据库 wzgl 下创建一个 goods 物资表，表结构如表 3-4 所示。

表 3-4　goods 物资表结构

字段名	数据类型	描述	说明
g_id	int	主键，自增长，非空	物资 id

续表

字段名	数据类型	描述	说明
g_name	varchar(30)	非空	物资名称
s_id	int	非空	供应商 id
type_id	int	非空	物资类型 id
unit_price	decimal(8,2)		单价
g_qty	int	默认值 0	数量
goods_memo	varchar(200)		物品描述

相应的 SQL 语句如下：

```
# 连接数据库
use wzgl;
# 创建数据表
create table goods(
    g_id int primary key auto_increment comment'物资id',
    g_name varchar(30) not null comment'物资名称',
    s_id int not null comment'供应商id',
    type_id int not null comment'物资类型id',
    unit_price decimal(8,2) comment'单价',
    g_qty int default 0 comment'数量',
    goods_memo varchar(200) comment'物品描述'
);
```

执行后的结果如图 3-1 所示。

```
mysql> create database wzgl;
Query OK, 1 row affected (0.04 sec)

mysql> use wzgl;
Database changed
mysql> create table goods(
    ->     g_id int primary key auto_increment comment'物资id',
    ->     g_name varchar(30) not null comment'物资名称',
    ->     s_id int not null comment'供应商id',
    ->     type_id int not null comment'物资类型id',
    ->     unit_price decimal(8,2) comment'单价',
    ->     g_qty int default 0 comment'数量',
    ->     goods_memo varchar(200) comment'物品描述'
    -> );
Query OK, 0 rows affected (0.03 sec)
```

图 3-1　例 3.2 运行结果

g_id,g_name,s_id,unit_price:均为字段名。

INT:设置字段的数据类型是整型。

DECIMAL:定点数,可用于保存小数。

VARCHAR(*L*):表示可变长度的字符串,*L* 表示字符数,如 VARCHAR(30)表示最大字符数为 30。

PRIMARY KEY:主键,AUTO_INCREMENT(自增长),常和主键搭配使用。

NOT NULL:非空约束。

COMMENT:创建表时添加注释内容,并将其保存到表结构中。

注意:COMMENT 部分为可选项,不添加不会影响表的创建,但是每一列的字段名和数据类型是必须的,如果缺少则表创建失败。

3. 查看数据表

创建完数据表后,如果想要知道当前数据库下都有哪些数据表,或者查看指定数据表的结构信息、创建信息时,我们可以使用 MySQL 中相关的 SQL 语句来实现。

1）查看数据表

语法格式如下:

```
SHOW TABLES [LIKE'匹配模式'];
```

说明:

SHOW TABLES:表示查看当前数据库中的所有数据表。

LIKE '匹配模式':可选,用于筛选表名。可以使用通配符"%"和"_"来匹配表名的一部分。"%"匹配任意多个字符,"_"匹配任意单个字符。

例 3.3 查询数据库 wzgl 下的所有表。

相应的 SQL 语句如下:

```
show tables;
```

图 3-2 例 3.3 运行结果

执行后的结果如图 3-2 所示。

2）查看数据表的结构

语法格式如下:

```
DESC 数据表名;
```

或者:DESCRIBE 数据表名;

说明:DESC 是 DESCRIBE 的简写。

例 3.4 查询 goods 表的表结构。

相应的 SQL 语句如下:

```
desc goods;
```

执行后的结果如图 3-3 所示。

```
mysql> desc goods;
+-----------+--------------+------+-----+---------+----------------+
| Field     | Type         | Null | Key | Default | Extra          |
+-----------+--------------+------+-----+---------+----------------+
| g_id      | int          | NO   | PRI | NULL    | auto_increment |
| g_name    | varchar(30)  | NO   |     | NULL    |                |
| s_id      | int          | NO   |     | NULL    |                |
| type_id   | int          | NO   |     | NULL    |                |
| unit_price| decimal(8,2) | YES  |     | NULL    |                |
| g_qty     | int          | YES  |     | 0       |                |
| goods_memo| varchar(200) | YES  |     | NULL    |                |
+-----------+--------------+------+-----+---------+----------------+
7 rows in set (0.02 sec)
```

图 3-3　例 3.4 运行结果

从执行结果可以看到,查询表结构可以查看表的字段信息,包括字段名称(Field)、字段数据类型(Type)、是否为键(Key)、是否有默认值(Default)等。

如果想查看我们之前创建表时写的 COMMENT 内容,可以采用另外一种方法来查看表结构,语法格式如下:

SHOW [FULL] COLUMNS FROM 数据表名;

说明:

省略可选项 FULL,查询结果与 DESC 语法相同。

添加可选项 FULL,可额外查看字段权限、COMMENT 字段注释等。

例 3.5　使用 SHOW FULL COLUMNS 查询 goods 表的表结构。

```
show full columns from goods;
```

执行后的结果如图 3-4 所示。

```
mysql> show full columns from goods;
+-----------+--------------+---------------------+------+-----+---------+----------------+---------------------------------+----------+
| Field     | Type         | Collation           | Null | Key | Default | Extra          | Privileges                      | Comment  |
+-----------+--------------+---------------------+------+-----+---------+----------------+---------------------------------+----------+
| g_id      | int          | NULL                | NO   | PRI | NULL    | auto_increment | select,insert,update,references | 物资id    |
| g_name    | varchar(30)  | utf8mb3_general_ci  | NO   |     | NULL    |                | select,insert,update,references | 物资名称  |
| s_id      | int          | NULL                | NO   |     | NULL    |                | select,insert,update,references | 供应商id  |
| type_id   | int          | NULL                | NO   |     | NULL    |                | select,insert,update,references | 物资类型id |
| unit_price| decimal(8,2) | NULL                | YES  |     | NULL    |                | select,insert,update,references | 单价      |
| g_qty     | int          | NULL                | YES  |     | 0       |                | select,insert,update,references | 数量      |
| goods_memo| varchar(200) | utf8mb3_general_ci  | YES  |     | NULL    |                | select,insert,update,references | 物品描述  |
+-----------+--------------+---------------------+------+-----+---------+----------------+---------------------------------+----------+
7 rows in set (0.00 sec)
```

图 3-4　例 3.5 运行结果

Field 表示字段名称;Type 表示字段的数据类型;Collation 表示该字段的校对规则;Null 表示该字段是否可以为空;Key 表示该字段是否已设置了索引;Default 表示该字段是否有默认值;Extra 表示获取到的与该字段相关的附加信息;Privileges 表示该字段的权限信息;Comment 表示该字段的注释信息。

3) 查看表的创建语句

语法格式如下:

SHOW CREATE TABLE 表名;

例 3.6 查询 goods 表的创建语句。

相应的 SQL 语句如下：

```
show create table goods\G
```

注意：末尾没有分号；

我们这里用"\G"代替"；"，可使显示的结果更加直观，易于查看。

执行后的结果如图 3-5 所示。

```
mysql> show create table goods\G
*************************** 1. row ***************************
       Table: goods
Create Table: CREATE TABLE 'goods' (
  'g_id' int NOT NULL AUTO_INCREMENT COMMENT '物资id',
  'g_name' varchar(30) NOT NULL COMMENT '物资名称',
  's_id' int NOT NULL COMMENT '供应商id',
  'type_id' int NOT NULL COMMENT '物资类型id',
  'unit_price' decimal(8,2) DEFAULT NULL COMMENT '单价',
  'g_qty' int DEFAULT '0' COMMENT '数量',
  'goods_memo' varchar(200) DEFAULT NULL COMMENT '物品描述',
  PRIMARY KEY ('g_id')
) ENGINE=InnoDB DEFAULT CHARSET=utf8mb3
1 row in set (0.00 sec)
```

图 3-5 例 3.6 运行结果

从执行结果可以看到，使用 SHOW CREATE TABLE 语句不仅可以查看创建表时的详细语句，还可以查看存储引擎和字符编码。

4. 修改数据表

在数据库管理的过程中，随着业务需求的变化，我们可能需要对已经创建的表进行修改或调整。本部分将详细介绍如何修改表的名称、表选项，以及表的结构。语法格式如下：

```
ALTER TABLE tb_name
    | ADD [COLUMN] col_name column_definition [FIRST | AFTER col_name]
    | ADD [COLUMN] (col_name column_definition, ...)
    | ADD [CONSTRAINT [symbol]] PRIMARY KEY (index_col_name, ...)
    | ADD [CONSTRAINT [symbol]] UNIQUE [INDEX|KEY] [index_name] (index_col_name, ...)
    | ADD [CONSTRAINT [symbol]] FOREIGN KEY [index_name] (col_name, ...) reference
_definition
    | ADD check_constraint_definition
    | DROP CHECK symbol
    | ALTER CHECK symbol [NOT] ENFORCED
    | ALTER [COLUMN] col_name {SET DEFAULT literal | DROP DEFAULT}
    | CHANGE [COLUMN] old_col_name new_col_name column_definition [FIRST | AFTER col_
name]
    | [DEFAULT] CHARACTER SET [=] charset_name [COLLATE [=] collation_name]
    | DROP [COLUMN] col_name
    | DROP {INDEX|KEY} index_name
```

| DROP PRIMARY KEY

| DROP FOREIGN KEY fk_symbol

| MODIFY [COLUMN] col_name column_definition [FIRST | AFTER col_name]

| RENAME COLUMN old_col_name TO new_col_name

| RENAME [TO|AS] new_tbl_name;

1）重命名数据表的名称

（1）使用 ALTER TABLE 命令。

语法格式如下：

ALTER TABLE 旧表名 RENAME [TO|AS] 新表名;

说明：TO 或 AS 可以省略。

例3.7 创建一个表 g_1，结构与 goods 表相同，然后将其名称改为 new_goods。

相应的 SQL 语句如下：

```
#创建 g_1 表:
create table g_1(
  create table goods(
    g_id int primary key auto_increment comment'物资id',
    g_name varchar(30) not null comment'物资名称',
    s_id int not null comment'供应商id',
    type_id int not null comment'物资类型id',
    unit_price decimal(8,2) comment'单价',
    g_qty int default 0 comment'数量',
    goods_memo varchar(200) comment'物品描述'
    );
  )
  #修改表名为 new_goods:
alter table g_1 rename new_goods;
```

（2）使用 RENAME 命令。

语法格式如下：

RENAME table 旧表名 TO 新表名;

例 3.7 可以表示为

```
rename table g_1 to new_goods;
```

修改完成后，我们可以用以下语句查看是否修改成功：

```
show tables;
```

执行后的结果如图 3-6 所示。

从执行结果可以看到，数据表的名字已经修改成功。

```
mysql> rename table g_1 to new_goods;
Query OK, 0 rows affected (0.05 sec)

mysql> show tables;
+----------------+
| Tables_in_wzgl |
+----------------+
| goods          |
| new_goods      |
+----------------+
2 rows in set (0.00 sec)
```

图 3-6　例 3.7 运行结果

2）修改数据表的表选项

通常情况下，如果在创建数据表时没有指定字符集、存储引擎以及校对规则，则默认与数据库相同。如果需要在已经创建的数据表上重新指定字符集、存储引擎以及校对规则，可通过以下方式实现。语法格式如下：

ALTER TABLE 表名 表选项［=］值;

常见的表选项包括字符集、存储引擎以及校对规则。

例 3.8　修改 new_goods 的字符集为 gbk。

相应的 SQL 语句如下：

```
alter table new_goods charset gbk;
```

修改完成后，使用 show create table 语句查看是否修改成功：

```
show create table new_goods\G
```

执行后的结果如图 3-7 所示。

```
mysql> show create table new_goods\G
*************************** 1. row ***************************
       Table: new_goods
Create Table: CREATE TABLE 'new_goods' (
  'g_id' int NOT NULL AUTO_INCREMENT COMMENT '物资id',
  'g_name' varchar(30) CHARACTER SET utf8mb4 COLLATE utf8mb4_0900_ai_ci NOT NULL COMMENT '物资名称',
  's_id' int NOT NULL COMMENT '供应商id',
  'type_id' int NOT NULL COMMENT '物资类型id',
  'unit_price' decimal(8,2) DEFAULT NULL COMMENT '单价',
  'g_qty' int DEFAULT '0' COMMENT '数量',
  'goods_memo' varchar(200) CHARACTER SET utf8mb4 COLLATE utf8mb4_0900_ai_ci DEFAULT NULL COMMENT '物品描述',
  PRIMARY KEY ('g_id')
) ENGINE=InnoDB DEFAULT CHARSET=gbk
1 row in set (0.01 sec)
```

图 3-7　例 3.8 运行结果

从执行结果可以看到，字符集已成功修改为 gbk。

3）修改字段名

语法格式如下：

ALTER TABLE 数据表名 CHANGE 旧字段名 新字段名 字段类型［字段属性］;

说明：

旧字段名：是指修改前的字段名称。

新字段名：是指修改后的字段名称。

字段类型：表示新字段名的数据类型，不能为空，即使与旧字段的数据类型相同，也必须重新设置。

例 3.9　修改 new_goods 的 type_id 字段名字为 t_id。

相应的 SQL 语句如下：

```
alter table new_goods change type_id t_id int not null;
```

修改完成后，我们可以用以下语句查看是否修改成功：

```
desc new_goods;
```

执行后的结果如图 3-8 所示。

```
mysql> alter table new_goods change type_id t_id int not null;
Query OK, 0 rows affected (0.02 sec)
Records: 0  Duplicates: 0  Warnings: 0

mysql> desc new_goods;
+------------+--------------+------+-----+---------+----------------+
| Field      | Type         | Null | Key | Default | Extra          |
+------------+--------------+------+-----+---------+----------------+
| g_id       | int          | NO   | PRI | NULL    | auto_increment |
| g_name     | varchar(30)  | NO   |     | NULL    |                |
| s_id       | int          | NO   |     | NULL    |                |
| t_id       | int          | NO   |     | NULL    |                |
| unit_price | decimal(8,2) | YES  |     | NULL    |                |
| g_qty      | int          | YES  |     | 0       |                |
| goods_memo | varchar(200) | YES  |     | NULL    |                |
+------------+--------------+------+-----+---------+----------------+
7 rows in set (0.00 sec)
```

图 3-8　例 3.9 运行结果

从执行结果可以看到，字段名已经成功修改为 t_id。需要注意的是，新的字段名后面必须重新指定数据类型，即使与修改前的一致。

4）修改字段数据类型

语法格式如下：

```
ALTER TABLE 数据表名 MODIFY 字段名 新类型［字段属性］;
```

例 3.10　修改 new_goods 的 g_name 字段数据类型为 char(30)。

相应的 SQL 语句如下：

```
alter table new_goods modify g_name char(30) not null;
```

修改完成后，我们可以用以下语句查看是否修改成功：

```
desc new_goods;
```

执行后的结果如图 3-9 所示。

从执行结果可以看到，字段数据类型已经修改成功。

```
mysql> alter table new_goods modify g_name char(30) not null;
Query OK, 0 rows affected (0.04 sec)
Records: 0  Duplicates: 0  Warnings: 0

mysql> desc new_goods;
+------------+--------------+------+-----+---------+----------------+
| Field      | Type         | Null | Key | Default | Extra          |
+------------+--------------+------+-----+---------+----------------+
| g_id       | int          | NO   | PRI | NULL    | auto_increment |
| g_name     | char(30)     | NO   |     | NULL    |                |
| s_id       | int          | NO   |     | NULL    |                |
| t_id       | int          | NO   |     | NULL    |                |
| unit_price | decimal(8,2) | YES  |     | NULL    |                |
| g_qty      | int          | YES  |     | 0       |                |
| goods_memo | varchar(200) | YES  |     | NULL    |                |
+------------+--------------+------+-----+---------+----------------+
7 rows in set (0.00 sec)
```

图 3-9　例 3.10 运行结果

5）新增字段

语法格式如下：

ALTER TABLE 数据表名 ADD 新字段名 字段类型;

例 3.11　为 new_goods 表新增一个字段，字段名为 num，字段数据类型为 int。

相应的 SQL 语句如下：

```
alter table new_goods add num int;
```

修改完成后，我们可以用以下语句查看是否修改成功：

```
desc new_goods;
```

执行后的结果如图 3-10 所示。

```
mysql> alter table new_goods add num int;
Query OK, 0 rows affected (0.01 sec)
Records: 0  Duplicates: 0  Warnings: 0

mysql> desc new_goods;
+------------+--------------+------+-----+---------+----------------+
| Field      | Type         | Null | Key | Default | Extra          |
+------------+--------------+------+-----+---------+----------------+
| g_id       | int          | NO   | PRI | NULL    | auto_increment |
| g_name     | char(30)     | NO   |     | NULL    |                |
| s_id       | int          | NO   |     | NULL    |                |
| t_id       | int          | NO   |     | NULL    |                |
| unit_price | decimal(8,2) | YES  |     | NULL    |                |
| g_qty      | int          | YES  |     | 0       |                |
| goods_memo | varchar(200) | YES  |     | NULL    |                |
| num        | int          | YES  |     | NULL    |                |
+------------+--------------+------+-----+---------+----------------+
8 rows in set (0.00 sec)
```

图 3-10　例 3.11 运行结果

从执行结果可以看到，新增的字段默认添加到表的最后。

6）调整字段位置

语法格式如下：

ALTER TABLE 数据表名 MODIFY 字段名 1 数据类型 [字段属性][FIRST | AFTER 字段名 2];

说明：

FIRST：表示将字段名 1 调整为数据表的第 1 个字段。

AFTER 字段名 2：表示将字段名 1 插入到字段名 2 的后面。

例 3.12 为 new_goods 表调整字段位置，将 num 字段放到 s_id 字段后面，将 unit_price 字段调整为第一个字段。

相应的 SQL 语句如下：

```
ALTER TABLE new_goods MODIFY num int AFTER s_id;
ALTER TABLE new_goods MODIFY unit_price decimal(8,2) first;
```

修改完成后，我们可以用以下语句查看是否修改成功：

```
desc new_goods;
```

执行后的结果如图 3-11 所示。

图 3-11 例 3.12 运行结果

7）删除字段

删除字段是指将某个字段从数据表中删除。

语法格式如下：

```
ALTER TABLE 数据表名 DROP 字段名;
```

例 3.13 将 new_goods 表中 num 字段删除。

相应的 SQL 语句如下：

```
ALTER TABLE new_goods DROP num;
```

修改完成后，我们可以用以下语句查看是否修改成功：

```
desc new_goods;
```

执行后的结果如图 3-12 所示。

```
mysql> ALTER TABLE new_goods DROP num;
Query OK, 0 rows affected (0.01 sec)
Records: 0  Duplicates: 0  Warnings: 0

mysql> desc new_goods;
+------------+--------------+------+-----+---------+----------------+
| Field      | Type         | Null | Key | Default | Extra          |
+------------+--------------+------+-----+---------+----------------+
| unit_price | decimal(8,2) | YES  |     | NULL    |                |
| g_id       | int          | NO   | PRI | NULL    | auto_increment |
| g_name     | char(30)     | NO   |     | NULL    |                |
| s_id       | int          | NO   |     | NULL    |                |
| t_id       | int          | NO   |     | NULL    |                |
| g_qty      | int          | YES  |     | 0       |                |
| goods_memo | varchar(200) | YES  |     | NULL    |                |
+------------+--------------+------+-----+---------+----------------+
7 rows in set (0.00 sec)
```

图 3-12　例 3.13 运行结果

5. 删除数据表

在数据库管理中,对于某些不再需要的数据表,我们可以将其从数据库中删除。注意:删除表时,表的结构和表中所有的数据都会被永久删除,因此建议在操作前先备份数据,以免造成无法挽回的损失。

删除数据表的语法格式如下:

DROP TABLE [IF EXISTS] 数据表 1[, 数据表 2]...;

说明:

同时删除多个数据表时,数据表名之间使用逗号分隔。

可选项 IF EXISTS 用于防止删除不存在的数据表时产生错误。

例 3.14　将 new_goods 表删除。

相应的 SQL 语句如下:

```
drop table new_goods;
```

删除完成后,我们可以用以下语句查看是否删除成功:

```
show tables;
```

执行后的结果如图 3-13 所示。

```
mysql> drop table new_goods;
Query OK, 0 rows affected (0.06 sec)

mysql> show tables;
Empty set (0.00 sec)
```

图 3-13　例 3.14 运行结果

从执行结果可以看到,指定的表已经被删除了。

● 【任务总结】

本任务主要介绍 MySQL 中常用的数据类型,以及数据表的创建、修改、查看、删除操作。创建数据表是指在已经创建的数据库中建立新表。修改数据表是指修改数据库中已经存在的数据表的结构。对于不再需要的数据表,我们可以将其从数据库中删除。删除表的操作要谨慎,以免造成无法挽回的损失。

任务二　数据表的约束

● 【任务描述】

为了确保数据库中数据的正确性和有效性,有时需要在表中添加一些约束条件。所谓约束,就是在表上强制执行的数据校验规则,可以看作是对数据的限制和限定条件。例如,不允许重复数据、不允许为空等。当设置了这些约束条件后,插入数据时会根据这些条件来验证数据是否符合要求,如果不符合,则插入操作会失败,从而保证了数据库中数据的完整性。此外,当表中的数据存在相互依赖关系时,约束还可以确保相关数据不会被错误删除。

● 【任务分析】

在 MySQL 中,支持的约束主要包含以下 6 种:主键约束、默认值约束、非空约束、唯一性约束、外键约束、检查约束。在应急物资管理系统中,每个数据表都存在约束。本任务中,我们借用应急物资管理系统数据库中的数据表来对表中常见的约束一一进行讲解,以方便大家快速掌握约束这个重要的知识点。

为数据表指定约束有如下两种形式:第一种是创建表的同时为相应的数据列指定约束;第二种是创建表后,以修改表的方式来增加约束。

● 【任务实施】

1. 主键约束

主键约束是数据库中用于唯一标识表中每一行记录的字段或字段组合。主键约束通过 PRIMARY KEY 定义,在创建数据库表时,通常会为每个表定义一个主键。主键约束具有以下特点。

- 唯一性:主键中的每一个值都必须是唯一的,不能重复。这样可以确保每一行记录都是可唯一识别的。
- 非空性:主键中的每一个值都必须非空(NOT NULL)。这意味着主键字段不能包含空值。
- 自动索引:数据库通常会自动为主键创建索引,以提高数据的检索和操作速度。
- 单一性和组合性:一个表只能有一个主键,但主键可以由一个或多个字段组合而成,称为复合主键(composite key)。

1）创建表时添加主键约束

语法格式如下：

```
字段名 数据类型 PRIMARY KEY
```

例 3.15 创建一个物资类型表 goods_type，并将 type_id 设为主键。物资类型表结构如表 3-5 所示。

表 3-5 物资类型表结构

字段	数据类型	描述	说明
type_id	int	主键	物资类型 id
t_name	varchar(20)		物资类型名称

相应的 SQL 语句如下：

```
create table if not exists goods_type(
    type_id int primary key,
    t_name varchar(20)
  );
```

创建完成后查看表结构：

```
desc goods_type;
```

执行后的结果如图 3-14 所示。

```
mysql> create table if not exists goods_type(
    ->     type_id  int  primary key,
    ->     t_name varchar(20)
    -> );
Query OK, 0 rows affected (0.13 sec)

mysql> desc goods_type;
+---------+-------------+------+-----+---------+-------+
| Field   | Type        | Null | Key | Default | Extra |
+---------+-------------+------+-----+---------+-------+
| type_id | int(11)     | NO   | PRI | NULL    |       |
| t_name  | varchar(20) | YES  |     | NULL    |       |
+---------+-------------+------+-----+---------+-------+
2 rows in set (0.00 sec)
```

图 3-14 例 3.15 运行结果

从执行结果可以看到，type_id 字段的 key 列出现 PRI，表示该字段为主键；同时 type_id 字段的 NULL 列为 NO，表示该字段不能为空。

我们插入数据进行测试：

```
insert into goods_type values(1,'防护用品'),(2,'生命救助');
```

这两行数据没有重复，也没有空值所以没有问题，我们继续为主键插入重复值：

```
insert into goods_type values(2,'临时食宿');
```

执行后的结果如图 3-15 所示。

```
mysql> insert into goods_type values(1,'防护用品'),(2,'生命救助');
Query OK, 2 rows affected (0.01 sec)
Records: 2  Duplicates: 0  Warnings: 0

mysql> insert into goods_type values(2,'临时食宿');
ERROR 1062 (23000): Duplicate entry '2' for key 'PRIMARY'
```

图 3-15　例 3.15 测试结果 1

为主键插入 NULL 值：

```
insert into goods_type values(null,'临时食宿');
```

执行后的结果如图 3-16 所示。

```
mysql> insert into goods_type values(null,'临时食宿');
ERROR 1048 (23000): Column 'type_id' cannot be null
```

图 3-16　例 3.15 测试结果 2

从执行结果可以看到，添加主键约束后，插入重复值或者 NULL 值都会失败报错。

2) 修改数据表时添加主键约束

在前面的例子中，我们是在创建数据表的同时定义了主键约束。如果在创建数据表时忘记指定主键约束，还可以通过修改数据表来添加主键约束。

注意：要设置为主键约束的字段不能包含空值（NULL）。如果字段中已经存在空值，那么在添加主键约束之前，必须先清理这些空值。只有在确保字段值的唯一性和非空性之后，才能成功添加主键约束。

通过修改数据表时添加主键约束的语法格式如下：

```
ALTER TABLE 数据表名 ADD PRIMARY KEY(字段名);
```

例 3.16　为供应商表 supplier 添加主键约束。

(1) 创建供应商表 supplier。

供应商表结构如表 3-6 所示。

表 3-6　供应商表结构

字段	数据类型	描述	说明
s_id	int		供应商 id
s_name	varchar(50)	非空	供应商姓名
phone	varchar(11)		供应商电话

相应的 SQL 语句如下：

```
create table supplier(
    s_id int,
    s_name varchar(50) not null,
    phone varchar(11)
);
```

创建完成后查看表结构：

```
desc supplier;
```

执行后的结果如图 3-17 所示。

```
mysql> create table supplier(
    ->  s_id int,
    ->     s_name varchar(50) not null,
    ->     phone varchar(11)
    ->     );
Query OK, 0 rows affected (0.11 sec)

mysql> desc supplier;
+--------+-------------+------+-----+---------+-------+
| Field  | Type        | Null | Key | Default | Extra |
+--------+-------------+------+-----+---------+-------+
| s_id   | int(11)     | YES  |     | NULL    |       |
| s_name | varchar(50) | NO   |     | NULL    |       |
| phone  | varchar(11) | YES  |     | NULL    |       |
+--------+-------------+------+-----+---------+-------+
3 rows in set (0.00 sec)
```

图 3-17　例 3.16(1)**运行结果**

（2）将表中的 s_id 字段设置为主键。

相应的 SQL 语句如下：

```
ALTER TABLE supplier ADD PRIMARY KEY (s_id);
```

查看表结构：

```
desc supplier;
```

执行后的结果如图 3-18 所示。

```
mysql> ALTER TABLE supplier ADD PRIMARY KEY (s_id);
Query OK, 0 rows affected (0.15 sec)
Records: 0  Duplicates: 0  Warnings: 0

mysql> desc supplier;
+--------+-------------+------+-----+---------+-------+
| Field  | Type        | Null | Key | Default | Extra |
+--------+-------------+------+-----+---------+-------+
| s_id   | int(11)     | NO   | PRI | NULL    |       |
| s_name | varchar(50) | NO   |     | NULL    |       |
| phone  | varchar(11) | YES  |     | NULL    |       |
+--------+-------------+------+-----+---------+-------+
3 rows in set (0.00 sec)
```

图 3-18　例 3.16(2)**运行结果**

从执行结果可以看到，主键添加完成，s_id 字段设置成了主键。

3）设置复合主键

在前面的内容中，表中的主键为单个字段，称为单字段主键。有时我们需要在创建表时设置复合主键,所谓的复合主键,就是这个主键是由一张表中多个字段组成的。

设置复合主键的语法格式如下:

PRIMARY KEY (字段 1,字段 2,...,字段 n)

注意:当主键由多个字段组成时,不能直接在字段名后面声明主键约束,而要将主键约束写在建表语句的最后。

例 3.17 创建 supplier_11 表,结构与 supplier 表相同,并将 s_id 和 s_name 设置为复合主键。

相应的 SQL 语句如下:

```
create table supplier_11(
    s_id int,
    s_name varchar(50) not null,
    phone varchar(11),
    primary key(s_id,s_name)
);
```

查看表结构:

```
desc supplier_11;
```

执行后的结果如图 3-19 所示。

```
mysql> create table supplier_11(
    -> s_id int,
    -> s_name varchar(50) not null,
    -> phone varchar(11),
    -> primary key(s_id,s_name)
    -> );
Query OK, 0 rows affected (0.15 sec)

mysql> desc supplier_11;
+--------+-------------+------+-----+---------+-------+
| Field  | Type        | Null | Key | Default | Extra |
+--------+-------------+------+-----+---------+-------+
| s_id   | int(11)     | NO   | PRI | NULL    |       |
| s_name | varchar(50) | NO   | PRI | NULL    |       |
| phone  | varchar(11) | YES  |     | NULL    |       |
+--------+-------------+------+-----+---------+-------+
3 rows in set (0.00 sec)
```

图 3-19 例 3.17 运行结果

我们插入数据进行测试:

```
insert into supplier_11 values (1,'真牛医疗器械','0203687999');
insert into supplier_11 values (2,'真牛医疗器械','0203687999');
insert into supplier_11 values (2,'真牛医疗器械','0203687999');
```

执行后的结果如图 3-20 所示。

```
mysql> INSERT INTO supplier_11 VALUES (1,'真牛医疗器械','0203687999');
Query OK, 1 row affected (0.13 sec)

mysql> INSERT INTO supplier_11 VALUES (2,'真牛医疗器械','0203687999');
Query OK, 1 row affected (0.00 sec)

mysql> INSERT INTO supplier_11 VALUES (2,'真牛医疗器械','0203687999');
ERROR 1062 (23000): Duplicate entry '2-真牛医疗器械' for key 'PRIMARY'
```

图 3-20 例 3.17 测试结果

从执行结果可以看到,复合主键判定重复的条件是设置为主键的所有字段的值均重复时才认定为重复,重复时数据插入失败。

4)删除主键约束

当一个数据表中不需要主键约束时,就需要从数据表中将其删除。

删除主键约束的语法格式如下:

ALTER TABLE 数据表名 DROP PRIMARY KEY;

例 3.18 删除供应商表 supplier 的主键约束。

相应的 SQL 语句如下:

ALTER TABLE supplier DROP PRIMARY KEY;

查看表结构:

desc supplier;

执行后的结果如图 3-21 所示。

```
mysql> ALTER TABLE supplier DROP PRIMARY KEY;
Query OK, 0 rows affected (0.20 sec)
Records: 0  Duplicates: 0  Warnings: 0

mysql> desc supplier;
+--------+-------------+------+-----+---------+-------+
| Field  | Type        | Null | Key | Default | Extra |
+--------+-------------+------+-----+---------+-------+
| s_id   | int(11)     | NO   |     | NULL    |       |
| s_name | varchar(50) | NO   |     | NULL    |       |
| phone  | varchar(11) | YES  |     | NULL    |       |
+--------+-------------+------+-----+---------+-------+
3 rows in set (0.00 sec)
```

图 3-21 例 3.18 运行结果

在数据库管理中,一个表只能有一个主键约束。因此,在删除一个表的主键约束时,不需要指定主键的名称,只需简单地删除即可。

例如,当我们删除了 supplier 表中的主键后,可以看到主键已经成功移除。然而,仔细查看表结构会发现,s_id 字段的 NULL 值仍然显示为 NO,这表示该字段依然不允许为空。也就是说,尽管主键约束被删除了,s_id 字段的非空约束依然存在。

如果希望将字段恢复到添加主键之前的状态(即允许字段为空),那么还需要进一步修改数据表,删除该字段的非空约束。这个操作可以根据实际需求来决定是否进行。

5）设置自动增长

在 MySQL 数据库中，为数据表设置主键约束后，每次插入记录时系统会检查主键字段的值是否唯一。如果插入的值已经存在于数据库中，则插入操作将失败。这是因为主键要求在表中唯一，不能有重复值。

为了解决这个问题，常用的方法是为主键设置自动增长属性（AUTO_INCREMENT）。当主键定义为自动增长后，数据库系统会自动为每条新记录分配一个唯一的主键值。用户在插入数据时，不需要手动输入主键值，系统会根据定义的规则自动赋值。每当添加一条新记录，主键的值会按照指定的步长自动增加。

要实现主键的自动增长，可以在创建表时或在修改表结构时，给主键字段添加 AUTO_INCREMENT 属性。这样，主键值将由系统自动管理，确保其唯一性并简化数据的插入操作。语法格式如下：

字段名 数据类型 AUTO_INCREMENT

说明：

（1）默认情况下，AUTO_INCREMENT 的初始值是 1，每新增一条记录，字段值自动加 1。

（2）一个表中只能有一个自动增长字段；且该字段必须定义为主键或者唯一键，以避免序号重复，同时该字段的数据类型为整数类型。

（3）若为自动增长字段插入 NULL、0、DEFAULT 或在插入时省略该字段，则该字段会使用自动增长值；若插入的是一个具体值，则不会使用自动增长值。

（4）若插入的值大于自动增长的值，则下次插入的自动增长值会自动使用最大值加 1；若插入的值小于自动增长的值，则不会对自动增长值产生影响。

（5）使用 DELETE 删除记录时，自动增长值不会减小或填补空缺。

例 3.19　创建一个物资类型表 goods_type2，表结构如表 3-7 所示。

表 3-7　物资类型表结构

字段	数据类型	描述	说明
type_id	int	主键，自动增长，非空	物资类型 id
t_name	varchar(20)	非空	物资类型名称

相应的 SQL 语句如下：

```
create table if not exists goods_type2(
    type_id int auto_increment not null primary key,
    t_name varchar(20) not null
 );
```

查看表结构：

```
desc goods_type2;
```

执行后的结果如图 3-22 所示。

```
mysql> create table if not exists goods_type2(
    ->   type_id  int auto_increment not null primary key ,
    ->   t_name varchar(20) not null
    -> );
Query OK, 0 rows affected (0.11 sec)

mysql> desc goods_type2;
+--------+-------------+------+-----+---------+----------------+
| Field  | Type        | Null | Key | Default | Extra          |
+--------+-------------+------+-----+---------+----------------+
| type_id| int(11)     | NO   | PRI | NULL    | auto_increment |
| t_name | varchar(20) | NO   |     | NULL    |                |
+--------+-------------+------+-----+---------+----------------+
2 rows in set (0.00 sec)
```

图 3-22　例 3.19 运行结果

从执行结果可以看到,type_id 字段被设置为自动增长。通常情况下,我们习惯将设置为主键的字段同时设置为自动增长。

下面通过插入一些记录来了解自动增长的特性。

插入时省略 type_id 字段,则会使用自动增长值。

```
insert into goods_type2(t_name) values('防护用品');
```

插入 NULL、0、DEFAULT,则该字段会使用自动增长值。

```
insert into goods_type2 values(null,'生命救助');
```

若插入的是具体值,则不会使用自动增长值。

```
insert into goods_type2 values(6,'临时食宿');
```

插入 0 时,则会使用自动增长值。

```
insert into goods_type2 values(0,'器材工具');
```

查看插入结果:

```
select * from goods_type2;
```

执行后的结果如图 3-23 所示。

```
mysql> insert into goods_type2(t_name) values('防护用品');
Query OK, 1 row affected (0.11 sec)

mysql> insert into goods_type2 values(null,'生命救助');
Query OK, 1 row affected (0.07 sec)

mysql> insert into goods_type2 values(6,'临时食宿');
Query OK, 1 row affected (0.04 sec)

mysql> insert into goods_type2 values(0,'器材工具');
Query OK, 1 row affected (0.06 sec)

mysql> select * from goods_type2;
+---------+----------+
| type_id | t_name   |
+---------+----------+
|       1 | 防护用品  |
|       2 | 生命救助  |
|       6 | 临时食宿  |
|       7 | 器材工具  |
+---------+----------+
4 rows in set (0.00 sec)
```

图 3-23　例 3.19 测试结果 1

若插入的值小于当前自动增长值,则不会对自动增长值产生影响。

```
insert into goods_type2 values(3,'照明设备');
```

若插入的值大于当前自动增长值,则下次插入时自动增长值会更新为该最大值加1。

```
insert into goods_type2 values(10,'工程材料');
insert into goods_type2 values(null,'污染清理');
```

查看插入结果:

```
select * from goods_type2;
```

执行后的结果如图3-24所示。

```
mysql> insert into goods_type2 values(3,'照明设备');
Query OK, 1 row affected (0.03 sec)

mysql> insert into goods_type2 values(10,'工程材料');
Query OK, 1 row affected (0.07 sec)

mysql> insert into goods_type2 values(null,'污染清理');
Query OK, 1 row affected (0.07 sec)

mysql> select * from goods_type2;
+---------+--------+
| type_id | t_name |
+---------+--------+
|       1 | 防护用品 |
|       2 | 生命救助 |
|       3 | 照明设备 |
|       6 | 临时食宿 |
|       7 | 器材工具 |
|      10 | 工程材料 |
|      11 | 污染清理 |
+---------+--------+
7 rows in set (0.00 sec)
```

图3-24　例3.19测试结果2

如果想知道下一次插入记录时的自动增长值,可以通过查看创建表命令来查看。

```
show create table goods_type2 \G
```

执行后的结果如图3-25所示。

```
mysql> show create table goods_type2 \G
*************************** 1. row ***************************
       Table: goods_type2
Create Table: CREATE TABLE `goods_type2` (
  `type_id` int(11) NOT NULL AUTO_INCREMENT,
  `t_name` varchar(20) NOT NULL,
  PRIMARY KEY (`type_id`)
) ENGINE=InnoDB AUTO_INCREMENT=12 DEFAULT CHARSET=utf8mb4 COLLATE=utf8mb4_0900_ai_ci
1 row in set (0.00 sec)
```

图3-25　例3.19查看结果

从执行结果可以看到,自动增长的值为12,也就是说当插入下一条记录的时候,type_id的值为13。

如果表已经创建,可以通过ALTER TABLE修改表结构的方式给主键字段添加AUTO_INCREMENT属性。语法格式如下:

```
ALTER TABLE table_name MODIFY COLUMN column_name INT AUTO_INCREMENT;
```

2. 默认值约束

默认值约束用来为数据表中的字段指定默认值。当我们在数据表中插入一条新记录时，如果没有为某个字段赋值，系统就会自动为这个字段插入默认值。设置了默认值约束的列通常也会设置为非空约束，这样能够防止数据表在录入数据时出现错误。

1）创建表时添加默认值约束

默认值约束可在创建表时使用 DEFAULT 关键字设置，语法格式如下：

字段名 数据类型 DEFAULT 默认值；

说明：如果默认值是字符类型，则用单引号括起来。

例 3.20 创建一个操作员表 operator，表结构如表 3-8 所示。

表 3-8 操作员表结构

字段	数据类型	描述	说明
op_id	char(6)	主键，非空	操作员 id
pwd	varchar(20)	非空，默认值 000000	密码
op_name	char(10)	非空	操作员姓名

相应的 SQL 语句如下：

```
create table operator(
    op_id char(6) not null primary key,
    pwd varchar(20) not null default '000000',
    op_name char(10) not null
);
```

查看表结构：

```
desc operator;
```

执行后的结果如图 3-26 所示。

```
mysql> create table operator(
    -> op_id char(6) not null primary key,
    -> pwd varchar(20) not null default '000000',
    -> op_name char(10) not null
    -> );
Query OK, 0 rows affected (0.06 sec)

mysql> desc operator;
+---------+-------------+------+-----+---------+-------+
| Field   | Type        | Null | Key | Default | Extra |
+---------+-------------+------+-----+---------+-------+
| op_id   | char(6)     | NO   | PRI | NULL    |       |
| pwd     | varchar(20) | NO   |     | 000000  |       |
| op_name | char(10)    | NO   |     | NULL    |       |
+---------+-------------+------+-----+---------+-------+
3 rows in set (0.00 sec)
```

图 3-26 例 3.20 运行结果

从执行结果可以看到，Default 列代表默认值，默认是"NULL"，表示未设置默认值，pwd 字段设置了默认值"000000"，下面通过插入数据进行测试。

正常插入记录时：

```
insert into operator values ('10001','123456','张敏');
```

在插入记录时省略 pwd 字段：

```
insert into operator(op_id,op_name) values ('10002', '王海');
```

在 pwd 字段中插入 default：

```
insert into operator values ('10003',default,'林晓');
```

查看插入结果：

```
select *  from operator;
```

执行后的结果如图 3-27 所示。

从执行结果可以看到，设置了默认值的字段，插入记录时省略该字段的值或者直接用 default 代替，最后插入的都是我们设置好的默认值。

2）修改表时添加默认值约束

除了创建数据表时添加默认值约束，我们还可以在数据库中使用修改数据表的方式添加默认值约束。

```
mysql> select * from operator;
+-------+--------+---------+
| op_id | pwd    | op_name |
+-------+--------+---------+
| 10001 | 123456 | 张敏    |
| 10002 | 000000 | 王海    |
| 10003 | 000000 | 林晓    |
+-------+--------+---------+
3 rows in set (0.00 sec)
```

图 3-27　例 3.20 测试结果

语法格式如下：

```
ALTER TABLE 数据表名 MODIFY 字段名 数据类型 DEFAULT 默认值;
```

例 3.21　将操作员表 operator 中的 op_name 设置默认值约束，默认值为"机器操作员"。

相应的 SQL 语句如下：

```
alter table operator modify op_name char(20) not null default '机器操作员';
```

查看表结构：

```
desc operator;
```

执行后的结果如图 3-28 所示。

```
mysql> alter table operator modify op_name char(20) not null default '机器操作员';
Query OK, 3 rows affected (0.10 sec)
Records: 3  Duplicates: 0  Warnings: 0

mysql> desc operator;
+---------+-------------+------+-----+-----------+-------+
| Field   | Type        | Null | Key | Default   | Extra |
+---------+-------------+------+-----+-----------+-------+
| op_id   | char(6)     | NO   | PRI | NULL      |       |
| pwd     | varchar(20) | NO   |     | 000000    |       |
| op_name | char(20)    | NO   |     | 机器操作员 |       |
+---------+-------------+------+-----+-----------+-------+
3 rows in set (0.00 sec)
```

图 3-28　例 3.21 运行结果

从执行结果可以看到，默认值设置成功。

3）删除默认值约束

语法格式如下：

ALTER TABLE 数据表名 MODIFY 字段名 数据类型；

例 3.22 将操作员表 operator 中的 op_name 默认值约束删除。

相应的 SQL 语句如下：

alter table operator modify op_name char(20) not null；

查看表结构：

desc operator；

执行后的结果如图 3-29 所示。

```
mysql> alter table operator modify op_name char(20) not null ;
Query OK, 0 rows affected (0.07 sec)
Records: 0  Duplicates: 0  Warnings: 0

mysql> desc operator;
+---------+-------------+------+-----+---------+-------+
| Field   | Type        | Null | Key | Default | Extra |
+---------+-------------+------+-----+---------+-------+
| op_id   | char(6)     | NO   | PRI | NULL    |       |
| pwd     | varchar(20) | NO   |     | 000000  |       |
| op_name | char(20)    | NO   |     | NULL    |       |
+---------+-------------+------+-----+---------+-------+
3 rows in set (0.00 sec)
```

图 3-29 例 3.22 运行结果

从执行结果可以看到，默认值删除成功。

3. 非空约束

1）创建表时添加非空约束

非空约束是指字段的值不能为空。对于使用了非空约束的字段，如果用户在添加数据时没有指定值，则数据库系统就会报错。

语法格式如下：

字段名 数据类型 NOT NULL；

例 3.23 创建一个入库表 goods_in，表结构如表 3-9 所示。

表 3-9 入库表结构

字段	数据类型	描述	说明
in_id	int	主键，自动增长，非空	入库 id
g_id	int	非空	物资 id
time_in	datetime		入库时间
i_amount	int		入库数量
op_id	char(6)	非空	操作员 id

相应的 SQL 语句如下：

```
create table goods_in(
    in_id int auto_increment not null primary key,
    g_id int not null,
    time_in datetime,
    i_amount int,
    op_id char(6) not null
);
```

查看表结构：

```
desc goods_in;
```

执行后的结果如图 3-30 所示。

```
mysql> create table goods_in(
    -> in_id int auto_increment not null primary key ,
    -> g_id int not null,
    -> time_in datetime,
    -> i_amount int,
    -> op_id char(6) not null
    -> );
Query OK, 0 rows affected (0.07 sec)

mysql> desc goods_in;
+----------+----------+------+-----+---------+----------------+
| Field    | Type     | Null | Key | Default | Extra          |
+----------+----------+------+-----+---------+----------------+
| in_id    | int(11)  | NO   | PRI | NULL    | auto_increment |
| g_id     | int(11)  | NO   |     | NULL    |                |
| time_in  | datetime | YES  |     | NULL    |                |
| i_amount | int(11)  | YES  |     | NULL    |                |
| op_id    | char(6)  | NO   |     | NULL    |                |
+----------+----------+------+-----+---------+----------------+
5 rows in set (0.00 sec)
```

图 3-30　例 3.23 运行结果

从执行结果可以看到，Null 列值默认为 YES（表示允许为空），值为 NO（表示设置了非空约束，不允许为空）。

接下来我们插入数据进行测试。

正常插入记录：

```
insert into goods_in values(1, 1,'2021-09-01',500,'10001');
```

省略 g_id 字段，插入数据：

```
insert into goods_in(op_id) values('10001');
```

执行后的结果如图 3-31 所示。

```
mysql> insert into goods_in values(1, 1,'2021-09-01',500,'10001');
Query OK, 1 row affected (0.03 sec)

mysql> insert into goods_in(op_id) values('10001');
ERROR 1364 (HY000): Field 'g_id' doesn't have a default value
```

图 3-31　例 3.23 测试结果 1

插入失败,提示 g_id 没有默认值。

将 g_id 字段设为 NULL,插入数据:

```
insert into goods_in(g_id,op_id) values(null,'10001');
```

执行后的结果如图 3-32 所示。

```
mysql> insert into goods_in(g_id,op_id) values(null,'10001');
ERROR 1048 (23000): Column 'g_id' cannot be null
```

图 3-32　例 3.23 测试结果 2

插入失败,提示 g_id 字段不能为 NULL。

省略 in_id、time_in 和 i_amount 字段,插入数据:

```
insert into goods_in(g_id,op_id) values(5,'10001');
```

查看插入结果:

```
select *  from goods_in;
```

执行后的结果如图 3-33 所示。

```
mysql>  insert into goods_in(g_id,op_id) values(5,'10001');
Query OK, 1 row affected (0.01 sec)

mysql> select * from goods_in;
+-------+------+---------------------+----------+-------+
| in_id | g_id | time_in             | i_amount | op_id |
+-------+------+---------------------+----------+-------+
|     1 |    1 | 2021-09-01 00:00:00 |      500 | 10001 |
|     2 |    5 | NULL                |     NULL | 10001 |
+-------+------+---------------------+----------+-------+
2 rows in set (0.00 sec)
```

图 3-33　例 3.23 测试结果 3

从执行结果可以看到,设置为非空约束的字段,不能省略,也不能设置为 NULL 值。

2）删除非空约束

语法格式如下:

```
ALTER TABLE 数据表名 MODIFY 字段名 数据类型;
```

例 3.24　将入库表 goods_in 中 op_id 字段的非空约束删除。

相应的 SQL 语句如下:

```
alter table goods_in modify op_id char(6);
```

查看表结构:

```
desc goods_in;
```

执行后的结果如图 3-34 所示。

```
mysql> alter table goods_in modify op_id char(6);
Query OK, 0 rows affected (0.33 sec)
Records: 0  Duplicates: 0  Warnings: 0

mysql> desc goods_in;
+----------+----------+------+-----+---------+----------------+
| Field    | Type     | Null | Key | Default | Extra          |
+----------+----------+------+-----+---------+----------------+
| in_id    | int(11)  | NO   | PRI | NULL    | auto_increment |
| g_id     | int(11)  | NO   |     | NULL    |                |
| time_in  | datetime | YES  |     | NULL    |                |
| i_amount | int(11)  | YES  |     | NULL    |                |
| op_id    | char(6)  | YES  |     | NULL    |                |
+----------+----------+------+-----+---------+----------------+
5 rows in set (0.00 sec)
```

图 3-34　例 3.24 运行结果

从执行结果可以看到,op_id 字段的非空约束已经删除。

3) 修改表结构时添加非空约束

与之前的默认约束类似,我们还可以在数据库中使用修改数据表的方式添加非空约束。语法格式如下:

ALTER TABLE 数据表名 MODIFY 字段名 数据类型 NOT NULL;

例 3.25　为入库表 goods_in 中的 op_id 字段添加非空约束。

相应的 SQL 语句如下:

alter table goods_in modify op_id char(6) not null;

查看表结构:

desc goods_in;

执行后的结果如图 3-35 所示。

```
mysql> alter table goods_in modify op_id char(6) not null;
Query OK, 0 rows affected (0.32 sec)
Records: 0  Duplicates: 0  Warnings: 0

mysql> desc goods_in;
+----------+----------+------+-----+---------+----------------+
| Field    | Type     | Null | Key | Default | Extra          |
+----------+----------+------+-----+---------+----------------+
| in_id    | int(11)  | NO   | PRI | NULL    | auto_increment |
| g_id     | int(11)  | NO   |     | NULL    |                |
| time_in  | datetime | YES  |     | NULL    |                |
| i_amount | int(11)  | YES  |     | NULL    |                |
| op_id    | char(6)  | NO   |     | NULL    |                |
+----------+----------+------+-----+---------+----------------+
5 rows in set (0.00 sec)
```

图 3-35　例 3.25 运行结果

从执行结果可以看到,op_id 的非空约束又重新添加上了。需要注意的是,如果数据表中某字段已经存在 NULL 值,则再添加非空约束时会提示错误,无法添加。

4. 唯一性约束

唯一性约束用于确保数据表中某个字段的值是唯一的,即该字段的值在表中不能重复。与主键约束类似,唯一性约束也可以保证列的唯一性。然而,两者不同之处在于:一个表中可以有多个唯一性约束,而主键约束只能有一个。此外,设置唯一性约束的列可以包含空值,而主键约束的列则不允许有空值。

1) 创建表时添加唯一性约束

唯一性约束可以在创建表时直接设置,在定义完列之后直接使用 UNIQUE 关键字指定唯一性约束,语法格式如下:

字段名 数据类型 UNIQUE;

例 3.26　创建一个 goods 物资表,表结构如表 3-10 所示。

表 3-10　物资表结构

字段	数据类型	描述	说明
g_id	int	主键,自动增长,非空	物资 id
g_name	varchar(30)	唯一键	物资名称
s_id	int	非空	供应商 id
type_id	int	非空	物资类型 id
unit_price	decimal(8,2)		单价
g_qty	int	默认值 0	数量
goods_memo	varchar(200)		物品描述

相应的 SQL 语句如下:

```
create table goods(
    g_id int auto_increment not null primary key ,
    g_name varchar(30) unique ,
    s_id int not null ,
    type_id int not null ,
    unit_price decimal(8,2) ,
    g_qty int default 0 ,
    goods_memo varchar(200)
);
```

查看表结构:

```
desc goods;
```

执行后的结果如图 3-36 所示。

```
mysql> create table goods(
    -> g_id int auto_increment not null primary key,
    -> g_name varchar(30) unique,
    -> s_id int not null,
    -> type_id int not null,
    -> unit_price decimal(8,2),
    -> g_qty int default 0,
    -> goods_memo varchar(200)
    -> );
Query OK, 0 rows affected (0.10 sec)

mysql> desc goods;
+------------+--------------+------+-----+---------+----------------+
| Field      | Type         | Null | Key | Default | Extra          |
+------------+--------------+------+-----+---------+----------------+
| g_id       | int(11)      | NO   | PRI | NULL    | auto_increment |
| g_name     | varchar(30)  | YES  | UNI | NULL    |                |
| s_id       | int(11)      | NO   |     | NULL    |                |
| type_id    | int(11)      | NO   |     | NULL    |                |
| unit_price | decimal(8,2) | YES  |     | NULL    |                |
| g_qty      | int(11)      | YES  |     | 0       |                |
| goods_memo | varchar(200) | YES  |     | NULL    |                |
+------------+--------------+------+-----+---------+----------------+
7 rows in set (0.00 sec)
```

图 3-36　例 3.26 运行结果

从执行结果可以看到，在 Key 列 g_name 显示为 UNI，表示这一字段被设置为唯一键约束，接下来我们插入数据进行测试。

正常插入记录：

```
insert into goods values (1,'防护衣',1,1,45.00,500,'一次性');
```

插入重复记录：

```
insert into goods values (2,'防护衣',2,1,450.00,500,'一次性');
```

执行后的结果如图 3-37 所示。

```
mysql> INSERT INTO goods values (1,'防护衣',1,1,45.00,500,'一次性');
Query OK, 1 row affected (0.04 sec)

mysql> INSERT INTO goods values (2,'防护衣',2,1,450.00,500,'一次性');
ERROR 1062 (23000): Duplicate entry '防护衣' for key 'g_name'
```

图 3-37　例 3.26 测试结果 1

插入失败，提示原因是"防护衣"重复，说明我们的唯一键约束起作用了。

插入 NULL 值：

```
insert into goods values (3,null,2,1,450.00,500,'一次性');
insert into goods values (4,null,2,1,300.00,500,null);
```

查看插入结果：

```
select *  from goods;
```

执行后的结果如图 3-38 所示。

```
mysql> insert into goods values (3,null,2,1,450.00,500,'一次性');
Query OK, 1 row affected (0.06 sec)

mysql> insert into goods values (4,null,2,1,300.00,500,null);
Query OK, 1 row affected (0.08 sec)

mysql> select * from goods;
+------+--------+------+---------+------------+-------+------------+
| g_id | g_name | s_id | type_id | unit_price | g_qty | goods_memo |
+------+--------+------+---------+------------+-------+------------+
|    1 | 防护衣  |    1 |       1 |      45.00 |   500 | 一次性      |
|    3 | NULL   |    2 |       1 |     450.00 |   500 | 一次性      |
|    4 | NULL   |    2 |       1 |     300.00 |   500 | NULL       |
+------+--------+------+---------+------------+-------+------------+
3 rows in set (0.00 sec)
```

图 3-38　例 3.26 测试结果 2

从执行结果可以看到，设置唯一性约束的列允许有空值。

2）修改表结构时添加唯一性约束

我们也可以使用修改数据表的方式，给已经存在的数据表添加唯一性约束，语法格式如下：

```
ALTER TABLE 数据表名 ADD UNIQUE(字段名);
```

例 3.27　为物资表 goods 中的 unit_price 字段添加唯一性约束。

相应的 SQL 语句如下：

```
alter table goods add unique(unit_price);
```

查看表结构：

```
desc goods;
```

执行后的结果如图 3-39 所示。

```
mysql> alter table goods add unique(unit_price);
Query OK, 0 rows affected (0.10 sec)
Records: 0  Duplicates: 0  Warnings: 0

mysql> desc goods;
+------------+--------------+------+-----+---------+----------------+
| Field      | Type         | Null | Key | Default | Extra          |
+------------+--------------+------+-----+---------+----------------+
| g_id       | int(11)      | NO   | PRI | NULL    | auto_increment |
| g_name     | varchar(30)  | YES  | UNI | NULL    |                |
| s_id       | int(11)      | NO   |     | NULL    |                |
| type_id    | int(11)      | NO   |     | NULL    |                |
| unit_price | decimal(8,2) | YES  | UNI | NULL    |                |
| g_qty      | int(11)      | YES  |     | 0       |                |
| goods_memo | varchar(200) | YES  |     | NULL    |                |
+------------+--------------+------+-----+---------+----------------+
7 rows in set (0.00 sec)
```

图 3-39　例 3.27 运行结果

从执行结果可以看到，unit_price 字段也设置了唯一性约束，这说明一个表中可以存在多个唯一性约束。

3）删除唯一性约束

语法格式如下：

```
ALTER TABLE 数据表名 DROP INDEX 索引名;
```

例 3.28　将物资表 goods 中 unit_price 字段的唯一性约束删除。

相应的 SQL 语句如下：

```
alter table goods drop index unit_price;
```

查看表结构：

```
desc goods;
```

执行后的结果如图 3-40 所示。

```
mysql> alter table goods drop index unit_price;
Query OK, 0 rows affected (0.06 sec)
Records: 0  Duplicates: 0  Warnings: 0

mysql> desc goods;
+-----------+--------------+------+-----+---------+----------------+
| Field     | Type         | Null | Key | Default | Extra          |
+-----------+--------------+------+-----+---------+----------------+
| g_id      | int(11)      | NO   | PRI | NULL    | auto_increment |
| g_name    | varchar(30)  | YES  | UNI | NULL    |                |
| s_id      | int(11)      | NO   |     | NULL    |                |
| type_id   | int(11)      | NO   |     | NULL    |                |
| unit_price| decimal(8,2) | YES  |     | NULL    |                |
| g_qty     | int(11)      | YES  |     | 0       |                |
| goods_memo| varchar(200) | YES  |     | NULL    |                |
+-----------+--------------+------+-----+---------+----------------+
7 rows in set (0.00 sec)
```

图 3-40　例 3.28 运行结果

从执行结果可以看到，unit_price 字段的唯一性约束已经删除。

5. 外键约束

外键约束用于维护两个表之间的参照完整性。它定义了一个表（称为子表或从表）中的字段必须引用另一个表（称为主表或父表）中的一个字段的值。外键约束确保子表中的值必须存在于主表的关联列中，以保持数据的一致性和完整性。这意味着，只有在主表中存在相应值的情况下，才能在子表中插入或更新这些外键列的值。通过使用外键约束，可以防止不一致的数据进入数据库，从而确保数据的完整性和可靠性。

定义外键时，需要遵守下列规则。

（1）必须保证表的存储引擎是 InnoDB（默认的存储引擎）：如果不是 InnoDB 存储引擎，那么外键虽然可以创建成功，但是没有约束效果。

（2）主表必须已经存在于数据库中，且必须为主表定义主键。

（3）外键中列的数据类型必须和主表主键中对应列的数据类型相同，且长度需兼容。

（4）一张表中外键的名字不能重复。

（5）一张表可以有一个或多个外键，外键可以为空值。若不为空值，则每一个外键的值必须等于主表中主键的某个值。

1）创建表时指定外键约束

在创建表时设置外键约束，通过 FOREIGN KEY 关键字来指定外键，语法格式如下：

```
CREATE TABLE 子表名 (
    列名 数据类型,
    列名 数据类型,
    ...,
    FOREIGN KEY (子表列名) REFERENCES 主表名(主表列名)
    ON DELETE 操作类型
    ON UPDATE 操作类型
);
```

说明：

子表名：要创建的表的名称（包含外键的表）。

列名 数据类型：列的名称和数据类型。可以定义表中的多个列。

FOREIGN KEY（子表列名）：指定作为外键的子表列。

REFERENCES 主表名（主表列名）：指定被引用的主表名及其主键或唯一键列名。

ON DELETE 操作类型（可选）：定义当主表中的引用行被删除时，子表中外键列的行为。常见的操作类型有以下几种。

CASCADE：自动删除子表中的相应行。

SET NULL：将子表中的外键列设置为 NULL。

SET DEFAULT：将子表中的外键列设置为默认值。

NO ACTION：不采取任何行动（这是默认行为）。

RESTRICT：阻止删除。

ON UPDATE 操作类型（可选）：定义当主表中的引用行被更新时，子表中外键列的行为。操作类型同 ON DELETE。

例 3.29　在供应商表 supplier 和物资表 goods 之间建立外键约束。

（1）删除 supplier 表，重新创建主表供应商表 supplier，表结构如表 3-11 所示。

表 3-11　供应商表结构

字　段	数据类型	描　述	说　明
s_id	int	主键,自动增长,非空	供应商 id
s_name	varchar(50)	非空	供应商姓名
phone	varchar(11)		供应商电话

相应的 SQL 语句如下：

```
drop table supplier;
create table supplier(
    s_id int not null auto_increment primary key,
    s_name varchar(50) not null,
    phone varchar(11)
);
```

（2）删除 goods 表，重新创建从表物资表 goods 并添加外键约束，表结构如表 3-12 所示。

表 3-12　物资表结构

字段	数据类型	描述	说明
g_id	int	主键,自动增长,非空	物资 id
g_name	varchar(30)	非空	物资名称
s_id	int	外键,非空	供应商 id
type_id	int	非空	物资类型 id
unit_price	decimal(8,2)		单价
g_qty	int	默认值 0	数量
goods_memo	varchar(200)		物品描述

相应的 SQL 语句如下：

```
drop table goods;
create table goods(
    g_id int auto_increment not null primary key ,
    g_name varchar(30) not null ,
    s_id int not null ,
    type_id int not null ,
    unit_price decimal(8,2) ,
    g_qty int default 0 ,
    goods_memo varchar(200) ,
    foreign key(s_id) references supplier(s_id) );
```

（3）查看表结构：

```
desc goods;
```

执行后的结果如图 3-41 所示。

```
mysql> drop table supplier;
Query OK, 0 rows affected (0.04 sec)

mysql> create table supplier(
    -> s_id int not null auto_increment primary key,
    -> s_name varchar(50) not null,
    -> phone varchar(11)
    -> );
Query OK, 0 rows affected (0.06 sec)

mysql> drop table goods;
Query OK, 0 rows affected (0.08 sec)

mysql> create table goods(
    -> g_id int auto_increment not null primary key,
    -> g_name varchar(30) not null,
    -> s_id int not null,
    -> type_id int not null,
    -> unit_price decimal(8,2),
    -> g_qty int default 0,
    -> goods_memo varchar(200),
    -> foreign key(s_id) references supplier(s_id));
Query OK, 0 rows affected (0.07 sec)

mysql> desc goods;
+------------+--------------+------+-----+---------+----------------+
| Field      | Type         | Null | Key | Default | Extra          |
+------------+--------------+------+-----+---------+----------------+
| g_id       | int          | NO   | PRI | NULL    | auto_increment |
| g_name     | varchar(30)  | NO   |     | NULL    |                |
| s_id       | int          | NO   | MUL | NULL    |                |
| type_id    | int          | NO   |     | NULL    |                |
| unit_price | decimal(8,2) | YES  |     | NULL    |                |
| g_qty      | int          | YES  |     | 0       |                |
| goods_memo | varchar(200) | YES  |     | NULL    |                |
+------------+--------------+------+-----+---------+----------------+
7 rows in set (0.00 sec)
```

图 3-41   例 3.29 运行结果

在 goods 表上创建外键约束,让它的 s_id 字段作为外键关联到 supplier 表的主键 s_id。我们看到在 Key 列 s_id 的值为 MUL,表示非唯一性索引(MULTIPLE KEY),值可以重复。在创建外键约束时,MySQL 会自动为没有索引的外键字段创建索引。

(4) 查看表创建语句:

```
show create table goods \G
```

执行后的结果如图 3-42 所示。

从执行结果可以看到,CONSTRAINT ′goods_ibfk_1′是服务器自动指定的外键名,同时也为 s_id 字段创建了同名索引 KEY ′s_id′。

对于添加了外键约束的表而言,数据的插入、更新和删除操作就会受到一定的约束。

在数据库中,外键(foreign key)用于建立和强化两个表之间的连接。外键确保从表中

```
mysql> show create table goods \G
*********************** 1. row ***********************
       Table: goods
Create Table: CREATE TABLE 'goods' (
  'g_id' int(11) NOT NULL AUTO_INCREMENT,
  'g_name' varchar(30) NOT NULL,
  's_id' int(11) NOT NULL,
  'type_id' int(11) NOT NULL,
  'unit_price' decimal(8,2) DEFAULT NULL,
  'g_qty' int(11) DEFAULT '0',
  'goods_memo' varchar(200) DEFAULT NULL,
  PRIMARY KEY ('g_id'),
  KEY 's_id' ('s_id'),
  CONSTRAINT 'goods_ibfk_1' FOREIGN KEY ('s_id') REFERENCES 'supplier' ('s_id')
) ENGINE=InnoDB DEFAULT CHARSET=utf8mb4 COLLATE=utf8mb4_0900_ai_ci
1 row in set (0.01 sec)
```

图 3-42　例 3.29 测试结果 1

的某个字段只能包含主表中已存在的值。这意味着在插入数据时，从表的外键字段的值必须符合主表的要求。如果尝试插入一个在主表中不存在的值，数据库会阻止这个操作，以维护数据的一致性和完整性。

比如，插入以下一组数据：

```
insert into goods values (1,'防护衣',1,1,45.00,500,'一次性');
```

执行后报错：

```
ERROR 1452 (23000): Cannot add or update a child row: a foreign key constraint
fails ('wzgl'.'goods', CONSTRAINT 'goods_ibfk_1' FOREIGN KEY ('s_id') REFERENC-
ES 'supplier' ('s_id'))
```

这是因为我们尝试在从表 goods 的外键字段 s_id 中插入一个值，而该值在主表 supplier 的 s_id 字段中并不存在。由于外键约束的作用，这样的插入操作会失败。为了成功地在从表 goods 中插入数据，我们需要确保外键字段 s_id 的值已经存在于主表 supplier 中。因此，接下来我们先在主表 supplier 中插入一条包含这个 s_id 值的记录，然后再尝试在从表中插入数据。通过这种方式，我们就能够遵守外键约束的规则，并成功地完成数据插入操作。

```
insert into supplier values (1,'真牛医疗器械','0203687999');
insert into goods values (1,'防护衣',1,1,45.00,500,'一次性');
```

执行后的结果如图 3-43 所示。

```
mysql> INSERT INTO  supplier VALUES (1,'真牛医疗器械','0203687999');
Query OK, 1 row affected (0.10 sec)

mysql> INSERT INTO goods values (1,'防护衣',1,1,45.00,500,'一次性');
Query OK, 1 row affected (0.02 sec)
```

图 3-43　例 3.29 测试结果 2

当主表中的数据需要更新甚至删除时,这将对从表的外键字段产生影响。为了理解这一点,让我们尝试执行更新语句"UPDATE supplier SET s_id= 8 WHERE s_name= '真牛医疗器械';"结果显示该更新操作失败了。由于主表中的 s_id 值已经被从表引用了,因此我们无法直接更新或删除这个被引用的值。这是因为外键约束的作用确保了数据的完整性和一致性。如果我们希望在主表进行更新或删除操作时,从表中引用的外键值也能自动跟随变化,可以在创建外键约束时,使用 ON UPDATE 和 ON DELETE 参数。

例 3.30 外键约束 on delete 示例。

(1) 创建主表操作员表 operator,表结构如表 3-13 所示。

表 3-13 操作员表结构

字段	数据类型	描述	说明
op_id	char(6)	主键,非空	操作员 id
pwd	varchar(20)	非空	密码
op_name	char(10)	非空	操作员姓名

相应的 SQL 语句如下:

```
drop table if exists operator;
create table operator(
    op_id char(6) not null primary key,
    pwd varchar(20) not null,
    op_name char(10) not null
) CHARSET= utf8mb4;
```

(2) 创建从表入库表 goods_in,并添加外键约束,同时设置"op_id"字段的外键更新级联模式,删除置空。入库表结构如表 3-14 所示。

表 3-14 入库表结构

字段	数据类型	描述	说明
in_id	int	主键,自动增长,非空	入库 id
g_id	int	外键	物资 id
time_in	datetime	非空	入库时间
i_amount	int	非空	入库数量
op_id	char(6)	外键	操作员 id

相应的 SQL 语句如下:

```
drop table if exists goods_in;
create table goods_in(
    in_id int auto_increment not null primary key,
```

```
    g_id int,

    time_in datetime not null,

    i_amount int not null,

    op_id char(6),

    foreign key(g_id) references goods(g_id),

    foreign key(op_id) references operator(op_id) on update cascade on delete
set null
)CHARSET= utf8mb4;
```

（3）查看表结构：

```
desc goods_in;
```

执行后的结果如图 3-44 所示。

```
mysql> create table goods_in(
    -> in_id int auto_increment not null primary key,
    -> g_id int,
    -> time_in datetime not null,
    -> i_amount int not null,
    -> op_id char(6),
    -> foreign key(g_id) references goods(g_id),
    -> foreign key(op_id) references operator(op_id) on update cascade on delete set null
    -> ) CHARSET=utf8mb4;
Query OK, 0 rows affected (0.04 sec)

mysql> desc goods_in;
+----------+----------+------+-----+---------+----------------+
| Field    | Type     | Null | Key | Default | Extra          |
+----------+----------+------+-----+---------+----------------+
| in_id    | int      | NO   | PRI | NULL    | auto_increment |
| g_id     | int      | NO   | MUL | NULL    |                |
| time_in  | datetime | YES  |     | NULL    |                |
| i_amount | int      | YES  |     | NULL    |                |
| op_id    | char(6)  | YES  | MUL | NULL    |                |
+----------+----------+------+-----+---------+----------------+
5 rows in set (0.00 sec)
```

图 3-44　例 3.30 运行结果

（4）查看表创建语句：

```
show create table goods_in \G
```

执行后的结果如图 3-45 所示。

```
mysql> show create table goods_in \G
*************************** 1. row ***************************
       Table: goods_in
Create Table: CREATE TABLE `goods_in` (
  `in_id` int NOT NULL AUTO_INCREMENT,
  `g_id` int NOT NULL,
  `time_in` datetime DEFAULT NULL,
  `i_amount` int DEFAULT NULL,
  `op_id` char(6) DEFAULT NULL,
  PRIMARY KEY (`in_id`),
  KEY `g_id` (`g_id`),
  KEY `op_id` (`op_id`),
  CONSTRAINT `goods_in_ibfk_1` FOREIGN KEY (`g_id`) REFERENCES `goods` (`g_id`),
  CONSTRAINT `goods_in_ibfk_2` FOREIGN KEY (`op_id`) REFERENCES `operator` (`op_id`) ON DELETE SET NULL ON UPDATE CASCADE
) ENGINE=InnoDB DEFAULT CHARSET=utf8mb4 COLLATE=utf8mb4_0900_ai_ci
1 row in set (0.00 sec)
```

图 3-45　例 3.30 测试结果 1

从上面的结果可以看到,外键创建成功,在 goods_in 表上创建外键约束,让它的 g_id 字段作为外键关联到 goods 表主键 g_id；op_id 字段作为外键关联到 operator 表主键 op_id。

接下来我们插入数据进行测试:

```
insert into operator values ('10001','123456','张敏'),('10002','123456','王海');
insert into goods_in values(1,1,'2021-09-01',500,10001),
(2,2,'2021-08-07',200,10002),(3,3,'2020-05-04',1,10001),
(4,4,'2020-03-07',10,10002);
```

查询数据:

```
select * from operator;
select *  from goods_in;
```

执行后的结果如图 3-46 所示。

```
mysql> select * from operator;
+-------+--------+---------+
| op_id | pwd    | op_name |
+-------+--------+---------+
| 10001 | 123456 | 张敏    |
| 10002 | 123456 | 王海    |
+-------+--------+---------+
2 rows in set (0.00 sec)

mysql> select * from goods_in;
+-------+------+---------------------+----------+-------+
| in_id | g_id | time_in             | i_amount | op_id |
+-------+------+---------------------+----------+-------+
|     1 |    1 | 2021-09-01 00:00:00 |      500 | 10001 |
|     2 |    2 | 2021-08-07 00:00:00 |      200 | 10002 |
|     3 |    3 | 2020-05-04 00:00:00 |        1 | 10001 |
|     4 |    4 | 2020-03-07 00:00:00 |       10 | 10002 |
+-------+------+---------------------+----------+-------+
4 rows in set (0.00 sec)
```

图 3-46　例 3.30 测试结果 2

更新 goods 表中的数据:

```
update goods set g_id=100 where g_name='防护衣';
```

执行后的结果如图 3-47 所示,显示更新失败并报错,因为外键默认是严格模式(RESTRICT),不允许更新和删除主表中已经被从表外键引用的行。

```
mysql> update goods set g_id=100 where g_name='防护衣';
ERROR 1451 (23000): Cannot delete or update a parent row: a foreign key constraint
fails ('wzgl'.'goods_in', CONSTRAINT 'goods_in_ibfk_1' FOREIGN KEY ('g_id') REFERENCES
'goods' ('g_id'))
```

图 3-47　例 3.30 测试结果 3

更新 operator 表中的数据:

```
update operator set op_id='10023' where op_name='张敏';
```

查询数据:

```
select * from operator;
select *  from goods_in;
```

执行后的结果如图 3-48 所示。

```
mysql> update operator set op_id='10023' where op_name='张敏';
Query OK, 1 row affected (0.01 sec)
Rows matched: 1  Changed: 1  Warnings: 0

mysql> select * from operator;
+-------+--------+---------+
| op_id | pwd    | op_name |
+-------+--------+---------+
| 10002 | 123456 | 王海     |
| 10023 | 123456 | 张敏     |
+-------+--------+---------+
2 rows in set (0.00 sec)

mysql> select * from goods_in;
+-------+------+---------------------+----------+-------+
| in_id | g_id | time_in             | i_amount | op_id |
+-------+------+---------------------+----------+-------+
|     1 |    1 | 2021-09-01 00:00:00 |      500 | 10023 |
|     2 |    2 | 2021-08-07 00:00:00 |      200 | 10002 |
|     3 |    3 | 2020-05-04 00:00:00 |        1 | 10023 |
|     4 |    4 | 2020-03-07 00:00:00 |       10 | 10002 |
+-------+------+---------------------+----------+-------+
4 rows in set (0.00 sec)
```

图 3-48 例 3.30 **测试结果** 4

从执行结果可以看到,当 goods_in 表中的外键字段 op_id 设置了更新级联模式,在主表中的数据进行更新时,从表中的数据也跟着更新了。

删除 operator 表中的数据:

```
delete from operator where op_id= '10002';
```

查询数据:

```
select * from operator;

select *  from goods_in;
```

执行后的结果如图 3-49 所示。

```
mysql> delete from operator where op_id='10002';
Query OK, 1 row affected (0.01 sec)

mysql> select * from operator;
+-------+--------+---------+
| op_id | pwd    | op_name |
+-------+--------+---------+
| 10023 | 123456 | 张敏     |
+-------+--------+---------+
1 row in set (0.00 sec)

mysql> select * from goods_in;
+-------+------+---------------------+----------+-------+
| in_id | g_id | time_in             | i_amount | op_id |
+-------+------+---------------------+----------+-------+
|     1 |    1 | 2021-09-01 00:00:00 |      500 | 10023 |
|     2 |    2 | 2021-08-07 00:00:00 |      200 | NULL  |
|     3 |    3 | 2020-05-04 00:00:00 |        1 | 10023 |
|     4 |    4 | 2020-03-07 00:00:00 |       10 | NULL  |
+-------+------+---------------------+----------+-------+
4 rows in set (0.00 sec)
```

图 3-49 例 3.30 **测试结果** 5

从执行结果可以看到,当 goods_in 表中的外键字段 op_id 设置了删除置空,在对主表中的数据进行删除时,从表中相应的数据也删除了。

2）修改表时指定外键约束

外键约束也可以在修改表时添加，语法格式如下：

ALTER TABLE 数据表名 ADD［CONSTRAINT 外键名］FOREIGN KEY(字段名) REFERENCES 主表名 (字段名);

例 3.31 创建出库表 goods_out。表结构如表 3-15 所示。

表 3-15 出库表结构

字 段	数据类型	描 述	说 明
out_id	int	主键,自动增长,非空	出库 id
g_id	int		物资 id
time_out	datetime	非空	出库时间
o_amount	int	非空	出库数量
op_id	char(6)	非空	操作员 id

相应的 SQL 语句如下：

```
create table goods_out(
    out_id int auto_increment not null primary key,
    g_id int,
    time_out datetime not null,
    o_amount int not null,
    op_id char(6) not null
);
```

在 goods_out 表上创建外键约束，让它的 g_id 字段作为外键关联到 goods 表主键 g_id；op_id 字段作为外键关联到 operator 表主键 op_id。

```
alter table goods_out add foreign key(g_id) references goods(g_id);
alter table goods_out add foreign key(op_id) references operator(op_id);
```

执行后的结果如图 3-50 所示。

```
mysql> create table goods_out(
    -> out_id int auto_increment not null primary key,
    -> g_id int,
    -> time_out datetime not null,
    -> o_amount int not null,
    -> op_id char(6) not null
    -> );
Query OK, 0 rows affected (0.10 sec)

mysql> alter table goods_out add foreign key(g_id) references goods(g_id);
Query OK, 0 rows affected (0.17 sec)
Records: 0  Duplicates: 0  Warnings: 0

mysql> alter table goods_out add foreign key(op_id) references operator(op_id);
Query OK, 0 rows affected (0.11 sec)
Records: 0  Duplicates: 0  Warnings: 0
```

图 3-50 例 3.31 运行结果

查看表创建语句：

```
show create table goods_out \G
```

执行后的结果如图 3-51 所示。

```
mysql> show create table goods_out \G
*************************** 1. row ***************************
       Table: goods_out
Create Table: CREATE TABLE `goods_out` (
  `out_id` int(11) NOT NULL AUTO_INCREMENT,
  `g_id` int(11) NOT NULL,
  `time_out` datetime DEFAULT NULL,
  `o_amount` int(11) DEFAULT NULL,
  `op_id` char(6) NOT NULL,
  PRIMARY KEY (`out_id`),
  KEY `g_id` (`g_id`),
  KEY `op_id` (`op_id`),
  CONSTRAINT `goods_out_ibfk_1` FOREIGN KEY (`g_id`) REFERENCES `goods` (`g_id`),
  CONSTRAINT `goods_out_ibfk_2` FOREIGN KEY (`op_id`) REFERENCES `operator` (`op_id`)
) ENGINE=InnoDB DEFAULT CHARSET=utf8mb4 COLLATE=utf8mb4_0900_ai_ci
1 row in set (0.00 sec)
```

图 3-51　例 3.31 **查看结果**

从执行结果可以看到,外键创建成功。

3)删除外键约束

当一个表中不需要外键约束时,就需要从表中将其删除。外键一旦删除,就会解除主表和从表间的关联关系。

删除外键约束的语法格式如下:

```
ALTER TABLE 表名 DROP FOREIGN KEY 外键名;
```

例 3.32　删除出库表 goods_out 中的外键约束。

相应的 SQL 语句如下:

```
alter table goods_out drop foreign key goods_out_ibfk_1;
alter table goods_out drop foreign key goods_out_ibfk_2;
```

查看表创建语句:

```
show create table goods_out \G
```

执行后的结果如图 3-52 所示。

从执行结果可以看到,外键删除成功。

外键约束在使用时既可节省开发量,又能约束数据有效性,防止非法数据的插入。但有时候使用外键约束会带来额外的开销。例如,删除主表数据时,需先删除从表数据。此外,含有外键约束的从表字段不能修改表结构。

6. 检查约束

检查约束用于确保表中的数据符合特定条件。虽然 MySQL 在早期版本中并不完全支持检查约束,但从 MySQL 8.0.16 版本开始,MySQL 已经正式支持了 CHECK 约束。语法格式如下:

```
mysql> alter table goods_out drop foreign key goods_out_ibfk_1;
Query OK, 0 rows affected (0.07 sec)
Records: 0  Duplicates: 0  Warnings: 0

mysql> alter table goods_out drop foreign key goods_out_ibfk_2;
Query OK, 0 rows affected (0.01 sec)
Records: 0  Duplicates: 0  Warnings: 0

mysql> show create table goods_out \G
*************************** 1. row ***************************
       Table: goods_out
Create Table: CREATE TABLE `goods_out` (
  `out_id` int(11) NOT NULL AUTO_INCREMENT,
  `g_id` int(11) NOT NULL,
  `time_out` datetime DEFAULT NULL,
  `o_amount` int(11) DEFAULT NULL,
  `op_id` char(6) NOT NULL,
  PRIMARY KEY (`out_id`),
  KEY `g_id` (`g_id`),
  KEY `op_id` (`op_id`)
) ENGINE=InnoDB DEFAULT CHARSET=utf8mb4 COLLATE=utf8mb4_0900_ai_ci
1 row in set (0.00 sec)
```

图 3-52　例 3.32 运行结果

CHECK (表达式)

说明:表达式用于指定需要检查的限定条件。

CHECK 约束会在每次插入或更新数据时进行检查,可能会对性能产生一些影响,尤其是在处理大量数据时。因此,需要在性能和数据完整性之间进行权衡。

1) 创建表时添加检查约束

例 3.33　创建表 goods2,表结构如表 3-16 所示。

表 3-16　goods2 表结构

字段	数据类型	描述	说明
g_id	int	主键,自动增长,非空	物资 id
g_name	varchar(30)	非空	物资名称
s_id	int	非空、外键	供应商 id
type_id	int	非空	物资类型 id
unit_price	decimal(8,2)	检查约束≥0	单价
g_qty	int	默认值 0	数量
goods_memo	varchar(200)		物品描述

相应的 SQL 语句如下:

```
create table goods2(
    g_id int auto_increment not null primary key ,
    g_name varchar(30) not null ,
```

```
    s_id int not null ,
    type_id int not null,
    unit_ price decimal(8,2) ,
    g_qty int default 0 ,
    goods_memo varchar(200) ,
    check(unit_price>=0),
    foreign key(s_id) references supplier(s_id)
);
```

查看表创建语句：

```
show create table goods2\G
```

执行后的结果如图 3-53 所示。

```
mysql> show create table goods2\G
*********************** 1. row ***************************
        Table: goods2
Create Table: CREATE TABLE 'goods2' (
  'g_id' int NOT NULL AUTO_INCREMENT,
  'g_name' varchar(30) NOT NULL,
  's_id' int NOT NULL,
  'type_id' int NOT NULL,
  'unit_price' decimal(8,2) DEFAULT NULL,
  'g_qty' int DEFAULT '0',
  'goods_memo' varchar(200) DEFAULT NULL,
  PRIMARY KEY ( g_id ),
  KEY 's_id' ( s_id ),
  CONSTRAINT 'goods2_ibfk_1' FOREIGN KEY ('s_id') REFERENCES 'supplier' ('s_id'),
  CONSTRAINT 'goods2_chk_1' CHECK (('unit_price' >= 0))
) ENGINE=InnoDB DEFAULT CHARSET=utf8mb3
1 row in set (0.00 sec)
```

图 3-53 例 3.33 运行结果

我们插入数据进行测试：

```
insert into goods2 values(1,'防护衣',1,1,45.00,500,'一次性');
insert into goods2 values(2,'防护衣',1,1,-45.00,500,'一次性');
```

执行后的结果如图 3-54 所示。

```
mysql> insert into goods2 values (1,'防护衣',1,1,45.00,500,'一次性');
Query OK, 1 row affected (0.01 sec)

mysql> insert into goods2 values (2,'防护衣',1,1,-45.00,500,'一次性');
ERROR 3819 (HY000): Check constraint 'goods2_chk_1' is violated.
```

图 3-54 例 3.33 测试结果

从执行结果可以看到，当我们插入单价大于 0 的记录时可以正常插入；当我们将单价设为负数时插入失败。由于我们没有自己指定约束名，提示出错时使用的是系统自动生成的约束名。

2）修改表时添加检查约束

如果一个表创建完成，可以通过修改表的方式为表添加检查约束。语法格式如下：

```
ALTER TABLE 数据表 ADD CHECK(表达式);
```

例 3.34 为表 goods2 添加新的约束，要求库存的数量必须大于等于 100。

相应的 SQL 语句如下：

```
alter table goods2 add check(g_qty>=100);
```

查看表创建语句：

```
show create table goods2\G
```

执行后的结果如图 3-55 所示。

```
mysql> alter table goods2 add check(g_qty>=100);
Query OK, 1 row affected (0.05 sec)
Records: 1  Duplicates: 0  Warnings: 0

mysql> show create table goods2\G
*************************** 1. row ***************************
       Table: goods2
Create Table: CREATE TABLE 'goods2' (
  'g_id' int NOT NULL AUTO_INCREMENT,
  'g_name' varchar(30) NOT NULL,
  's_id' int NOT NULL,
  'type_id' int NOT NULL,
  'unit_price' decimal(8,2) DEFAULT NULL,
  'g_qty' int DEFAULT '0',
  'goods_memo' varchar(200) DEFAULT NULL,
  PRIMARY KEY ('g_id'),
  KEY 's_id' ('s_id'),
  CONSTRAINT 'goods_ibfk_1' FOREIGN KEY ('s_id') REFERENCES 'supplier' ('s_id'),
  CONSTRAINT 'goods2_chk_1' CHECK (('unit_price' >= 0)),
  CONSTRAINT 'goods2_chk_2' CHECK (('g_qty' >= 100))
) ENGINE=InnoDB AUTO_INCREMENT=2 DEFAULT CHARSET=utf8mb3
1 row in set (0.00 sec)
```

图 3-55 例 3.34 运行结果

从执行结果可以看到，新的约束添加成功。

3）删除表时检查约束

语法格式如下：

```
ALTER TABLE 数据表 DROP CONSTRAINT (检查约束名);
```

例 3.35 为表 goods2 删除"库存的数量必须大于等于 100"的约束。

相应的 SQL 语句如下：

```
alter table goods2 drop constraint goods2_chk_2;
```

查看表创建语句：

```
show create table goods2\G
```

执行后的结果如图 3-56 所示。

```
mysql> alter table goods2 drop constraint goods2_chk_2;
Query OK, 0 rows affected (0.02 sec)
Records: 0  Duplicates: 0  Warnings: 0

mysql>  show create table goods2\G
*************************** 1. row ***************************
       Table: goods2
Create Table: CREATE TABLE 'goods2' (
 'g_id' int NOT NULL AUTO_INCREMENT,
 'g_name' varchar(30) NOT NULL,
 's_id' int NOT NULL,
 'type_id' int NOT NULL,
 'unit_price' decimal(8,2) DEFAULT NULL,
 'g_qty' int DEFAULT '0',
 'goods_memo' varchar(200) DEFAULT NULL,
 PRIMARY KEY ('g_id'),
 KEY 's_id' ('s_id'),
 CONSTRAINT 'goods2_ibfk_1' FOREIGN KEY ('s_id') REFERENCES 'supplier' ('s_id'),
 CONSTRAINT 'goods2_chk_1' CHECK (('unit_price' >= 0))
) ENGINE=InnoDB AUTO_INCREMENT=2 DEFAULT CHARSET=utf8mb3
1 row in set (0.00 sec)
```

图 3-56　例 3.35 运行结果

从执行结果可以看到,约束删除成功。注意,删除约束时使用的是约束名。

● 【任务总结】

在本任务中,我们通过实际操作创建和修改应急物资管理系统中的数据表,使大家熟悉 MySQL 中常见的几种约束条件。通过学习,大家深入了解了如何在 MySQL 中添加和删除约束,确保数据的完整性和一致性。

MySQL 中的约束(Constraints)用于对表中的数据进行限制,以确保数据的准确性和可靠性。在本任务中,我们重点介绍了以下六种常见的约束。

(1)主键约束(PRIMARY KEY):唯一标识表中的每一条记录。一个表只能有一个主键,它可以由单个字段或多个字段组合而成。

(2)默认值约束(DEFAULT):指定字段在没有输入值时所采用的默认值。

(3)非空约束(NOT NULL):防止字段接受 NULL 值,确保字段在每条记录中都有有效数据。

(4)唯一性约束(UNIQUE):确保一列或多列的所有值均唯一,防止出现重复数据。

(5)外键约束(FOREIGN KEY):确保数据的参照完整性,要求一个表中的某列值必须匹配另一表中的某列值。

(6)检查约束(CHECK):规定字段的合法值范围或条件,保证数据符合特定的业务规则。

需要注意的是,在一个数据表中只能定义一个主键约束,但可以有多个其他类型的约束。掌握这些约束的用法,有助于设计更可靠和高效的数据库结构。

拓展训练

1. 将数据库 xsxk 指定为当前使用的数据库。

2. 在 xsxk 数据库下创建数据表(见表 3-17～表 3-20)。

（1）teacher（教师表）。

表 3-17　teacher 表

字段名	数据类型	描述	说明
tno	char(4)	非空,主键	教工号
tname	varchar(10)	非空	姓名
tgender	char(2)		性别
tedu	varchar(10)		教育程度
tpro	varchar(8)	默认值：讲师	职称

（2）course（课程表）。

表 3-18　course 表

字段名	数据类型	描述	说明
cno	char(4)	非空,主键	课程号
cname	varchar(40)	唯一	课程名
semester	char(1)		学期
credit	decimal(3,1)		学分
ctno	char(4)	与 teacher 表 tno 建立外键约束	教工号

（3）student（学生信息表）。

表 3-19　student 表

字段名	数据类型	描述	说明
sno	char(8)	非空,主键	学号
sname	varchar(10)	唯一	学生姓名
sgender	char(1)		性别
sbirth	date		出生日期
sclass	varchar(20)		班级

（4）elective（选课表）。

表 3-20　elective 表

字段名	数据类型	描述	说明
sno	char(8)	与 cno 构成复合主键, 与 student 表的 sno 建立外键约束	学号
cno	char(4)	与 course 表的 cno 建立外键约束	课程号
score	int		成绩

3. 使用 show 命令查看数据表 student。

4. 使用 describe(desc)命令查看数据表 student。

5. 复制 teacher 表的结构,命名为 teacher_1。

6. 将数据表 teacher_1 中的 tno 字段修改为 tid 字段。

7. 将数据表 teacher_1 中的 tid 字段的数据长度设置为 8。

8. 在数据表 teacher_1 中添加一个新的字段 birthday,数据类型为 date,位置在 tgen-der 字段之后。

课后习题

1. 下列选项中,可以删除数据表的语句是( )。

A. DROP TABLE

B. DELETE TABLE

C. REMOVE TABLE

D. ALTER TABLE

2. 下列选项中,可以查看数据表创建信息的语句是( )。

A. SHOW TABLES

B. DESC 数据表名

C. SHOW TABLE

D. SHOW CREATE TABLE 数据表名

3. 下列选项中,能够实现修改数据表时将字段 id 添加在数据表的第一列的语句是( )。

A. ALTER TABLE dept ADD FIRST id INT;

B. ALTER TABLE dept ADD id INT FIRST;

C. ALTER TABLE dept ADD AFTER id INT;

D. ALTER TABLE dept ADD id INT AFTER;

4. 若数据库中存在下列选项中列出的数据表,语句"SHOW TABLES LIKE 'sh_'"的结果是( )。

A. fish   B. mydb   C. she   D. unshift

5. 下列选项中,对于定点数的描述错误的是( )。

A. 定点数类型表示精度确定的小数类型

B. 定点数类型分为 DECIMAL 和 NUMERIC

C. 定点数类型的定义方式为 DECIMAL(M,D)

D. 在 DECIMAL(M,D)中 M 表示小数位数,D 表示数据的精度

6. 下列选项中,对默认值约束的描述错误的是( )。

A. 默认值约束通过关键字 DEFAULT 进行设置

B. 默认值约束可以在创建表时设置

C. 默认值约束可以在修改数据表时设置

D. 默认值约束用于限制字段的值不为空

7. 下列选项中,对唯一性约束的描述错误的是(　　)。

A. 唯一性约束通过关键字 UNIQUE 进行设置

B. 唯一性约束只能设置一个

C. 唯一性约束可以通过 ALTER TABLE 语句中的 ADD 添加

D. 通过 ALTER TABLE 语句中的"DROP INDEX 索引名"删除唯一性约束

8. 下列选项中,可以修改数据表名称的语句是(　　)。

A. ALTER DATABASE
B. ALTER TABLE

C. RENAME DATABASE
D. DESC 数据表名

9. _____类型的字段用于存储固定长度的字符串。

10. 如果想让字段保存的数值自动生成并且自动增长,需要在创建和修改数据表时给字段添加_____属性。

11. 在 MySQL 中,浮点数类型分为_____和 DOUBLE。

12. 删除唯一性约束时,使用 ALTER TABLE 语句的_____方式实现。

项目四　数据的基本操作

【教学目标】

◇ 掌握数据的插入、更新与删除操作。

◇ 掌握数据表的复制操作。

【思政目标】

◇ 通过案例分析或实际操作的方式，培养学生对数据管理的责任感，认识到数据错误或误用可能带来的后果，鼓励他们在未来的工作中严谨对待数据处理。

◇ 强调诚信在数据管理中的重要性，杜绝数据造假、篡改等不诚信行为。通过讨论数据库安全和道德规范，引导学生树立"数据诚实"的价值观，培养学生在职业生涯中坚守诚信底线。

任务一　插入数据

●【任务描述】

在数据库系统中，数据的管理和存储是核心功能。在前面的项目中，我们已经学习了如何建立数据库和创建数据表，这些步骤为数据的存储奠定了基础。接下来，我们需要将实际数据存入数据表中。MySQL 提供了强大且丰富的数据库管理语句，其中之一就是用于向数据表插入数据的 INSERT 语句。

INSERT 语句的主要功能是将新的数据行添加到已有的数据表中，这是数据库管理过程中不可或缺的一部分。通过本任务的学习，我们将掌握如何使用 INSERT 语句向表中添加数据，从而实现数据的有效管理和维护。

●【任务分析】

在应急物资管理数据库中，我们创建了多张数据表，接下来我们需要向数据表中插入数据。在 MySQL 中,可以使用 INSERT 语句向数据库中已经存在的数据表中插入一行或者多行记录。

● 【任务实施】

1. 向数据表插入单条记录

插入数据的 INSERT 语句是数据库的基本操作,其作用是向已有的数据表中添加数据,可以为所有字段添加数据,也可以为部分字段添加数据。

1) 为所有字段添加数据

语法格式如下:

```
INSERT INTO 数据表名 VALUES (值 1[,值 2],...);
```

说明:

INSERT INTO:SQL 语句的关键字,表示要向表中插入数据。

数据表名:要插入数据的表的名称。

VALUES:指定要插入的值。

值 1[,值 2],...:要插入的数据,按表中字段的顺序排列。每个值对应表中的一个字段。如果表中有多个字段,需要提供相同数量的值,或为没有提供值的字段使用默认值(如果表定义了默认值)。

例 4.1 向应急物资管理数据库中的供应商表 supplier 插入单条数据。供应商 ID 是 1,供应商名称是“真牛医疗器械”,供应商电话是“0203687999”。

相应的 SQL 语句如下:

```
insert into supplier values (1,'真牛医疗器械','0203687999'); # 插入一行数据
```

查看插入结果:

```
select *  from supplier;
```

执行后的结果如图 4-1 所示。

```
mysql> insert into supplier values (1,'真牛医疗器械','0203687999');
Query OK, 1 row affected (0.01 sec)

mysql> select * from supplier;
+------+------------------+------------+
| s_id | s_name           | phone      |
+------+------------------+------------+
|    1 | 真牛医疗器械      | 0203687999 |
+------+------------------+------------+
1 row in set (0.00 sec)
```

图 4-1 例 4.1 运行结果

2) 为部分字段添加数据

语法格式如下:

INSERT INTO 数据表名 (字段名 1［,字段名 2］,...) VALUES (值 1［,值 2］,...);

说明：

INSERT INTO：SQL 语句的关键字,表示要向表中插入数据。

数据表名:要插入数据的表的名称。

(字段名 1［,字段名 2］,...)：要插入数据的字段名称。

VALUES：指定要插入的值。

(值 1［,值 2］,...)：要插入的数据,按顺序对应前面指定的字段名。每个值应与对应字段的数据类型相兼容。

例 4.2　向应急物资管理数据库中的供应商表 supplier 插入部分数据。供应商 ID 为 2,供应商名称是"广百天怡"。

相应的 SQL 语句如下：

```
insert into supplier(s_id,s_name) values (2,'广百天怡');
```

查看插入结果：

```
select *  from supplier;
```

执行后的结果如图 4-2 所示。

```
mysql> insert into supplier(s_id,s_name) values (2,'广百天怡');
Query OK, 1 row affected (0.00 sec)

mysql> select * from supplier;
+------+----------------+------------+
| s_id | s_name         | phone      |
+------+----------------+------------+
|    1 | 真牛医疗器械     | 0203687999 |
|    2 | 广百天怡        | NULL       |
+------+----------------+------------+
2 rows in set (0.00 sec)
```

图 4-2　例 4.2 运行结果

2. 向数据表插入多条记录

使用 INSERT...VALUES 语句可以向表中插入一行数据,也可以插入多行数据。语法格式如下：

INSERT INTO 数据表名［(字段列表)］VALUES (值列表)［,(值列表)］,...;

说明：

(1) 多个值列表之间使用逗号","分割。

(2) 省略字段列表时,插入数据需严格按照数据表创建的顺序插入。

(3) 添加字段列表时,值列表插入的数据仅需与字段列表中的字段相对应即可。

例 4.3　向供应商表 supplier 中插入多条数据。

'3,'3W','13132491935''

'4,'绿色食品有限公司','0102578963''

'5,'雁南照明','0102578451''

相应的 SQL 语句如下：

```
insert into supplier values
(3,'3W','13132491935'),
(4,'绿色食品有限公司','0102578963'),
(5,'雁南照明','0102578451');
```

查看插入结果：

```
select *  from supplier;
```

执行后的结果如图 4-3 所示。

```
mysql> insert into supplier values
    -> (3,'3W','13132491935'),
    -> ( 4,'绿色食品有限公司','0102578963'),
    -> ( 5,'雁南照明','0102578451');
Query OK, 3 rows affected (0.00 sec)
Records: 3  Duplicates: 0  Warnings: 0

mysql> select * from supplier;
+------+-------------+-------------+
| s_id | s_name      | phone       |
+------+-------------+-------------+
|    1 | 真牛医疗器械  | 0203687999  |
|    2 | 广百天怡     | NULL        |
|    3 | 3W          | 13132491935 |
|    4 | 绿色食品有限公司 | 0102578963  |
|    5 | 雁南照明     | 0102578451  |
+------+-------------+-------------+
5 rows in set (0.00 sec)
```

图 4-3　例 4.3 运行结果

注意：在进行多条数据插入时，若其中一条数据插入失败，则整个插入语句都会失败。

3. 数据表复制

在数据库管理中，有时我们需要根据现有的数据表复制一个新表出来，这就涉及数据表复制的操作。复制数据表通常涉及以下操作：创建一个新表，并将现有表的结构和/或数据复制到新表中。

1）复制表结构

创建与已有表结构相同的数据表，语法格式如下：

CREATE TABLE 新表名 LIKE 数据库名.旧表名；

说明：

（1）该命令从"旧表名"中复制一份相同的表结构，但不会复制表中保存的数据。

（2）同一数据库下复制可以省略数据库名。

例 4.4　复制一张新表 supplier_1,结构与 supplier 一致。

相应的 SQL 语句如下:

```
create table supplier_1 like supplier;
```

查看表结构:

```
desc supplier_1;
```

查看新表中有无数据:

```
select * from supplier_1;
```

执行后的结果如图 4-4 所示。

```
mysql> create table supplier_1 like supplier;
Query OK, 0 rows affected (0.03 sec)

mysql> desc supplier_1;
+--------+-------------+------+-----+---------+----------------+
| Field  | Type        | Null | Key | Default | Extra          |
+--------+-------------+------+-----+---------+----------------+
| s_id   | int         | NO   | PRI | NULL    | auto_increment |
| s_name | varchar(50) | NO   |     | NULL    |                |
| phone  | varchar(11) | YES  |     | NULL    |                |
+--------+-------------+------+-----+---------+----------------+
3 rows in set (0.00 sec)

mysql> select * from supplier_1;
Empty set (0.00 sec)
```

图 4-4　例 4.4 运行结果

从执行结果可以看到,复制出来的新表表结构与旧表一致,但其中并无数据。

2) 复制表结构和数据

语法格式如下:

```
CREATE TABLE 新表名 AS
SELECT * FROM 现有表名;
```

例 4.5　将 supplier 表中的数据复制到新表 supplier_2 中。

相应的 SQL 语句如下:

```
create table supplier_2 as
select * from supplier;
```

查看新表结构和数据:

```
select *  from supplier_2;
desc supplier_2;
```

执行后的结果如图 4-5 所示。

注意:CREATE TABLE … AS SELECT …语句不会复制索引、主键等表的定义。

```
mysql> select * from supplier_2;
+------+----------------+--------------+
| s_id | s_name         | phone        |
+------+----------------+--------------+
|    1 | 真牛医疗器械    | 0203687999   |
|    2 | 广百天怡        | NULL         |
|    3 | 3W             | 13132491935  |
|    4 | 绿色食品有限公司 | 0102578963   |
|    5 | 雁南照明        | 0102578451   |
+------+----------------+--------------+
5 rows in set (0.00 sec)

mysql> desc supplier_2;
+--------+-------------+------+-----+---------+-------+
| Field  | Type        | Null | Key | Default | Extra |
+--------+-------------+------+-----+---------+-------+
| s_id   | int         | NO   |     | 0       |       |
| s_name | varchar(50) | NO   |     | NULL    |       |
| phone  | varchar(11) | YES  |     | NULL    |       |
+--------+-------------+------+-----+---------+-------+
3 rows in set (0.00 sec)
```

图 4-5   例 4.5 运行结果

3）完全复制表结构和数据

如果需要完全复制表结构和数据，可以先用 CREATE TABLE LIKE 复制表结构，然后使用 INSERT INTO...SELECT...语句复制数据。

语法格式如下：

CREATE TABLE 新表名 LIKE 数据库名.旧表名；

INSERT INTO 新表名［(字段列表 1)］SELECT［(字段列表 2)］FROM 旧表名；

说明：

两个表的结构要一致。

字段列表 1：可选部分，如果提供了字段列表，表示将数据插入指定的字段中。如果省略，默认插入新表中的所有字段。

字段列表 2：可选部分，用于指定要从旧表中选择的字段。如果省略，将选择旧表的所有字段。

例 4.6   将 supplier 表中的数据复制到新表 supplier_3 中。

相应的 SQL 语句如下：

```
create table supplier_3 like supplier;
insert into supplier_3 select * from supplier;
```

查看新表中有无数据：

```
select * from supplier_3;
```

执行后的结果如图 4-6 所示。

从执行结果可以看到，我们已经将旧表中的数据都复制到了新表中。

```
mysql> select * from supplier_3;
+------+------------------+---------------+
| s_id | s_name           | phone         |
+------+------------------+---------------+
|    1 | 真牛医疗器械      | 0203687999    |
|    2 | 广百天怡          | NULL          |
|    3 | 3W               | 13132491935   |
|    4 | 绿色食品有限公司  | 0102578963    |
|    5 | 雁南照明          | 0102578451    |
+------+------------------+---------------+
5 rows in set (0.00 sec)
```

图 4-6 例 4.6 运行结果

● 【任务总结】

本任务主要介绍了如何使用 INSERT 语句添加数据。使用 INSERT 语句可以向数据表中插入一行或多行记录,也可以只向表中的部分字段插入值。注意此时其他省略字段的值为表定义时的默认值,或允许为空,或是自动增长的字段。本任务还介绍了多种方法来复制表的结构和数据,用户可以根据需要选择仅复制结构、复制结构和数据,或有选择地复制数据。

任务二 更新数据

● 【任务描述】

在前面的任务中,我们已经为 supplier 表添加了数据。在管理过程中如果某些数据需要更新,可以使用更新数据的语句。在 MySQL 中,UPDATE 语句用于更新表中现有记录的数据。通过指定条件,既可以有选择性地更新某些行的数据,也可以更新整个表的数据。

● 【任务分析】

根据指定条件,使用 UPDATE 语句来更新表中的数据。

● 【任务实施】

使用 UPDATE 语句更新数据,语法格式如下:

```
UPDATE 数据表名
SET 字段名 1=值 1 [, 字段名 2=值 2, ...] [WHERE 条件表达式];
```

说明:

WHERE 子句用于指定要更新哪些记录。如果不使用 WHERE 子句,表中的所有记录都会被更新。

条件既可以是单个条件,也可以是多个条件的组合,以确保只更新满足特定条件的记录。

例 4.7   在供应商表 supplier 中,将广百天怡的 phone 改为"0207988598"。

相应的 SQL 语句如下:

```
update supplier set phone='0207988598' where s_name='广百天怡';
```

查看插入结果:

```
select * from supplier;
```

执行后的结果如图 4-7 所示。

```
mysql> update supplier set phone='0207988598' where s_name='广百天怡';
Query OK, 1 row affected (0.04 sec)
Rows matched: 1  Changed: 1  Warnings: 0

mysql> select * from supplier;
+------+-----------------+-------------+
| s_id | s_name          | phone       |
+------+-----------------+-------------+
|    1 | 真牛医疗器械      | 0203687999  |
|    2 | 广百天怡         | 0207988598  |
|    3 | 3W              | 13132491935 |
|    4 | 绿色食品有限公司   | 0102578963  |
|    5 | 雁南照明         | 0102578451  |
+------+-----------------+-------------+
5 rows in set (0.00 sec)
```

图 4-7   例 4.7 运行结果

例 4.8   将表 supplier_3 的 s_name 更改为"圣德天源"。

相应的 SQL 语句如下:

```
update supplier_3 set s_name='圣德天源';
```

查看插入结果:

```
select * from supplier_3;
```

执行后的结果如图 4-8 所示。

```
mysql> update supplier_3 set s_name='圣德天源';
Query OK, 5 rows affected (0.04 sec)
Rows matched: 5  Changed: 5  Warnings: 0

mysql> select * from supplier_3;
+------+-----------+-------------+
| s_id | s_name    | phone       |
+------+-----------+-------------+
|    1 | 圣德天源   | 0203687999  |
|    2 | 圣德天源   | NULL        |
|    3 | 圣德天源   | 13132491935 |
|    4 | 圣德天源   | 0102578963  |
|    5 | 圣德天源   | 0102578451  |
+------+-----------+-------------+
5 rows in set (0.00 sec)
```

图 4-8   例 4.8 运行结果

从执行结果可以看到,当未指定 where 条件时,更新的是 s_name 字段下的全部数据。

例 4.9 将表 supplier_3 中编号为 2 的 s_name 更新为"广百天怡"，phone 更新为
"0207988598"。

相应的 SQL 语句如下：

```
update supplier_3 set s_name='广百天怡',phone='0207988598' where s_id=2;
```

查看插入结果：

```
select * from supplier_3;
```

执行后的结果如图 4-9 所示。

```
mysql> update supplier_3 set s_name='广百天怡',phone='0207988598' where s_id=2;
Query OK, 1 row affected (0.03 sec)
Rows matched: 1  Changed: 1  Warnings: 0

mysql> select * from supplier_3;
+------+-----------+-------------+
| s_id | s_name    | phone       |
+------+-----------+-------------+
|    1 | 圣德天源  | 0203687999  |
|    2 | 广百天怡  | 0207988598  |
|    3 | 圣德天源  | 13132491935 |
|    4 | 圣德天源  | 0102578963  |
|    5 | 圣德天源  | 0102578451  |
+------+-----------+-------------+
5 rows in set (0.00 sec)
```

图 4-9 例 4.9 运行结果

从执行结果可以看到，UPDATE 可以同时更新多个字段的值。当对一行数据的多个
列值进行修改时，SET 子句的每个值用逗号分隔即可。

● **【任务总结】**

本任务主要介绍如何使用 UPDATE 语句修改数据。我们可以使用 UPDATE 语句对
数据表中的数据进行更新，通过灵活使用 WHERE 子句和 SET 子句，可以精确地控制哪些
数据被更新，以及如何更新。正确使用 UPDATE 语句可以有效地维护和管理数据库中的
数据。

任务三 删除数据

● **【任务描述】**

在前面的任务中，我们已经为 supplier 表添加、更新了数据。在管理过程中，如果某些
数据已经不再需要，可以删除该数据。通过指定条件，可以选择性地删除某些行的数据，也
可以删除整个表中的数据。

● **【任务分析】**

在 MySQL 中，可以使用 DELETE 语句来删除表中的数据，但删除的数据要确保是不

再需要的数据,删除命令需谨慎操作。

● 【任务实施】

1. DELETE 删除数据

使用 DELETE 语句从单个表中删除数据,语法格式如下:

DELETE FROM 数据表名［WHERE 条件表达式］;

说明:

有 WHERE 条件,删除满足条件的记录。

无 WHERE 条件,系统就会自动删除该表中所有的记录,因此在操作时需要慎重。

例 4.10 删除 supplier_3 表中编号为 3 的信息。

相应的 SQL 语句如下:

```
delete from supplier_3 where s_id=3;
```

查看查询结果:

```
select * from supplier_3;
```

执行后的结果如图 4-10 所示。

```
mysql> delete from supplier_3 where s_id=3;
Query OK, 1 row affected (0.04 sec)

mysql> select * from supplier_3;
+------+-----------+------------+
| s_id | s_name    | phone      |
+------+-----------+------------+
|    1 | 圣德天源  | 0203687999 |
|    2 | 广百天怡  | 0207988598 |
|    4 | 圣德天源  | 0102578963 |
|    5 | 圣德天源  | 0102578451 |
+------+-----------+------------+
4 rows in set (0.00 sec)
```

图 4-10 例 4.10 运行结果

从执行结果可以看到,s_id 为 3 的信息已经被删除。

2. TRUNCATE 删除数据

TRUNCATE 语句是 MySQL 中用于快速清空表的命令,可以删除表中所有记录,同时保留表结构。

对于有 AUTO_INCREMENT 属性的列,TRUNCATE 会将该列的计数器重置为初始值(通常为 1)。这意味着下次插入的新记录将从初始值重新开始编号。

语法格式如下:

TRUNCATE TABLE 数据表名;

例 4.11 清空供应商表 supplier_3。

相应的 SQL 语句如下：

```
truncate table supplier_3;
```

查看查询结果：

```
select * from supplier_3;
```

执行后的结果如图 4-11 所示。

```
mysql> truncate table supplier_3;
Query OK, 0 rows affected (0.06 sec)

mysql> select * from supplier_3;
Empty set (0.00 sec)
```

图 4-11 例 4.11 运行结果

3. TRUNCATE 和 DELETE 的区别

（1）DELETE 是 DML 类型的语句，TRUNCATE 是 DDL 类型的语句，它们都可用来清空表中的数据。

（2）DELETE 是逐条删除记录的；TRUNCATE 则是直接删除原来的表，再重新创建一个一模一样的新表，执行速度比 DELETE 快。

（3）DELETE 删除数据后，配合事务回滚可以找回数据；TRUNCATE 不支持事务的回滚，数据删除后无法找回。

（4）DELETE 删除数据后，系统不会重新设置自增字段的计数器；TRUNCATE 清空表记录后，系统会重新设置自增字段的计数器。

（5）DELETE 的使用范围更广，因为它可以通过 WHERE 子句指定条件来删除部分数据；而 TRUNCATE 不支持 WHERE 子句，只能整表删除。

因此，当不需要该表时，用 DROP；当仍要保留该表，但要删除所有记录时，用 TRUNCATE；当要删除部分记录时，用 DELETE。

●【任务总结】

本任务主要介绍了使用 DELETE 和 TRUNCATE 语句来删除表中的数据。DELETE 更灵活，适合需要选择性删除数据的场景，支持事务处理并能触发删除触发器，但在删除大量数据时，性能可能较差。

TRUNCATE 更快速，适合需要清空表的场景，性能更高，特别适用于处理大表。但它不支持事务回滚，不会触发触发器，也无法选择性删除数据。使用时须谨慎，因为操作无法撤销。

拓展训练

在学生选课数据库 xsxk 中完成以下操作。

1. 向学生信息表 student 中插入单条数据。

'10101001','张小峰','男','1993-8-1','电子商务 201'

2. 向学生信息表 student 中插入部分数据。

'10101002','何文丽','女'

3. 向学生信息表 student 中插入多条数据。

'10102001','罗斌','男','1991-7-14','网络技术 201'
'10102003','林湘平','女','1992-2-27','网络技术 201'
'10101003','郑宇','男','1992-8-21','电子商务 201'
'10102002','包玉林','男','1993-11-25','网络技术 211'
'10102004','叶静静','女','1992-5-9','网络技术 201'
'11101001','韦淑芳','女','1994-6-10','电子商务 211'
'11101002','王亚旭','男','1993-3-18','电子商务 211'
'11101003','田睿','男','1993-5-11','电子商务 211'

4. 在学生选课数据库中,把 student 表中何文丽的 sclass 改为"电子商务 201"。

5. 复制一张新表 st_1,其结构和数据与 student 表一致。

6. 为 teacher 表添加如下数据。

't001','吴峰','男','本科','讲师'
't002','李易','男','硕士研究生','副教授'
't003','王艳丽','女','硕士研究生','讲师'
't004','巫志刚','男','博士研究生','教授'
't005','林晓丹','女','硕士研究生','助教'
't006','万婷','女','硕士研究生','讲师'
't007','孙浩','男','硕士研究生','助教'

7. 为 course 表添加如下数据。

'c001','文学欣赏','4','1.0','t001'
'c002','中国历史文化','3','2.0','t003'
'c003','视频编辑','2','2.5','t002'
'c004','音乐欣赏','1','1.5','t005'
'c005','图像处理','2','2.0','t006'
'c006','概论','1','1.0','t004'

8. 为 elective 表添加如下数据。

'10101001','张小峰','男','1993-08-01','电子商务 201'
'10101002','何文丽','女','1992-11-03','电子商务 201'
'10101003','郑宇','男','1992-08-21','电子商务 201'

'10102001','罗斌','男','1991-07-14','网络技术 201'

'10102002','包玉林','男','1993-11-25','网络技术 211'

'10102003','林湘平','女','1992-02-27','网络技术 201'

'10102004','叶静静','女','1992-05-09','网络技术 201'

'11101001','韦淑芳','女','1994-06-10','电子商务 211'

'11101002','王亚旭','男','1993-03-18','电子商务 211'

'11101003','田睿','男','1993-05-11','电子商务 211'

9. 删除 st_1 表中王亚旭的信息。

课后习题

1. 下列选项中,插入数据的 SQL 语句错误的是(　　)。

A. INSERT 数据表名 VALUES(值列表);

B. INSERT INTO 数据表名 VALUES(值列表);

C. INSERT 数据表名(字段列表) VALUES(值列表);

D. INSERT 数据表名 (值列表);

2. 下列选项中,向数据表 Student 中添加 id 为 1,name 为小王的 SQL 语句正确的是(　　)。

A. INSERT INTO Student('id','name') VALUES(1,'小王');

B. INSERT INTO Student(id,name) VALUES(1,'小王');

C. INSERT INTO Student VALUES(1,小王);

D. INSERT INTO Student(id,'name') VALUES(1,'小王');

3. 下列选项中,关于 UPDATE 语句的描述正确的是(　　)。

A. UPDATE 只能更新表中的部分记录

B. UPDATE 只能更新表中的全部记录

C. UPDATE 语句更新数据时可以有条件地更新记录

D. UPDATE 语句用于删除数据

4. 下列选项中,用于更新表中数据的关键字是(　　)。

A. ALTER　　　　　　B. CREATE　　　　　　C. UPDATE　　　　　　D. REPLACE

5. 下列选项中,关于删除数据表记录的 SQL 语句正确的是(　　)。

A. DELETE student ,where id=11;

B. DELETE FROM student where id=11;

C. DELETE INTO student where id=11;

D. DELETE student where id=11;

6. 下列选项中,语句"DELETE FROM student where name='itcast';"的执行结果是(　　)。

A. 只能删除 name='itcast'的第一条记录

B. 删除 name='itcast'的全部记录

C. 只能删除 name='itcast'的最后一条记录

D. 删除 student 表的全部记录

7. 下列选项中,关于更新数据的 SQL 语句正确的是(　　)。

A. UPDATE user id=u001;

B. UPDATE user(id,username) VALUES('u001','jack');

C. UPDATE user SET id='u001',username='jack';

D. UPDATE INTO user SET id='u001', username='jack';

8. 下列选项中,用于向表中添加多条数据的关键字是(　　)。

A. ALTER   B. CREATE   C. UPDATE   D. INSERT

9. 下列选项中,对于 SQL 语句"UPDATE student set name='xiaoming', grade=98.5;"执行结果描述正确的是(　　)。

A. 更新 student 表中第一条记录   B. 出现语法错误

C. 更新 student 表中最后一条记录   D. 更新 student 表中每一条记录

10. 下列选项中,不可以删除 user 表中所有数据的 SQL 语句是(　　)。

A. TRUNCATE user;   B. TRUNCATE TABLE user;

C. DELETE FROM user;   D. DELETE user;

项目五 数 据 查 询

【教学目标】

✧ 熟练使用 SELECT 语句进行简单查询。

✧ 掌握使用 SELECT 语句进行统计查询。

✧ 掌握使用 SELECT 语句进行子查询。

✧ 能够使用 SELECT 语句对多表进行连接、联合和嵌套查询。

【思政目标】

✧ 在数据查询中,引导学生思考如何确保查询结果的准确性和公正性。强调在实际应用中,不能篡改或伪造数据,帮助学生树立数据诚信和社会责任意识。同时从 SQL 在市场上所占的地位让学生深入了解社会现实、国家发展和民族复兴的重要性,激励学生树立科技报国思想,努力学习,不断创新,开创中国的世界标准,激发他们为实现这些目标做出贡献的意识和行动。

✧ 通过表之间的关联联想到人与人之间、国与国之间的关系,引导学生去理解复杂的问题可以通过寻求多方的共同点来实现多方协作。强调集体协作的必要性和多方共赢的重要性,培养合作意识。

✧ 在数据筛选过程中,引导学生思考如何确保筛选条件的公平性和合理性,避免因条件设置不当造成的偏差或歧视,从而培养学生对公平、公正的价值观认知。

任务一 简单查询

●【任务描述】

查询是数据库系统中最常用且最重要的功能,它为用户快速、便捷地使用数据库中的数据提供了有效方法。MySQL 使用 SELECT 语句从数据库中查询数据,并将结果以表格的形式返回给用户。数据查询不只是简单返回数据库中存储的数据,还可以根据需要对数据进行筛选,以及确定数据的显示格式。简单查询的范围通常只涉及一张表。下面根据要求分别从应急物资管理系统中查找相关数据。

● 【任务分析】

在应急物资管理系统中,管理员可以根据需要查询物资的相关信息。在 MySQL 中,使用 SELECT 语句不仅能够从数据表中查询所需要的数据,还可以按用户的格式要求整理结果并返回。

● 【任务实施】

1. SELECT 语句的基本语法

SELECT 语句是数据库操作最基本的语句之一,也是 SQL 编程技术中最常用的语句。SELECT 语句的语法格式如下:

```
SELECT [ALL | DISTINCT]  字段列表
FROM 表名列表
[WHERE <条件表达式>]
[GROUP BY <字段列表>]
[HAVING <条件>]
[ORDER BY <字段列表>[ASC | DESC]]
[LIMIT  [OFFSET,] n];
```

说明:

SELECT 子句:指定查询结果中需要返回的值,可以是单个字段、部分字段或全部字段,也可以是函数或表达式。查询全部字段时,可用"＊"表示。如果查询的是部分字段,字段与字段之间需用逗号分隔。需要注意的是,各字段名在 SELECT 中出现的顺序即为其在返回结果中的顺序。

ALL:指定返回结果集的所有行,可以显示重复行,ALL 是默认选项。

DISTINCT:指定在结果集中显示唯一行,空值被认为相等,用于消除取值重复的行。ALL 与 DISTINCT 不能同时使用。

FROM 子句:指定用于检索数据的表名称。

WHERE 表达式:指定查询的搜索条件。

GROUP BY 子句:指定查询按哪个字段进行分组。

HAVING 表达式:指定分组后数据筛选的条件。

ORDER BY 子句:指定查询结果按哪个字段进行排序。默认为升序(ASC),通常可省略;DESC 表示降序。

LIMIT 子句:用于限制 SELECT 语句返回的行数。OFFSET 表示偏移量:偏移量为 0 时,查询结果从第 1 条记录开始;偏移量为 1 时,查询结果从第 2 条记录开始;依次类推。

2. 简单查询

简单查询是按照一定的条件在单一的表上进行数据查询,还包括对查询结果的排序与利用查询结果生成新表。

1) 基本查询

基本查询只包含两部分。

```
SELECT [ALL | DISTINCT] 字段列表
FROM 表名；
```

说明:

SELECT 子句:指定查询结果要输出的字段名。

FROM 子句:指定提供数据的表的名称。

(1) 查询所有字段。

语法格式如下:

```
SELECT 所有字段列表 FROM 表名；
```

例 5.1　查询 wzgl 数据库中 goods_type 表中的所有信息。

相应的 SQL 语句如下:

```
SELECT type_id,t_name FROM goods_type；
```

执行后的结果如图 5-1 所示。

```
mysql> SELECT type_id,t_name FROM goods_type;
+---------+-----------+
| type_id | t_name    |
+---------+-----------+
|       1 | 防护用品   |
|       2 | 生命救助   |
|       3 | 临时食宿   |
|       4 | 器材工具   |
|       5 | 照明设备   |
|       6 | 工程材料   |
|       7 | 污染清理   |
+---------+-----------+
7 rows in set (0.00 sec)
```

图 5-1　例 5.1 查询结果

注意:在列举字段的时候,字段与字段之间应用逗号隔开。当查询的是所有字段的时候,可以使用 * 表示。

例 5.2　查询 wzgl 数据库中 operator 表中的所有信息。

相应的 SQL 语句如下:

```
SELECT * FROM operator；
```

执行后的结果如图 5-2 所示。

说明:"SELECT * FROM 表名；"是最简单的查询语句。

```
mysql> SELECT * FROM operator;
+-------+--------+-----------+
| op_id | pwd    | op_name   |
+-------+--------+-----------+
| 10001 | 123456 | 张敏      |
| 10002 | 123456 | 王海      |
| 10003 | 123456 | 林晓      |
| 10004 | 123456 | 祁阳      |
| 10005 | 123    | 陈倩倩    |
+-------+--------+-----------+
5 rows in set (0.04 sec)
```

图 5-2 例 5.2 查询结果

（2）查询指定字段。

在 SELECT 查询语句中，用户可以根据需要查询指定的部分字段信息。

语法格式如下：

SELECT 字段名 1,...,字段名 n

FROM 数据表名;

例 5.3 查询 goods 表中物品的 g_id、物品名称 g_name、单价 unit_price 和数量 g_qty。

相应的 SQL 语句如下：

```
SELECT g_id,g_name,unit_price,g_qty FROM goods;
```

执行后的结果如图 5-3 所示。

```
mysql> SELECT g_id,g_name,unit_price,g_qty FROM goods;
+------+--------------+------------+-------+
| g_id | g_name       | unit_price | g_qty |
+------+--------------+------------+-------+
|    1 | 防护衣       |      45.00 |   500 |
|    2 | 防火服       |     450.00 |   200 |
|    3 | 防爆服       |  225000.00 |     1 |
|    4 | 潜水服       |     300.00 |    10 |
|    5 | 水下呼吸器   |     120.00 |    20 |
|    6 | 安全帽       |      40.00 |   200 |
|    7 | 水靴         |      55.00 |   200 |
|    8 | 防毒面具     |      80.00 |   200 |
|    9 | 止血绷带     |      32.00 |   200 |
|   10 | 救生圈       |      50.00 |   200 |
|   11 | 保护气垫     |    1980.00 |    50 |
|   12 | 红外探测器   |     360.00 |    50 |
|   13 | 氧气瓶       |      60.00 |   200 |
|   14 | 生命探测仪   |    9500.00 |    10 |
|   15 | 瓶装水       |       1.50 |  1000 |
|   16 | 压缩饼干     |      32.00 |  1000 |
|   17 | 水果罐头     |      50.00 |  1000 |
|   18 | 帐篷         |     150.00 |   200 |
|   19 | 棉衣         |     100.00 |   500 |
|   20 | 棉被         |     200.00 |   500 |
|   21 | 方便面       |      22.00 |   500 |
|   22 | 手电         |      20.00 |   500 |
|   23 | 探照灯       |      50.00 |   300 |
|   24 | 防水灯       |     160.00 |   100 |
|   25 | 电钻         |     300.00 |   100 |
|   26 | 灭火器       |     120.00 |   300 |
|   27 | 绳索         |      20.00 |   200 |
|   28 | 警报器       |     320.00 |    50 |
|   29 | 电锯         |     300.00 |    50 |
|   30 | 口罩         |      10.00 |  1000 |
+------+--------------+------------+-------+
30 rows in set (0.04 sec)
```

图 5-3 例 5.3 查询结果

说明:在 SELECT 子句的查询字段列表中,字段的顺序可以改变,无须按照表中定义的顺序排列。

（3）为字段指定别名。

使用 SELECT 语句进行查询时,查询结果中字段的名称与 SELECT 子句中字段的名称相同。有时为了在输出端更直观地显示,可以在 SELECT 语句中为查询结果集指定新的字段名,称为字段的别名。指定返回字段的别名有两种方法:字段名 AS 别名或字段名 别名。其语法格式为:

```
SELECT 字段名 1 AS 别名 1,...,字段名 n AS 别名 n
FROM 数据表名;
```

例 5.4　查询 goods 表中 g_name、unit_price 和 g_qty,并分别用别名表示为物品名称、单价、数量。

相应的 SQL 语句如下:

```
SELECT g_name AS 物品名称,unit_price AS 单价,g_qty AS 数量 FROM goods;
```

执行后的结果如图 5-4 所示。

```
mysql> SELECT g_name AS 物品名称,unit_price AS 单价,g_qty AS 数量 FROM goods;
+------------------+-----------+--------+
| 物品名称         | 单价      | 数量   |
+------------------+-----------+--------+
| 防护衣           |     45.00 |    500 |
| 防火服           |    450.00 |    200 |
| 防爆服           | 225000.00 |      1 |
| 潜水服           |    300.00 |     10 |
| 水下呼吸器       |    120.00 |     20 |
| 安全帽           |     40.00 |    200 |
| 水靴             |     55.00 |    200 |
| 防毒面具         |     80.00 |    200 |
| 止血绷带         |     32.00 |    200 |
| 救生圈           |     50.00 |    200 |
| 保护气垫         |   1980.00 |     50 |
| 红外探测器       |    360.00 |     50 |
| 氧气瓶           |     60.00 |    200 |
| 生命探测仪       |   9500.00 |     10 |
| 瓶装水           |      1.50 |   1000 |
| 压缩饼干         |     32.00 |   1000 |
| 水果罐头         |     50.00 |   1000 |
| 帐篷             |    150.00 |    200 |
| 棉衣             |    100.00 |    500 |
| 棉被             |    200.00 |    500 |
| 方便面           |     22.00 |    500 |
| 手电             |     20.00 |    500 |
| 探照灯           |     50.00 |    300 |
| 防水灯           |    160.00 |    100 |
| 电钻             |    300.00 |    100 |
| 灭火器           |    120.00 |    300 |
| 绳索             |     20.00 |    200 |
| 警报器           |    320.00 |     50 |
| 电锯             |    300.00 |     50 |
| 口罩             |     10.00 |   1000 |
+------------------+-----------+--------+
30 rows in set (0.00 sec)
```

图 5-4　例 5.4 查询结果

（4）使用 DISTINCT 消除重复行。

使用 DISTINCT 关键字可以消除查询结果中的重复行,否则查询结果中将包含所有满足条件的行。

语法格式如下:

```
SELECT DISTINCT 字段名列表
FROM 数据表名;
```

例 5.5 查询 goods 表中商品的类型。

相应的 SQL 语句如下:

```
SELECT DISTINCT type_id FROM goods;
```

执行后的结果如图 5-5 所示。

```
mysql> SELECT DISTINCT type_id FROM goods;
+---------+
| type_id |
+---------+
|       1 |
|       2 |
|       3 |
|       5 |
|       4 |
+---------+
5 rows in set (0.00 sec)
```

图 5-5　例 5.5 查询结果

（5）对查询结果排序。

MySQL 通过使用 ORDER BY 关键字来实现排序功能。语法格式如下:

```
SELECT 字段名 1,...,字段名 n
FROM 数据表名
ORDER BY 字段名 1[ASC|DESC],字段名 2[ASC|DESC],...;
```

说明:ORDER BY 关键字后面的字段名称是排序依据字段,默认是升序(ASC),可省略。DESC 是降序。按照字段名称先后顺序作为第 1 排序字段、第 2 排序字段,以此类推。如果第 1 排序字段值完全相同,再根据第 2 排序字段的值来进行排序。

例 5.6 按价格升序查看 goods 表中的信息。

相应的 SQL 语句如下:

```
SELECT *  FROM goods ORDER BY unit_price;
```

执行后的结果如图 5-6 所示。

例 5.7 按价格升序、数量降序查看 goods 表中的信息。

相应的 SQL 语句如下:

```
SELECT *  FROM goods ORDER BY unit_price,g_qty DESC;
```

```
mysql> SELECT * FROM goods ORDER BY unit_price;
+------+--------------+------+---------+------------+-------+------------+
| g_id | g_name       | s_id | type_id | unit_price | g_qty | goods_memo |
+------+--------------+------+---------+------------+-------+------------+
|   15 | 瓶装水       |    4 |       3 |       1.50 |  1000 | NULL       |
|   30 | 口罩         |    2 |       1 |      10.00 |  1000 | 盒         |
|   22 | 手电         |    5 |       5 |      20.00 |   500 | NULL       |
|   27 | 绳索         |    6 |       4 |      20.00 |   200 | NULL       |
|   21 | 方便面       |    4 |       3 |      22.00 |   500 | 箱         |
|    9 | 止血绷带     |    3 |       2 |      32.00 |   200 | NULL       |
|   16 | 压缩饼干     |    4 |       3 |      32.00 |  1000 | 箱         |
|    6 | 安全帽       |    2 |       1 |      40.00 |   200 | NULL       |
|    1 | 防护衣       |    1 |       1 |      45.00 |   500 | 一次性     |
|   10 | 救生圈       |    3 |       2 |      50.00 |   200 | NULL       |
|   17 | 水果罐头     |    4 |       3 |      50.00 |  1000 | 箱         |
|   23 | 探照灯       |    5 |       5 |      50.00 |   300 | NULL       |
|    7 | 水靴         |    2 |       1 |      55.00 |   200 | NULL       |
|   13 | 氧气瓶       |    3 |       2 |      60.00 |   200 | NULL       |
|    8 | 防毒面具     |    1 |       1 |      80.00 |   200 | NULL       |
|   19 | 棉衣         |    4 |       3 |     100.00 |   500 | NULL       |
|    5 | 水下呼吸器   |    2 |       1 |     120.00 |    20 | NULL       |
|   26 | 灭火器       |    6 |       4 |     120.00 |   300 | NULL       |
|   18 | 帐篷         |    4 |       3 |     150.00 |   200 | NULL       |
|   24 | 防水灯       |    5 |       5 |     160.00 |   100 | NULL       |
|   20 | 棉被         |    4 |       3 |     200.00 |   500 | NULL       |
|    4 | 潜水服       |    1 |       1 |     300.00 |    10 | NULL       |
|   25 | 电钻         |    6 |       4 |     300.00 |   100 | NULL       |
|   29 | 电锯         |    6 |       4 |     300.00 |    50 | NULL       |
|   28 | 警报器       |    6 |       4 |     320.00 |    50 | NULL       |
|   12 | 红外探测器   |    3 |       2 |     360.00 |    50 | NULL       |
|    2 | 防火服       |    2 |       1 |     450.00 |   200 | NULL       |
|   11 | 保护气垫     |    3 |       2 |    1980.00 |    50 | NULL       |
|   14 | 生命探测仪   |    3 |       2 |    9500.00 |    10 | NULL       |
|    3 | 防爆服       |    2 |       1 |  225000.00 |     1 | NULL       |
+------+--------------+------+---------+------------+-------+------------+
30 rows in set (0.00 sec)
```

图 5-6　例 5.6 查询结果

执行后的结果如图 5-7 所示。

```
mysql> SELECT * FROM goods ORDER BY unit_price,g_qty DESC;
+------+--------------+------+---------+------------+-------+------------+
| g_id | g_name       | s_id | type_id | unit_price | g_qty | goods_memo |
+------+--------------+------+---------+------------+-------+------------+
|   15 | 瓶装水       |    4 |       3 |       1.50 |  1000 | NULL       |
|   30 | 口罩         |    2 |       1 |      10.00 |  1000 | 盒         |
|   22 | 手电         |    5 |       5 |      20.00 |   500 | NULL       |
|   27 | 绳索         |    6 |       4 |      20.00 |   200 | NULL       |
|   21 | 方便面       |    4 |       3 |      22.00 |   500 | 箱         |
|   16 | 压缩饼干     |    4 |       3 |      32.00 |  1000 | 箱         |
|    9 | 止血绷带     |    3 |       2 |      32.00 |   200 | NULL       |
|    6 | 安全帽       |    2 |       1 |      40.00 |   200 | NULL       |
|    1 | 防护衣       |    1 |       1 |      45.00 |   500 | 一次性     |
|   17 | 水果罐头     |    4 |       3 |      50.00 |  1000 | 箱         |
|   23 | 探照灯       |    5 |       5 |      50.00 |   300 | NULL       |
|   10 | 救生圈       |    3 |       2 |      50.00 |   200 | NULL       |
|    7 | 水靴         |    2 |       1 |      55.00 |   200 | NULL       |
|   13 | 氧气瓶       |    3 |       2 |      60.00 |   200 | NULL       |
|    8 | 防毒面具     |    1 |       1 |      80.00 |   200 | NULL       |
|   19 | 棉衣         |    4 |       3 |     100.00 |   500 | NULL       |
|   26 | 灭火器       |    6 |       4 |     120.00 |   300 | NULL       |
|    5 | 水下呼吸器   |    2 |       1 |     120.00 |    20 | NULL       |
|   18 | 帐篷         |    4 |       3 |     150.00 |   200 | NULL       |
|   24 | 防水灯       |    5 |       5 |     160.00 |   100 | NULL       |
|   20 | 棉被         |    4 |       3 |     200.00 |   500 | NULL       |
|   25 | 电钻         |    6 |       4 |     300.00 |   100 | NULL       |
|   29 | 电锯         |    6 |       4 |     300.00 |    50 | NULL       |
|    4 | 潜水服       |    1 |       1 |     300.00 |    10 | NULL       |
|   28 | 警报器       |    6 |       4 |     320.00 |    50 | NULL       |
|   12 | 红外探测器   |    3 |       2 |     360.00 |    50 | NULL       |
|    2 | 防火服       |    2 |       1 |     450.00 |   200 | NULL       |
|   11 | 保护气垫     |    3 |       2 |    1980.00 |    50 | NULL       |
|   14 | 生命探测仪   |    3 |       2 |    9500.00 |    10 | NULL       |
|    3 | 防爆服       |    2 |       1 |  225000.00 |     1 | NULL       |
+------+--------------+------+---------+------------+-------+------------+
30 rows in set (0.00 sec)
```

图 5-7　例 5.7 查询结果

（6）LIMIT 限制输出行。

在 MySQL 中采用关键字 LIMIT 来限制查询结果输出的行数。

语法格式如下：

```
SELECT 字段列表 FROM 数据表名
LIMIT [OFFSET,]记录行数;
```

说明：LIMIT 关键字后面有两个参数，其中第一个参数 OFFSET 是偏移量，为可选参数，不指定时默认为 0。当 OFFSET 为 0 时，从查询结果的第一条记录开始；为 1 时，从查询结果的第二条记录开始，以此类推。第二个参数是记录行数，表示要返回查询记录的行数。

例 5.8 查询 goods 表的前 3 条记录。

相应的 SQL 语句如下：

```
SELECT * FROM goods LIMIT 3;
```

执行后的结果如图 5-8 所示。

```
mysql> SELECT * FROM goods LIMIT 3;
+------+---------+------+---------+------------+-------+-----------+
| g_id | g_name  | s_id | type_id | unit_price | g_qty | goods_memo|
+------+---------+------+---------+------------+-------+-----------+
|    1 | 防护衣  |    1 |       1 |      45.00 |   500 | 一次性    |
|    2 | 防火服  |    2 |       1 |     450.00 |   200 | NULL      |
|    3 | 防爆服  |    2 |       1 |  225000.00 |     1 | NULL      |
+------+---------+------+---------+------------+-------+-----------+
3 rows in set (0.00 sec)
```

图 5-8　例 5.8 查询结果

例 5.9 查询 goods 表的第三至第六条记录。

相应的 SQL 语句如下：

```
SELECT * FROM goods LIMIT 2,4;
```

执行后的结果如图 5-9 所示。

```
mysql> SELECT * FROM goods LIMIT 2,4;
+------+-----------+------+---------+------------+-------+-----------+
| g_id | g_name    | s_id | type_id | unit_price | g_qty | goods_memo|
+------+-----------+------+---------+------------+-------+-----------+
|    3 | 防爆服    |    2 |       1 |  225000.00 |     1 | NULL      |
|    4 | 潜水服    |    1 |       1 |     300.00 |    10 | NULL      |
|    5 | 水下呼吸器|    2 |       1 |     120.00 |    20 | NULL      |
|    6 | 安全帽    |    2 |       1 |      40.00 |   200 | NULL      |
+------+-----------+------+---------+------------+-------+-----------+
4 rows in set (0.00 sec)
```

图 5-9　例 5.9 查询结果

2）WHERE 子句的使用

SELECT 语句中，WHERE 子句可以从数据表中筛选出满足条件的数据行。语法格式如下：

SELECT [ALL | DISTINCT] 要查询的内容

FROM 表名

WHERE 条件表达式;

使用 WHERE 子句可以限制查询范围,提高查询效率。使用时,WHERE 子句必须紧跟在 FROM 子句之后。WHERE 子句中的查询条件或限定条件可以是比较运算符、模式匹配运算符、范围运算符、空值运算符、逻辑运算符、列表运算符等,如表 5-1 所示。

表 5-1　常用运算符

运算符分类	运算符	说明
比较运算符	＞、＞=、＜、＜=、＜＞、! =、! ＞、! ＜	比较值的大小
列表运算符	IN、NOT IN	判定字段值是否在指定列表(集合)中
范围运算符	BETWEEN... AND、NOT BETWEEN... AND	判定字段值是否在指定范围内
逻辑运算符	AND、OR、NOT	多个条件表达式的逻辑连接
模式匹配运算符	LIKE、NOT LIKE	判定字段值是否与指定的模式字符串匹配
空值运算符	IS NULL、IS NOT NULL	判定字段值是否为空

(1)比较运算符的使用。

比较运算符包括＞、＞=、＜、＜=、＜＞、! =、! ＞、! ＜等,用于比较两个值的大小。语法格式如下:

WHERE 条件表达式

例 5.10　查询 goods 表中商品名为"防护衣"的商品信息。

相应的 SQL 语句如下:

```
SELECT * FROM goods WHERE g_name='防护衣';
```

执行后的结果如图 5-10 所示。

```
mysql> SELECT * FROM goods WHERE g_name='防护衣';
+------+--------+------+---------+------------+-------+-----------+
| g_id | g_name | s_id | type_id | unit_price | g_qty | goods_memo |
+------+--------+------+---------+------------+-------+-----------+
|    1 | 防护衣  |    1 |       1 |      45.00 |   500 | 一次性     |
+------+--------+------+---------+------------+-------+-----------+
1 row in set (0.00 sec)
```

图 5-10　例 5.10 查询结果

例 5.11　查询 goods 表中单价大于 100 的物品信息,并按单价由高到低排序。

相应的 SQL 语句如下:

```
SELECT * FROM goods WHERE unit_price>100 ORDER BY unit_price desc;
```

执行后的结果如图 5-11 所示。

```
mysql> SELECT * FROM goods WHERE unit_price>100 ORDER BY unit_price desc;
+------+--------------+------+---------+------------+-------+-----------+
| g_id | g_name       | s_id | type_id | unit_price | g_qty | goods_memo|
+------+--------------+------+---------+------------+-------+-----------+
|    3 | 防爆服       |    2 |       1 |  225000.00 |     1 | NULL      |
|   14 | 生命探测仪   |    3 |       2 |    9500.00 |    10 | NULL      |
|   11 | 保护气垫     |    3 |       2 |    1980.00 |    50 | NULL      |
|    2 | 防火服       |    2 |       1 |     450.00 |   200 | NULL      |
|   12 | 红外探测器   |    3 |       2 |     360.00 |    50 | NULL      |
|   28 | 警报器       |    6 |       4 |     320.00 |    50 | NULL      |
|    4 | 潜水服       |    1 |       1 |     300.00 |    10 | NULL      |
|   25 | 电钻         |    6 |       4 |     300.00 |   100 | NULL      |
|   29 | 电锯         |    6 |       4 |     300.00 |    50 | NULL      |
|   20 | 棉被         |    4 |       3 |     200.00 |   500 | NULL      |
|   24 | 防水灯       |    5 |       5 |     160.00 |   100 | NULL      |
|   18 | 帐篷         |    4 |       3 |     150.00 |   200 | NULL      |
|    5 | 水下呼吸器   |    2 |       1 |     120.00 |    20 | NULL      |
|   26 | 灭火器       |    6 |       4 |     120.00 |   300 | NULL      |
+------+--------------+------+---------+------------+-------+-----------+
14 rows in set (0.03 sec)
```

图 5-11 例 5.11 查询结果

（2）列表运算符的使用。

IN 关键字用于判断某个字段的值是否在一个指定的集合中。如果字段值在集合中，则该字段所在的记录会被查询出来。语法格式如下：

WHERE 表达式［not］IN(元素 1, 元素 2,...)

上述格式中，"元素 1,元素 2,..."表示集合中的组成元素，即指定的条件范围。not 是可选参数，表示逻辑非的意思，强调查询不在 IN 关键字指定集合范围中的记录。

例 5.12 查询 goods 表中商品类型为 2、3 的物品信息。

相应的 SQL 语句如下：

```
SELECT *  FROM goods WHERE type_id IN(2,3);
```

执行后的结果如图 5-12 所示。

```
mysql> SELECT * FROM goods WHERE type_id IN(2,3);
+------+--------------+------+---------+------------+-------+-----------+
| g_id | g_name       | s_id | type_id | unit_price | g_qty | goods_memo|
+------+--------------+------+---------+------------+-------+-----------+
|    9 | 止血绷带     |    3 |       2 |      32.00 |   200 | NULL      |
|   10 | 救生圈       |    3 |       2 |      50.00 |   200 | NULL      |
|   11 | 保护气垫     |    3 |       2 |    1980.00 |    50 | NULL      |
|   12 | 红外探测器   |    3 |       2 |     360.00 |    50 | NULL      |
|   13 | 氧气瓶       |    3 |       2 |      60.00 |   200 | NULL      |
|   14 | 生命探测仪   |    3 |       2 |    9500.00 |    10 | NULL      |
|   15 | 瓶装水       |    4 |       3 |       1.50 |  1000 | NULL      |
|   16 | 压缩饼干     |    4 |       3 |      32.00 |  1000 | 箱        |
|   17 | 水果罐头     |    4 |       3 |      50.00 |  1000 | 箱        |
|   18 | 帐篷         |    4 |       3 |     150.00 |   200 | NULL      |
|   19 | 棉衣         |    4 |       3 |     100.00 |   500 | NULL      |
|   20 | 棉被         |    4 |       3 |     200.00 |   500 | NULL      |
|   21 | 方便面       |    4 |       3 |      22.00 |   500 | 箱        |
+------+--------------+------+---------+------------+-------+-----------+
13 rows in set (0.00 sec)
```

图 5-12 例 5.12 查询结果

说明：使用 IN 运算符等价于由 OR 运算符连接多个表达式，但 IN 运算符的语法更简洁，且值列表中不允许出现 NULL。如果元素 1、元素 2 等为字符类型，则需要加上单引号。

（3）范围运算符的使用。

BETWEEN...AND 表示要查询的记录在指定条件范围内或者不在指定条件范围内，该操作需要两个参数，即范围的起始值和终止值。如果字段值在指定的范围内，则这些记录被返回。如果不在指定范围内，则不会被返回。

语法格式如下：

WHERE 表达式[NOT] BETWEEN 起始值 AND 终止值

例 5.13　查询 goods 表中单价为 200～300 的物品信息。

相应的 SQL 语句如下：

SELECT * FROM goods WHERE unit_price BETWEEN 200 AND 300;

执行后的结果如图 5-13 所示。

```
mysql> SELECT * FROM goods WHERE unit_price BETWEEN 200 AND 300;
+------+--------+------+---------+------------+-------+------------+
| g_id | g_name | s_id | type_id | unit_price | g_qty | goods_memo |
+------+--------+------+---------+------------+-------+------------+
|    4 | 潜水服 |    1 |       1 |     300.00 |    10 | NULL       |
|   20 | 棉被   |    4 |       3 |     200.00 |   500 | NULL       |
|   25 | 电钻   |    6 |       4 |     300.00 |   100 | NULL       |
|   29 | 电锯   |    6 |       4 |     300.00 |    50 | NULL       |
+------+--------+------+---------+------------+-------+------------+
4 rows in set (0.00 sec)
```

图 5-13　例 5.13 查询结果

例 5.14　查询 goods_in 入库表中入库时间在 2021 年的相关记录。

相应的 SQL 语句如下：

SELECT * FROM goods_in WHERE time_in BETWEEN '2021-01-01' AND '2021-12-31';

执行后的结果如图 5-14 所示。

```
mysql> SELECT * FROM goods_in WHERE time_in BETWEEN '2021-01-01' AND '2021-12-31';
+-------+------+---------------------+----------+-------+
| in_id | g_id | time_in             | i_amount | op_id |
+-------+------+---------------------+----------+-------+
|     1 |    1 | 2021-09-01 00:00:00 |      500 | 10001 |
|     2 |    2 | 2021-08-07 00:00:00 |      200 | 10002 |
|     5 |    5 | 2021-08-03 00:00:00 |       20 | 10004 |
|     6 |    6 | 2021-03-04 00:00:00 |      200 | 10005 |
|     7 |    7 | 2021-09-01 00:00:00 |      200 | 10003 |
|     8 |    8 | 2021-08-07 00:00:00 |      200 | 10002 |
|     9 |    9 | 2021-05-04 00:00:00 |      200 | 10005 |
|    10 |   10 | 2021-03-07 00:00:00 |      200 | 10003 |
|    11 |   11 | 2021-08-03 00:00:00 |       50 | 10004 |
|    12 |   12 | 2021-08-03 00:00:00 |       50 | 10002 |
|    13 |   13 | 2021-03-07 00:00:00 |      200 | 10004 |
|    14 |   14 | 2021-09-01 00:00:00 |       10 | 10001 |
|    19 |   19 | 2021-08-03 00:00:00 |      500 | 10002 |
|    24 |   24 | 2021-05-04 00:00:00 |      100 | 10005 |
|    25 |   25 | 2021-03-07 00:00:00 |      100 | 10003 |
|    30 |   30 | 2021-01-15 00:00:00 |     1000 | 10003 |
+-------+------+---------------------+----------+-------+
16 rows in set (0.04 sec)
```

图 5-14　例 5.14 查询结果

（4）逻辑运算符的使用。

MySQL 中,查询条件可以是单个条件表达式,也可以是多个条件表达式的组合。使用逻辑运算符可以将多个条件连接起来,构成复杂的查询条件。逻辑运算符包括 AND(逻辑与)、OR(逻辑或)、NOT(逻辑非)。

AND:当且仅当所有连接的条件表达式均成立时,组合条件才成立。

OR:只要连接的条件表达式中有一个成立,组合条件即成立。

NOT:对单个条件表达式取反。

例 5.15 查询 goods 表中单价大于 300 且数量大于 100 的物品信息。

相应的 SQL 语句如下:

```
SELECT *  FROM goods WHERE unit_price> 300 AND g_qty> 100;
```

执行后的结果如图 5-15 所示。

```
mysql> SELECT * FROM goods WHERE unit_price>300 AND g_qty>100;
+------+--------+------+---------+------------+-------+------------+
| g_id | g_name | s_id | type_id | unit_price | g_qty | goods_memo |
+------+--------+------+---------+------------+-------+------------+
|    2 | 防火服 |    2 |       1 |     450.00 |   200 | NULL       |
+------+--------+------+---------+------------+-------+------------+
1 row in set (0.00 sec)
```

图 5-15 例 5.15 查询结果

例 5.16 查询 goods 表中商品类型为 1 或者为 2 的物品信息。

相应的 SQL 语句如下:

```
SELECT * FROM goods WHERE type_id=1 OR type_id=2;
```

执行后的结果如图 5-16 所示。

```
mysql> SELECT * FROM goods WHERE type_id=1 OR type_id=2;
+------+-----------+------+---------+------------+-------+------------+
| g_id | g_name    | s_id | type_id | unit_price | g_qty | goods_memo |
+------+-----------+------+---------+------------+-------+------------+
|    1 | 防护衣    |    1 |       1 |      45.00 |   500 | 一次性     |
|    2 | 防火服    |    2 |       1 |     450.00 |   200 | NULL       |
|    3 | 防爆服    |    2 |       1 |  225000.00 |     1 | NULL       |
|    4 | 潜水服    |    1 |       1 |     300.00 |    10 | NULL       |
|    5 | 水下呼吸器 |   2 |       1 |     120.00 |    20 | NULL       |
|    6 | 安全帽    |    2 |       1 |      40.00 |   200 | NULL       |
|    7 | 水靴      |    2 |       1 |      55.00 |   200 | NULL       |
|    8 | 防毒面具  |    1 |       1 |      80.00 |   200 | NULL       |
|    9 | 止血绷带  |    3 |       2 |      32.00 |   200 | NULL       |
|   10 | 救生圈    |    3 |       2 |      50.00 |   200 | NULL       |
|   11 | 保护气垫  |    3 |       2 |    1980.00 |    50 | NULL       |
|   12 | 红外探测器 |   3 |       2 |     360.00 |    50 | NULL       |
|   13 | 氧气瓶    |    3 |       2 |      60.00 |   200 | NULL       |
|   14 | 生命探测仪 |   3 |       2 |    9500.00 |    10 | NULL       |
|   30 | 口罩      |    2 |       1 |      10.00 |  1000 | 盒         |
+------+-----------+------+---------+------------+-------+------------+
15 rows in set (0.00 sec)
```

图 5-16 例 5.16 查询结果

注意:AND 运算符的优先级高于 OR 运算符。当两个运算符一起使用时,先处理 AND

运算符两边的条件表达式,再处理 OR 运算符两边的条件表达式。

(5) 模式匹配运算符的使用。

在指定的条件不是很明确的情况下,可以使用 LIKE 运算符与模式字符串进行匹配运算。语法格式如下:

字段名[NOT] LIKE '模式字符串'

说明:

字段名:指明要进行匹配的字段。字段的数据类型可以是字符串类型或日期时间类型。

模式字符串:既可以是一般的字符串,也可以是包含通配符的字符串。通配符有两种:_(下划线)和%。_匹配任意单个字符;%匹配任意长度的字符串,可以是 0 个或任意个。

例 5.17　查询 operator 表中王姓管理员的信息。

相应的 SQL 语句如下:

```
SELECT * FROM operator WHERE op_name LIKE '王%';
```

执行后的结果如图 5-17 所示。

```
mysql> SELECT * FROM operator WHERE op_name LIKE '王%';
+-------+--------+---------+
| op_id | pwd    | op_name |
+-------+--------+---------+
| 10002 | 123456 | 王海    |
+-------+--------+---------+
1 row in set (0.04 sec)
```

图 5-17　例 5.17 查询结果

注意:通配符和字符串必须放在单引号内。如果要查找的字符串本身包含通配符,可以用符号"\"将通配符转义为普通字符。例如:表达式"LIKE's_'"表示要匹配的字符串第一个字符为 s、第二个字符为_,且长度为 2 的字符串。

例 5.18　查询 operator 表中姓名为两个字的管理员信息。

相应的 SQL 语句如下:

```
SELECT * FROM operator WHERE op_name LIKE '__';
```

执行后的结果如图 5-18 所示。

```
mysql> SELECT * FROM operator WHERE op_name LIKE '__';
+-------+--------+---------+
| op_id | pwd    | op_name |
+-------+--------+---------+
| 10001 | 123456 | 张敏    |
| 10002 | 123456 | 王海    |
| 10003 | 123456 | 林晓    |
| 10004 | 123456 | 祁阳    |
+-------+--------+---------+
4 rows in set (0.00 sec)
```

图 5-18　例 5.18 查询结果

（6）空值运算符的使用。

IS［NOT］NULL 运算符用于判断指定字段的值是否为空值。空值判断必须使用 IS ［NOT］NULL 表示，不能使用比较运算符或模式匹配运算符。

语法格式如下：

```
WHERE 字段名 IS［NOT］NULL
```

例 5.19　查询 goods 表中 goods_memo 为空的记录。

相应的 SQL 语句如下：

```
SELECT * FROM goods WHERE goods_memo IS NULL;
```

执行后的结果如图 5-19 所示。

```
mysql> SELECT * FROM goods WHERE goods_memo IS NULL;
+------+-----------+------+---------+------------+-------+------------+
| g_id | g_name    | s_id | type_id | unit_price | g_qty | goods_memo |
+------+-----------+------+---------+------------+-------+------------+
|    2 | 防火服     |    2 |       1 |     450.00 |   200 | NULL       |
|    3 | 防爆服     |    2 |       1 |  225000.00 |     1 | NULL       |
|    4 | 潜水服     |    1 |       1 |     300.00 |    10 | NULL       |
|    5 | 水下呼吸器  |    2 |       1 |     120.00 |    20 | NULL       |
|    6 | 安全帽     |    2 |       1 |      40.00 |   200 | NULL       |
|    7 | 水靴       |    2 |       1 |      55.00 |   200 | NULL       |
|    8 | 防毒面具    |    1 |       1 |      80.00 |   200 | NULL       |
|    9 | 止血绷带    |    3 |       2 |      32.00 |   200 | NULL       |
|   10 | 救生圈     |    3 |       2 |      50.00 |   200 | NULL       |
|   11 | 保护气垫    |    3 |       2 |    1980.00 |    50 | NULL       |
|   12 | 红外探测器  |    3 |       2 |     360.00 |    50 | NULL       |
|   13 | 氧气瓶     |    3 |       2 |      60.00 |   200 | NULL       |
|   14 | 生命探测仪  |    3 |       2 |    9500.00 |    10 | NULL       |
|   15 | 瓶装水     |    4 |       3 |       1.50 |  1000 | NULL       |
|   18 | 帐篷       |    4 |       3 |     150.00 |   200 | NULL       |
|   19 | 棉衣       |    4 |       3 |     100.00 |   500 | NULL       |
|   20 | 棉被       |    4 |       3 |     200.00 |   500 | NULL       |
|   22 | 手电       |    5 |       5 |      20.00 |   500 | NULL       |
|   23 | 探照灯     |    5 |       5 |      50.00 |   300 | NULL       |
|   24 | 防水灯     |    5 |       5 |     160.00 |   100 | NULL       |
|   25 | 电钻       |    6 |       4 |     300.00 |   100 | NULL       |
|   26 | 灭火器     |    6 |       4 |     120.00 |   300 | NULL       |
|   27 | 绳索       |    6 |       4 |      20.00 |   200 | NULL       |
|   28 | 警报器     |    6 |       4 |     320.00 |    50 | NULL       |
|   29 | 电锯       |    6 |       4 |     300.00 |    50 | NULL       |
+------+-----------+------+---------+------------+-------+------------+
25 rows in set (0.00 sec)
```

图 5-19　例 5.19 查询结果

● **【任务总结】**

查询是对数据库中的数据进行检索，并按用户要求返回所需数据的过程，它是 SQL 语言的核心操作。本任务主要介绍 MySQL 中的单表数据查询操作，该操作使用 SELECT 语句实现，从选择字段查询、排序输出等方面分别进行介绍。其中，选择字段查询又分别从选择所有字段、选择指定字段，以及为字段起别名三个方面进行详细介绍，使用户可根据实际情况查找所需要的字段，并为查找后的字段起别名。选择行查询包括简单条件查询、复合条件查询、指定范围查询、模糊条件查询、空值查询、消除重复行和限制输出行等方面，通过相应的查询可使用户查找到满足条件的记录。

任务二　统计查询

● 【任务描述】

在查询过程中,有时并不需要返回实际表中的数据,而只是对数据进行统计。MySQL提供了一些聚合函数和分组子句,可以对获取的数据进行分析和报告。聚合函数用于实现数据的统计功能,包括统计个数、求和、求平均值、求最大值和最小值等。GROUP BY 子句用于分组统计。

● 【任务分析】

在应急物资管理系统中,我们经常需要统计物资的平均价格、入库的总数量、物品类型的总量等,以便管理员对物资进行调配及管理。

● 【任务实施】

1. 聚合函数

聚合函数用于对查询结果集中的指定字段进行统计,并输出统计值。常用的聚合函数包括 COUNT()、SUM()、AVG()、MAX()和 MIN()。

1) COUNT()函数

COUNT()函数统计表中包含的记录行数,或者根据查询结果返回字段中包含的数据行数。

(1) 计算表的总行数,无论字段中是否包含数值或为空值。

语法格式为:COUNT (*);

(2) 计算指定字段下的总行数,计算时将忽略空值的行。

语法格式为:COUNT (字段名);

例 5.20　统计 goods 表中的记录数。

相应的 SQL 语句如下:

```
SELECT COUNT(*) FROM goods;
```

执行后的结果如图 5-20 所示。

```
mysql> SELECT COUNT(*) FROM goods;
+----------+
| COUNT(*) |
+----------+
|       30 |
+----------+
1 row in set (0.04 sec)
```

图 5-20　例 5.20 查询结果

说明:为了更直观地显示结果,在使用聚合函数的时候,一般会借助别名来显示输出结果。

例 5.21　统计 goods 表中数量大于 100 的记录数,并用大于 100 的记录数显示结果。

相应的 SQL 语句如下：

SELECT COUNT(*)AS 大于 100 的记录数 FROM goods WHERE g_qty>100;

执行后的结果如图 5-21 所示。

```
mysql> SELECT COUNT(*)  AS 大于100的记录数 FROM goods WHERE g_qty>100;
+---------------------+
| 大于100的记录数      |
+---------------------+
|                  20 |
+---------------------+
1 row in set (0.00 sec)
```

图 5-21 例 5.21 查询结果

2）SUM()函数

SUM()函数用于返回指定字段值的总和。

例 5.22 统计 goods 表中单价大于 200 的商品的数量总和。

相应的 SQL 语句如下：

SELECT SUM(g_qty) AS 总数 FROM goods WHERE unit_price>200;

执行后的结果如图 5-22 所示。

```
mysql> SELECT SUM(g_qty) AS 总数 FROM goods WHERE unit_price>200;
+--------+
| 总数   |
+--------+
|    521 |
+--------+
1 row in set (0.00 sec)
```

图 5-22 例 5.22 查询结果

3）AVG()函数

AVG()函数通过计算返回的行数和每行数据的和，求得指定字段数据的平均值。

例 5.23 统计 goods 表中数量大于 200 的商品的平均价格、并用别名"均价"表示。

相应的 SQL 语句如下：

SELECT AVG(unit_price) AS 均价 FROM goods WHERE g_qty>200;

执行后的结果如图 5-23 所示。

```
mysql> SELECT AVG(unit_price) AS 均价 FROM goods WHERE g_qty>200;
+-----------+
| 均价      |
+-----------+
| 59.136364 |
+-----------+
1 row in set (0.03 sec)
```

图 5-23 例 5.23 查询结果

4）MAX（）函数

MAX（）函数用来返回查询字段中的最大值。

例 5.24 查询 goods 表中数量的最大值，并用别名"最大数量"表示。

相应的 SQL 语句如下：

```
SELECT MAX(g_qty) AS 最大数量 FROM goods;
```

执行后的结果如图 5-24 所示。

```
mysql> SELECT MAX(g_qty) AS 最大数量 FROM goods;
+--------------+
| 最大数量      |
+--------------+
|         1000 |
+--------------+
1 row in set (0.04 sec)
```

图 5-24 例 5.24 查询结果

5）MIN（）函数

MIN（）函数用来返回查询字段中的最小值。

例 5.25 查询 goods 表中供应商编号为 1 的商品里数量最少的记录对应的数量值。

相应的 SQL 语句如下：

```
SELECT MIN(g_qty) FROM goods WHERE s_id=1;
```

执行后的结果如图 5-25 所示。

```
mysql> SELECT MIN(g_qty) FROM goods WHERE s_id=1;
+------------+
| MIN(g_qty) |
+------------+
|         10 |
+------------+
1 row in set (0.04 sec)
```

图 5-25 例 5.25 查询结果

2. 分组查询

在前面的内容中所介绍的查询都是针对整个查询结果集进行的，而 GROUP BY 子句用于对查询结果集按指定字段的值进行分组，字段值相同的放在一组。通常，分组查询配合聚合函数使用，对查询结果集进行分组统计。语法格式如下：

SELECT［ALL|DISTINCT］要查询的内容

FROM 表名列表

［WHERE 条件表达式］

GROUP BY 字段名列表［HAVING 条件表达式］；

注意：使用 GROUP BY 子句进行分组统计时，SELECT 语句中包含的字段只能为以下情况：

（1）应用了聚合函数的字段；

（2）包含在 GROUP BY 子句中的字段。

例 5.26　按供应商分组，统计物品的平均价格。

相应的 SQL 语句如下：

```
SELECT s_id,AVG(unit_price) FROM goods GROUP BY s_id;
```

执行后的结果如图 5-26 所示。

```
mysql> SELECT s_id,AVG(unit_price) FROM goods GROUP BY s_id;
+------+-----------------+
| s_id | AVG(unit_price) |
+------+-----------------+
|    1 |      141.666667 |
|    2 |    37612.500000 |
|    3 |     1997.000000 |
|    4 |       79.357143 |
|    5 |       76.666667 |
|    6 |      212.000000 |
+------+-----------------+
6 rows in set (0.00 sec)
```

图 5-26　例 5.26 查询结果

HAVING 条件表达式用于对分组后的结果进行条件筛选，HAVING 子句只能出现在 GROUP BY 子句之后。

例 5.27　统计 goods 表中商品平均价格低于 100 的供应商编号及其平均价格。

相应的 SQL 语句如下：

```
SELECT s_id,AVG(unit_price) FROM goods GROUP BY s_id HAVING AVG(unit_price)<100;
```

执行后的结果如图 5-27 所示。

```
mysql> SELECT s_id,AVG(unit_price) FROM goods GROUP BY s_id HAVING AVG(unit_price)<100;
+------+-----------------+
| s_id | AVG(unit_price) |
+------+-----------------+
|    4 |       79.357143 |
|    5 |       76.666667 |
+------+-----------------+
2 rows in set (0.00 sec)
```

图 5-27　例 5.27 查询结果

WHERE 子句和 HAVING 子句的区别如下：

（1）WHERE 子句设置的查询筛选条件在 GROUP BY 子句之前发生作用，并且条件中不能使用集合函数；

（2）HAVING 子句设置的查询筛选条件在 GROUP BY 子句之后发生作用，并且条件中允许使用集合函数。

当一个语句中同时出现了 WHERE 子句、GROUP BY 子句和 HAVING 子句时，执行顺序如下：

（1）执行 WHERE 子句，从数据表中选取满足条件的数据行；

（2）由 GROUP BY 子句对选取的数据行进行分组；

（3）执行集合函数；

（4）执行 HAVING 子句，选取满足条件的分组。

● 【任务总结】

本任务主要介绍了使用聚合函数查询和分组查询的方法。使用聚合函数查询是为了能够对一组值执行计算并返回单一的值。除 COUNT（）函数以外，其他聚合函数都会忽略空值。聚合函数经常与 SELECT 语句的 GROUP BY 子句一同使用。分组查询使用 GROUP BY 关键字，当分组后还要进行条件筛选，可使用 HAVING 子句。

任务三　多表查询

● 【任务描述】

在实际查询过程中，用户所需要的数据并不全在一个表中，而是来自不同的表，这时就需要使用多表连接查询。多表查询是利用各个表之间共同列的相关性来查询数据的。在多表查询中，先要在表之间建立连接，再在连接生成的结果集基础上进行筛选。

● 【任务分析】

在应急物资管理系统中，物品信息存放在 goods 表中，供应商信息存放在 supplier 表中，两张表中有共同的属性供应商编号，可以通过供应商编号将两张表连接起来，以查询符合条件的结果。

● 【任务实施】

在 SQL 中，可以使用两种语法形式的连接表：一种是 MySQL 语法，即前面介绍的 FROM 子句，连接条件写在 WHERE 子句的逻辑表达式中，从而实现表的连接；另一种是 ANSI（美国国家标准学会）语法，在 FROM 子句中使用 JOIN...ON 关键字，连接条件写在 ON 之后，从而实现表的连接。

语法格式如下：

```
SELECT [表名.]目标字段表达式 [AS 别名],...
FROM 表 1 [AS 别名] 连接类型 JOIN 表 2 [AS 别名]
ON 连接条件 [WHERE 条件表达式];
```

其中，连接类型包括交叉连接、内连接、外连接、自连接。

1. 交叉连接

交叉连接是将两个表的所有行进行组合，即第一个表的每一行分别与第二个表的每一行连接，形成新的行。连接后的结果集行数等于两个表的行数之积，字段数等于两个表的字段数之和。语法格式如下：

SELECT 字段名列表

FROM 表名 1 CROSS JOIN 表名 2;

例 5.28 使用交叉连接查看 operator 表和 supplier 表的连接结果。

相应的 SQL 语句如下：

```
SELECT * FROM operator CROSS JOIN supplier;
```

执行后的结果如图 5-28 所示。

```
mysql> SELECT * FROM operator CROSS JOIN supplier;
+-------+--------+---------+------+--------------+------------+
| op_id | pwd    | op_name | s_id | s_name       | phone      |
+-------+--------+---------+------+--------------+------------+
| 10005 | 123    | 陈倩倩  |    1 | 真牛医疗器械 | 02036879   |
| 10004 | 123456 | 祁阳    |    1 | 真牛医疗器械 | 02036879   |
| 10003 | 123456 | 林晓    |    1 | 真牛医疗器械 | 02036879   |
| 10002 | 123456 | 王海    |    1 | 真牛医疗器械 | 02036879   |
| 10001 | 123456 | 张敏    |    1 | 真牛医疗器械 | 02036879   |
| 10005 | 123    | 陈倩倩  |    2 | 广百天怡     | 1313231263 |
| 10004 | 123456 | 祁阳    |    2 | 广百天怡     | 1313231263 |
| 10003 | 123456 | 林晓    |    2 | 广百天怡     | 1313231263 |
| 10002 | 123456 | 王海    |    2 | 广百天怡     | 1313231263 |
| 10001 | 123456 | 张敏    |    2 | 广百天怡     | 1313231263 |
| 10005 | 123    | 陈倩倩  |    3 | 3W           | 1313249193 |
| 10004 | 123456 | 祁阳    |    3 | 3W           | 1313249193 |
| 10003 | 123456 | 林晓    |    3 | 3W           | 1313249193 |
| 10002 | 123456 | 王海    |    3 | 3W           | 1313249193 |
| 10001 | 123456 | 张敏    |    3 | 3W           | 1313249193 |
| 10005 | 123    | 陈倩倩  |    4 | 绿色食品有限公司 | 01011789 |
| 10004 | 123456 | 祁阳    |    4 | 绿色食品有限公司 | 01011789 |
| 10003 | 123456 | 林晓    |    4 | 绿色食品有限公司 | 01011789 |
| 10002 | 123456 | 王海    |    4 | 绿色食品有限公司 | 01011789 |
| 10001 | 123456 | 张敏    |    4 | 绿色食品有限公司 | 01011789 |
| 10005 | 123    | 陈倩倩  |    5 | 雁南照明     | 01025784   |
| 10004 | 123456 | 祁阳    |    5 | 雁南照明     | 01025784   |
| 10003 | 123456 | 林晓    |    5 | 雁南照明     | 01025784   |
| 10002 | 123456 | 王海    |    5 | 雁南照明     | 01025784   |
| 10001 | 123456 | 张敏    |    5 | 雁南照明     | 01025784   |
| 10005 | 123    | 陈倩倩  |    6 | 阳光器械     | 02014785   |
| 10004 | 123456 | 祁阳    |    6 | 阳光器械     | 02014785   |
| 10003 | 123456 | 林晓    |    6 | 阳光器械     | 02014785   |
| 10002 | 123456 | 王海    |    6 | 阳光器械     | 02014785   |
| 10001 | 123456 | 张敏    |    6 | 阳光器械     | 02014785   |
| 10005 | 123    | 陈倩倩  |    7 | 有机生活     | 02079885   |
| 10004 | 123456 | 祁阳    |    7 | 有机生活     | 02079885   |
| 10003 | 123456 | 林晓    |    7 | 有机生活     | 02079885   |
| 10002 | 123456 | 王海    |    7 | 有机生活     | 02079885   |
| 10001 | 123456 | 张敏    |    7 | 有机生活     | 02079885   |
+-------+--------+---------+------+--------------+------------+
35 rows in set (0.00 sec)
```

图 5-28 例 5.28 查询结果

注意：交叉连接的结果是一个笛卡儿积，实际应用中意义不大。

2. 内连接

内连接是使用比较运算符比较两个表的共有属性列，返回满足条件的记录行。它是在交叉连接生成的结果集基础上，按照连接条件进行筛选后形成的。语法格式如下：

SELECT 字段名列表

FROM 表名 1［INNER］JOIN 表名 2

ON 表名 1.字段名 运算符 表名 2.字段名;

或者

```
SELECT 字段名列表
FROM 表名1,表名2
WHERE 表名1.字段名 运算符 表名2.字段名;
```

例 5.29 查询供应商编号、物资类型名称和物资名称。

相应的 SQL 语句如下：

```
SELECT s_id,g_name,t_name FROM goods a INNER JOIN goods_type b ON a.type_id=b.type_id;
```

执行后的结果如图 5-29 所示。

```
mysql> SELECT s_id,g_name,t_name FROM goods a INNER JOIN goods_type b ON a.type_id=b.type_id;
+------+-----------------+--------------+
| s_id | g_name          | t_name       |
+------+-----------------+--------------+
|    1 | 防护衣          | 防护用品     |
|    2 | 防火服          | 防护用品     |
|    2 | 防爆服          | 防护用品     |
|    1 | 潜水服          | 防护用品     |
|    2 | 水下呼吸器      | 防护用品     |
|    2 | 安全帽          | 防护用品     |
|    2 | 水靴            | 防护用品     |
|    1 | 防毒面具        | 防护用品     |
|    3 | 止血绷带        | 生命救助     |
|    3 | 救生圈          | 生命救助     |
|    3 | 保护气垫        | 生命救助     |
|    3 | 红外探测器      | 生命救助     |
|    3 | 氧气瓶          | 生命救助     |
|    3 | 生命探测仪      | 生命救助     |
|    4 | 瓶装水          | 临时食宿     |
|    4 | 压缩饼干        | 临时食宿     |
|    4 | 水果罐头        | 临时食宿     |
|    4 | 帐篷            | 临时食宿     |
|    4 | 棉衣            | 临时食宿     |
|    4 | 棉被            | 临时食宿     |
|    4 | 方便面          | 临时食宿     |
|    5 | 手电            | 照明设备     |
|    5 | 探照灯          | 照明设备     |
|    5 | 防水灯          | 照明设备     |
|    6 | 电钻            | 器材工具     |
|    6 | 灭火器          | 器材工具     |
|    6 | 绳索            | 器材工具     |
|    6 | 警报器          | 器材工具     |
|    6 | 电锯            | 器材工具     |
|    2 | 口罩            | 防护用品     |
+------+-----------------+--------------+
30 rows in set (0.00 sec)
```

图 5-29 例 5.29 查询结果

也可以表示为

```
SELECT s_id,g_name,t_name FROM goods a, goods_type b WHERE a.type_id=b.type_id;
```

通常在多表连接查询中，为了表示的方便，一般会给表指定别名。

例 5.30 查询 goods 表中供应商编号为 1 的物资入库时间和入库数量。

相应的 SQL 语句如下：

```
SELECT time_in,i_amount FROM goods_in a INNER JOIN goods b on a.g_id=b.g_id AND s_id=1;
```

执行后的结果如图 5-30 所示。

```
mysql> SELECT time_in,i_amount FROM goods_in a INNER JOIN goods b on a.g_id=b.g_id AND s_id=1;
+---------------------+----------+
| time_in             | i_amount |
+---------------------+----------+
| 2021-09-01 00:00:00 |      500 |
| 2020-03-07 00:00:00 |       10 |
| 2021-08-07 00:00:00 |      200 |
+---------------------+----------+
3 rows in set (0.03 sec)
```

图 5-30 例 5.30 查询结果

也可以表示为

SELECT time_in,i_amount FROM goods_in a,goods b WHERE a.g_id=b.g_id AND s_id=1;

在内连接中,使用 WHERE 作为筛选条件和在 ON 后面跟 AND 查询结果是一样的,但是 ON 的优先级比 WHERE 的优先级高。如果在 ON 后面跟 AND,这样可以减少临时表的大小。

FROM...JOIN...ON 可以实现表与表的两两连接,也可以实现 2 个以上表的连接。在上述语法中,表 1 和表 2 连接后还可以继续与表 3,表 4,...,表 *n* 连接,最多可以连接 64 个表。连接条件放在 ON 关键字后。

例 5.31 查询王海负责入库的物资编号、物资名称和入库时间。

相应的 SQL 语句如下:

SELECT b.g_id,g_name,time_in FROM operator a INNER JOIN goods_in b ON a.op_id= b.op_id JOIN goods c on b.g_id=c.g_id AND op_name='王海';

执行后的结果如图 5-31 所示。

```
mysql> SELECT b.g_id,g_name,time_in FROM operator a INNER JOIN goods_in b ON
    -> a.op_id=b.op_id JOIN goods c on b.g_id=c.g_id AND op_name='王海';
+------+------------+---------------------+
| g_id | g_name     | time_in             |
+------+------------+---------------------+
|    2 | 防火服      | 2021-08-07 00:00:00 |
|    8 | 防毒面具    | 2021-08-07 00:00:00 |
|   12 | 红外探测器  | 2021-08-03 00:00:00 |
|   19 | 棉衣        | 2021-08-03 00:00:00 |
|   21 | 方便面      | 2022-02-08 00:00:00 |
|   28 | 警报器      | 2022-03-09 00:00:00 |
+------+------------+---------------------+
6 rows in set (0.00 sec)
```

图 5-31 例 5.31 查询结果

也可以表示为

SELECT b.g_id,g_name,time_in FROM operator a,goods_in b, goods c WHERE a.op_id= b.op_id AND b.g_id=c.g_id AND op_name='王海';

从上述实例中可以看出,当要查询的字段(如 g_id)在多个表中都有出现的时候,在 SELECT 语句后面必须注明字段来源于哪一个表,即字段名前应加上表名。如果查询语句中使用了表的别名,那么字段前也必须用表的别名表示。

3. 外连接

与内连接不同,外连接有主从表之分。使用外连接时,以主表中每行数据去匹配从表中的数据行,如果符合连接条件,则返回到结果集中;如果没有找到匹配的数据行,则在结果集中仍然保留主表的数据行,相对应的从表中的字段被填上 NULL 值。

语法格式如下:

SELECT 字段名列表

FROM 表名 1 LEFT |RIGHT [OUTER] JOIN 表名 2

ON 表名 1.字段名比较运算符 表名 2.字段名;

说明:外连接查询只适用于两个表。

1) 左外连接

左外连接中,左表为主表,连接关键字为 LEFT JOIN。将左表中的所有数据行与右表中的每行按连接条件进行匹配,结果集中包括左表中所有的数据行。左表中与右表没有相匹配记录的行,在结果集中对应的右表字段都以 NULL 来填充。BIT 类型不允许为NULL,就以 0 填充。

例 5.32　查询供应商名称和物品名称,supplier 表为左表。

相应的 SQL 语句如下:

SELECT s_name,g_name FROM supplier a LEFT JOIN goods b ON a.s_id=b.s_id;

执行后的结果如图 5-32 所示。

```
mysql> SELECT s_name,g_name FROM supplier a LEFT JOIN goods b ON a.s_id=b.s_id;
+------------------------+----------------+
| s_name                 | g_name         |
+------------------------+----------------+
| 真牛医疗器械           | 防护衣         |
| 真牛医疗器械           | 潜水服         |
| 真牛医疗器械           | 防毒面具       |
| 广百天怡               | 防火服         |
| 广百天怡               | 防爆服         |
| 广百天怡               | 水下呼吸器     |
| 广百天怡               | 安全帽         |
| 广百天怡               | 水靴           |
| 广百天怡               | 口罩           |
| 3W                     | 止血绷带       |
| 3W                     | 救生圈         |
| 3W                     | 保护气垫       |
| 3W                     | 红外探测器     |
| 3W                     | 氧气瓶         |
| 3W                     | 生命探测仪     |
| 绿色食品有限公司       | 瓶装水         |
| 绿色食品有限公司       | 压缩饼干       |
| 绿色食品有限公司       | 水果罐头       |
| 绿色食品有限公司       | 帐篷           |
| 绿色食品有限公司       | 棉衣           |
| 绿色食品有限公司       | 棉被           |
| 绿色食品有限公司       | 方便面         |
| 雁南照明               | 手电           |
| 雁南照明               | 探照灯         |
| 雁南照明               | 防水灯         |
| 阳光器械               | 电钻           |
| 阳光器械               | 灭火器         |
| 阳光器械               | 绳索           |
| 阳光器械               | 警报器         |
| 阳光器械               | 电锯           |
| 有机生活               | NULL           |
+------------------------+----------------+
31 rows in set (0.00 sec)
```

图 5-32　例 5.32 查询结果

2）右外连接

右外连接中，右表为主表，连接关键字为 RIGHT JOIN。将右表中的所有数据行与左表中的每行按连接条件进行匹配，结果集中包括右表中所有的数据行。右表中与左表没有相匹配记录的行，在结果集中对应的左表字段都以 NULL 来填充。

例 5.33 查询物品名称和物品类型名称，goods 表为右表。

相应的 SQL 语句如下：

```
SELECT g_name,t_name FROM goods a RIGHT JOIN goods_type b ON a.type_id=b.type_id;
```

执行后的结果如图 5-33 所示。

```
mysql> SELECT g_name,t_name FROM goods a RIGHT JOIN goods_type b ON a.type_id=b.type_id;
+--------------+------------+
| g_name       | t_name     |
+--------------+------------+
| 口罩         | 防护用品   |
| 防毒面具     | 防护用品   |
| 水靴         | 防护用品   |
| 安全帽       | 防护用品   |
| 水下呼吸器   | 防护用品   |
| 潜水服       | 防护用品   |
| 防爆服       | 防护用品   |
| 防火服       | 防护用品   |
| 防护衣       | 防护用品   |
| 生命探测仪   | 生命救助   |
| 氧气瓶       | 生命救助   |
| 红外探测器   | 生命救助   |
| 保护气垫     | 生命救助   |
| 救生圈       | 生命救助   |
| 止血绷带     | 生命救助   |
| 方便面       | 临时食宿   |
| 棉被         | 临时食宿   |
| 棉衣         | 临时食宿   |
| 帐篷         | 临时食宿   |
| 水果罐头     | 临时食宿   |
| 压缩饼干     | 临时食宿   |
| 瓶装水       | 临时食宿   |
| 电锯         | 器材工具   |
| 警报器       | 器材工具   |
| 绳索         | 器材工具   |
| 灭火器       | 器材工具   |
| 电钻         | 器材工具   |
| 防水灯       | 照明设备   |
| 探照灯       | 照明设备   |
| 手电         | 照明设备   |
| NULL         | 工程材料   |
| NULL         | 污染清理   |
+--------------+------------+
32 rows in set (0.00 sec)
```

图 5-33 例 5.33 查询结果

3）全外连接

全外连接使用关键字 FULL JOIN。查询结果集中包括两个连接表中的所有数据行，若左表中每一行在右表中有匹配数据，则结果集中对应的右表字段填入相应数据，否则填充为 NULL；若右表中某一行在左表中没有匹配数据，则结果集中对应的左表字段填充为 NULL。

注意：全外连接语法只能在 MySQL 5.0 及以上版本中使用。

4. 自连接

自连接实际就是一种特殊的内连接，是将一个表的两个副本进行连接。同一个表名在 FROM 子句中出现两次，为了区别，必须对表指定不同的别名，字段名也要加上表的别名进行限定。

例 5.34 查询与防护衣同属一个供应商的其他物资的名称。

相应的 SQL 语句如下：

```
SELECT b.g_name FROM goods a JOIN goods b ON a.s_id=b.s_id AND b.g_name!='防护衣'
AND a.g_name='防护衣';
```

执行后的结果如图 5-34 所示。

```
mysql> SELECT b.g_name FROM goods a JOIN goods b ON a.s_id=b.s_id AND b.g_name!='防护衣' AND a.g_name='防护衣';
+-----------+
| g_name    |
+-----------+
| 潜水服    |
| 防毒面具  |
+-----------+
2 rows in set (0.00 sec)
```

图 5-34 例 5.34 查询结果

5. 联合查询

联合查询可以将多个表的数据合并成一个结果集进行查询。在 MySQL 中,联合查询可以使用 UNION 或 UNION ALL 关键字进行连接。语法格式如下：

SELECT 语句 1 UNION [ALL] SELECT 语句 2

[UNION [ALL] SELECT 语句 3] [...n];

例 5.35 联合查询物资 id 值为 1 和 2 的物资信息,列出物资 id、物资名称。

相应的 SQL 语句如下：

```
SELECT g_id,g_name FROM goods WHERE g_id=1 UNION SELECT g_id,g_name FROM goods
WHERE g_id=2;
```

执行后的结果如图 5-35 所示。

```
mysql> SELECT g_id,g_name FROM goods WHERE g_id=1 UNION SELECT g_id,g_name FROM goods WHERE g_id=2;
+------+-----------+
| g_id | g_name    |
+------+-----------+
|    1 | 防护衣    |
|    2 | 防火服    |
+------+-----------+
2 rows in set (0.03 sec)
```

图 5-35 例 5.35 查询结果

注意:UNION ALL 表示合并所有数据,不删除重复行;UNION 表示合并时删除重复行。

● **【任务总结】**

本任务主要介绍了多表连接查询,包括交叉连接、内连接、外连接、自连接和联合查询。内连接使用关键字 INNER JOIN,外连接使用关键字 LEFT OUTER JOIN、RIGHT OUTER JOIN。联合查询使用关键字 UNION 或 UNION ALL。

任务四　子查询

● 【任务描述】

子查询是多表数据查询的一种有效方法,当数据查询的条件依赖于其他查询的结果时,使用子查询可以有效地解决此类问题。子查询是将一个 SELECT 语句嵌套在另一个 SELECT 语句的 WHERE 子句中的查询。子查询也可以嵌套在一个 SELECT 语句、IN-SERT 语句、UPDATE 语句或 DELETE 语句中。包含子查询的 SELECT 语句称为父查询或外层查询。子查询可以多层嵌套,至多可嵌套 32 层,执行顺序由内向外,即每一个子查询在其上一级父查询之前被处理,其查询结果回送给父查询。

● 【任务分析】

在任务三中,当查询的数据涉及多个表的时候,我们使用多表连接查询。除此之外,还可以使用子查询。子查询又称嵌套查询。

● 【任务实施】

子查询的执行过程为首先执行子查询中的语句,并将返回的结果作为外层查询的过滤条件,然后再执行外层查询。在子查询中通常要使用比较运算符、IN、ANY 及 EXISTS 等关键字。

注意:子查询的 SELECT 语句应用圆括号括起来。

1. 比较子查询

比较子查询是指在父查询与子查询之间用比较运算符进行连接的查询。在这种子查询中,子查询返回的结果为单值。

语法格式如下:

```
SELECT 字段名列表 FROM 表名
WHERE col_name 比较运算符(子查询);
```

例 5.36　从 goods 表中获取比物资平均价格高的物资信息。

提示:先用子查询查询出物资的平均价格,再用父查询查找满足价格大于平均价格的数据行,输出物资信息。

相应的 SQL 语句如下:

```
SELECT * FROM goods WHERE unit_price>(SELECT AVG(unit_price) FROM goods);
```

执行后的结果如图 5-36 所示。

例 5.37　查询由王海入库的物品入库信息。

提示:先用子查询查询出王海的操作员编号,再用父查询查找满足操作员编号的数据行,输出物资信息。

```
mysql> SELECT * FROM goods WHERE unit_price>(SELECT AVG(unit_price) FROM goods);
+------+-----------+------+---------+------------+-------+------------+
| g_id | g_name    | s_id | type_id | unit_price | g_qty | goods_memo |
+------+-----------+------+---------+------------+-------+------------+
|    3 | 防爆服    |    2 |       1 |  225000.00 |     1 | NULL       |
|   14 | 生命探测仪 |    3 |       2 |    9500.00 |    10 | NULL       |
+------+-----------+------+---------+------------+-------+------------+
2 rows in set (0.03 sec)
```

图 5-36 例 5.36 查询结果

相应的 SQL 语句如下：

SELECT * FROM goods_in WHERE op_id= (SELECT op_id FROM operator WHERE op_name='王海');

执行后的结果如图 5-37 所示。

```
mysql> SELECT * FROM goods_in WHERE op_id=(SELECT op_id FROM operator WHERE op_name='王海');
+-------+------+---------------------+----------+-------+
| in_id | g_id | time_in             | i_amount | op_id |
+-------+------+---------------------+----------+-------+
|     2 |    2 | 2021-08-07 00:00:00 |      200 | 10002 |
|     8 |    8 | 2021-08-07 00:00:00 |      200 | 10002 |
|    12 |   12 | 2021-08-03 00:00:00 |       50 | 10002 |
|    19 |   19 | 2021-08-03 00:00:00 |      500 | 10002 |
|    21 |   21 | 2022-02-08 00:00:00 |      500 | 10002 |
|    28 |   28 | 2022-03-09 00:00:00 |       50 | 10002 |
+-------+------+---------------------+----------+-------+
6 rows in set (0.00 sec)
```

图 5-37 例 5.37 查询结果

2. IN 子查询

在前面两个例子的比较子查询中，子查询返回的结果只有一个，而在实际情况中，子查询可能返回父查询多个数值，这时我们可以在父查询和子查询之间使用 IN 或 NOT IN 进行连接。

语法格式如下：

SELECT 字段名列表

FROM 表名

WHERE 测试表达式 [NOT]IN (子查询);

例 5.38 查询林姓操作员办理的入库信息。

提示：先用子查询查询出所有林姓的操作员编号，再用父查询查找满足操作员编号的数据行，输出物资入库信息。

相应的 SQL 语句如下：

SELECT * FROM goods_in WHERE op_id IN(SELECT op_id FROM operator WHERE op_name like'林%');

执行后的结果如图 5-38 所示。

```
mysql> SELECT * FROM goods_in WHERE op_id IN(SELECT op_id FROM operator WHERE op_name like'林%');
+-------+------+---------------------+----------+-------+
| in_id | g_id | time_in             | i_amount | op_id |
+-------+------+---------------------+----------+-------+
|     4 |    4 | 2020-03-07 00:00:00 |       10 | 10003 |
|     7 |    7 | 2021-09-01 00:00:00 |      200 | 10003 |
|    10 |   10 | 2021-03-07 00:00:00 |      200 | 10003 |
|    17 |   17 | 2020-03-07 00:00:00 |     1000 | 10003 |
|    18 |   18 | 2020-03-07 00:00:00 |      200 | 10003 |
|    22 |   22 | 2022-02-03 00:00:00 |      500 | 10003 |
|    25 |   25 | 2021-03-07 00:00:00 |      100 | 10003 |
|    26 |   26 | 2022-05-06 00:00:00 |      300 | 10003 |
|    30 |   30 | 2021-01-15 00:00:00 |     1000 | 10003 |
+-------+------+---------------------+----------+-------+
9 rows in set (0.02 sec)
```

图 5-38　例 5.38 查询结果

例 5.39　查询没有提供物品的供应商信息。

提示：先用子查询查询出 goods 表中所有供应商编号，再用父查询查找满足条件的数据行，输出供应商信息。

相应的 SQL 语句如下：

SELECT * FROM supplier WHERE s_id NOT IN(SELECT s_id FROM goods);

执行后的结果如图 5-39 所示。

```
mysql> SELECT * FROM supplier WHERE s_id NOT IN(SELECT s_id FROM goods);
+------+--------+-------------+
| s_id | s_name | phone       |
+------+--------+-------------+
|    7 | 有机生活 | 0207988566  |
+------+--------+-------------+
1 row in set (0.03 sec)
```

图 5-39　例 5.39 查询结果

3. 使用 ANY 或 ALL 关键字的子查询

1）使用 ANY 关键字

在子查询前面使用 ANY 关键字时，会使用指定的比较运算符将一个表达式的值或字段的值与每一个子查询返回值进行比较，只要有一次比较的结果为 true 时，则整个表达式的值为 true，否则为 false。

语法格式如下：

SELECT 字段名列表 FROM 表名
WHERE col_name 比较运算符 ANY(子查询);

例 5.40　从 goods 表中获取比最便宜商品的价格高的商品信息。

相应的 SQL 语句如下：

```
SELECT * FROM goods WHERE unit_price> ANY(SELECT unit_price FROM goods);
```

执行后的结果如图 5-40 所示。

```
mysql> SELECT * FROM goods WHERE unit_price>ANY(SELECT unit_price FROM goods);
+------+-----------+------+---------+------------+-------+------------+
| g_id | g_name    | s_id | type_id | unit_price | g_qty | goods_memo |
+------+-----------+------+---------+------------+-------+------------+
|    1 | 防护衣    |    1 |       1 |      45.00 |   500 | 一次性     |
|    2 | 防火服    |    2 |       1 |     450.00 |   200 | NULL       |
|    3 | 防爆服    |    2 |       1 |  225000.00 |     1 | NULL       |
|    4 | 潜水服    |    1 |       1 |     300.00 |    10 | NULL       |
|    5 | 水下呼吸器|    1 |       1 |     120.00 |    20 | NULL       |
|    6 | 安全帽    |    2 |       1 |      40.00 |   200 | NULL       |
|    7 | 水靴      |    2 |       1 |      55.00 |   200 | NULL       |
|    8 | 防毒面具  |    1 |       1 |      80.00 |   200 | NULL       |
|    9 | 止血绷带  |    3 |       2 |      32.00 |   200 | NULL       |
|   10 | 救生圈    |    3 |       2 |      50.00 |   200 | NULL       |
|   11 | 保护气垫  |    3 |       2 |    1980.00 |    50 | NULL       |
|   12 | 红外探测器|    3 |       2 |     360.00 |    50 | NULL       |
|   13 | 氧气瓶    |    3 |       2 |      60.00 |   200 | NULL       |
|   14 | 生命探测仪|    3 |       2 |    9500.00 |    10 | NULL       |
|   16 | 压缩饼干  |    4 |       3 |      32.00 |  1000 | 箱         |
|   17 | 水果罐头  |    4 |       3 |      50.00 |  1000 | 箱         |
|   18 | 帐篷      |    4 |       3 |     150.00 |   200 | NULL       |
|   19 | 棉衣      |    4 |       3 |     100.00 |   500 | NULL       |
|   20 | 棉被      |    4 |       3 |     200.00 |   500 | NULL       |
|   21 | 方便面    |    4 |       3 |      22.00 |   500 | 箱         |
|   22 | 手电      |    5 |       5 |      20.00 |   500 | NULL       |
|   23 | 探照灯    |    5 |       5 |      50.00 |   300 | NULL       |
|   24 | 防水灯    |    5 |       5 |     160.00 |   100 | NULL       |
|   25 | 电钻      |    6 |       4 |     300.00 |   100 | NULL       |
|   26 | 灭火器    |    6 |       4 |     120.00 |   300 | NULL       |
|   27 | 绳索      |    6 |       4 |      20.00 |   200 | NULL       |
|   28 | 警报器    |    6 |       4 |     320.00 |    50 | NULL       |
|   29 | 电锯      |    6 |       4 |     300.00 |    50 | NULL       |
|   30 | 口罩      |    2 |       1 |      10.00 |  1000 | 盒         |
+------+-----------+------+---------+------------+-------+------------+
29 rows in set (0.00 sec)
```

图 5-40 例 5.40 查询结果

2）使用 ALL 关键字

在子查询前面使用 ALL 关键字时，会使用指定的比较运算符将一个表达式的值或字段的值与每一个子查询返回值进行比较，只有当所有比较的结果为 true 时，则整个表达式的值才为 true，否则为 false。

语法格式如下：

```
SELECT 字段名列表 FROM 表名
WHERE col_name 比较运算符 ALL(子查询);
```

例 5.41 查询同一商品入库数量比出库数量多的物品的入库信息。

相应的 SQL 语句如下：

```
SELECT * FROM goods_in WHERE i_amount>ALL(SELECT o_amount FROM goods_out WHERE g
_id=goods_in.g_id);
```

执行后的结果如图 5-41 所示。

```
mysql> SELECT * FROM goods_in WHERE i_amount>ALL(SELECT o_amount FROM goods_out WHERE g_id=goods_in.g_id);
+-------+------+---------------------+----------+-------+
| in_id | g_id | time_in             | i_amount | op_id |
+-------+------+---------------------+----------+-------+
|     1 |    1 | 2021-09-01 00:00:00 |      500 | 10001 |
|     2 |    2 | 2021-08-07 00:00:00 |      200 | 10002 |
|     3 |    3 | 2020-05-04 00:00:00 |        1 | 10001 |
|     4 |    4 | 2020-03-07 00:00:00 |       10 | 10003 |
|     5 |    5 | 2021-08-03 00:00:00 |       20 | 10004 |
|     6 |    6 | 2021-03-04 00:00:00 |      200 | 10005 |
|     7 |    7 | 2021-09-01 00:00:00 |      200 | 10003 |
|     8 |    8 | 2021-08-07 00:00:00 |      200 | 10002 |
|     9 |    9 | 2021-05-04 00:00:00 |      200 | 10005 |
+-------+------+---------------------+----------+-------+
9 rows in set (0.04 sec)
```

图 5-41   例 5.41 查询结果

4. EXISTS 子查询

EXISTS 子查询是指在子查询前面加上 EXISTS 运算符或 NOT EXISTS 运算符,如果子查询查找到满足条件的数据行,那么 EXISTS 表达式的返回值为 true,否则为 false。

语法格式如下:

```
SELECT 字段名列表
FROM 表名
WHERE [NOT] EXISTS (子查询);
```

例 5.42   查询提供物品的供应商信息。

相应的 SQL 语句如下:

```
SELECT * FROM supplier WHERE EXISTS (SELECT * FROM goods WHERE s_id=supplier.s_id);
```

执行后的结果如图 5-42 所示。

```
mysql> SELECT * FROM supplier WHERE EXISTS (SELECT * FROM goods WHERE s_id=supplier.s_id);
+------+-----------------+-------------+
| s_id | s_name          | phone       |
+------+-----------------+-------------+
|    1 | 真牛医疗器械      | 0203687999  |
|    2 | 广百天怡         | 13132312631 |
|    3 | 3W              | 13132491935 |
|    4 | 绿色食品有限公司   | 0102578963  |
|    5 | 雁南照明         | 0102578451  |
|    6 | 阳光器械         | 0201478563  |
+------+-----------------+-------------+
6 rows in set (0.00 sec)
```

图 5-42   例 5.42 查询结果

5. 在 INSERT、UPDATE、DELETE 语句中使用子查询

1)在 INSERT 语句中使用子查询

使用 INSERT INTO...SELECT 语句可以将 SELECT 语句的查询结果添加到表中。根据需要,一次可以添加多行。语法格式如下:

INSERT 表 1 ［(字段名列表 1)］

SELECT 字段名列表 2 FROM 表 2 WHERE 条件表达式

注意：在使用本语句时，表 1 中"字段名列表 1"的字段个数、字段顺序、字段的数据类型必须与"字段名列表 2"中的字段信息一致。

例 5.43 创建一个表 goods_bak，结构与 goods 一致，用于存放物资单价大于 500 的物资信息。

相应的 SQL 语句如下：

（1）创建 goods_bak 表。

```
CREATE table goods_bak LIKE goods;
```

（2）插入数据。

```
INSERT INTO goods_bak SELECT * FROM goods WHERE unit_price>500;
```

（3）查看 goods_bak 中的信息。

```
SELECT * FROM goods_bak;
```

执行后的结果如图 5-43 所示。

```
mysql> CREATE table goods_bak LIKE goods;
Query OK, 0 rows affected (0.03 sec)

mysql> INSERT INTO goods_bak SELECT * FROM goods WHERE unit_price>500;
Query OK, 3 rows affected (0.01 sec)
Records: 3  Duplicates: 0  Warnings: 0

mysql> SELECT * FROM goods_bak;
+------+------------+------+---------+------------+-------+-----------+
| g_id | g_name     | s_id | type_id | unit_price | g_qty | goods_memo|
+------+------------+------+---------+------------+-------+-----------+
|    3 | 防爆服     |    2 |       1 |  225000.00 |     1 | NULL      |
|   11 | 保护气垫   |    3 |       2 |    1980.00 |    50 | NULL      |
|   14 | 生命探测仪 |    3 |       2 |    9500.00 |    10 | NULL      |
+------+------------+------+---------+------------+-------+-----------+
3 rows in set (0.00 sec)
```

图 5-43 例 5.43 运行结果

2）在 UPDATE 语句中使用子查询

使用 UPDATE 语句时，可以在 WHERE 子句中使用子查询。

例 5.44 完全复制表 goods_in，命名为 g_in。在 g_in 表中将 goods_bak 表中数量(g_qty)为 10 的物资对应的入库数量增加 5。

相应的 SQL 语句如下：

（1）创建 g_in 表并插入数据。

```
CREATE TABLE g_in LIKE goods_in;
INSERT INTO g_in SELECT * FROM goods_in;
```

（2）更新数据。

```
UPDATE g_in
SET i_amount=i_amount+5
WHERE g_id IN (SELECT g_id FROM goods_bak WHERE g_qty=10);
```

执行后的结果如图 5-44 所示。

```
mysql> CREATE TABLE g_in LIKE goods_in;
Query OK, 0 rows affected (0.04 sec)

mysql> INSERT INTO g_in SELECT * FROM goods_in;
Query OK, 30 rows affected (0.01 sec)
Records: 30  Duplicates: 0  Warnings: 0

mysql> UPDATE g_in
    -> SET i_amount= i_amount+5
    -> WHERE g_id IN (SELECT g_id FROM goods_bak WHERE g_qty=10);
Query OK, 1 row affected (0.01 sec)
Rows matched: 1  Changed: 1  Warnings: 0
```

图 5-44　例 5.44 运行结果

3）在 DELETE 语句中使用子查询

使用 DELETE 语句时，可以在 WHERE 子句中使用子查询。

例 5.45　将入库信息由操作员"10001"操作的 goods_bak 表中的物资信息删除。

相应的 SQL 语句如下：

（1）删除数据。

```
DELETE FROM goods_bak WHERE g_id IN(SELECT g_id FROM g_in WHERE op_id='10001');
```

（2）查看 goods_bak 中的数据。

```
SELECT * FROM goods_bak;
```

执行后的结果如图 5-45 所示。

```
mysql> DELETE FROM goods_bak WHERE g_id IN(SELECT g_id FROM g_in WHERE op_id='10001');
Query OK, 2 rows affected (0.01 sec)

mysql> SELECT * FROM goods_bak;
+-------+-------------+-------+---------+------------+-------+------------+
| g_id  | g_name      | s_id  | type_id | unit_price | g_qty | goods_memo |
+-------+-------------+-------+---------+------------+-------+------------+
|    11 | 保护气垫     |    3  |       2 |    1980.00 |    50 | NULL       |
+-------+-------------+-------+---------+------------+-------+------------+
1 row in set (0.00 sec)
```

图 5-45　例 5.45 运行结果

● 【任务总结】

在 SQL 语言中，一个 SELECT...FROM...WHERE 语句称为一个查询块。将一个查询块嵌套到另一个查询块的 WHERE 子句中的查询称为子查询或嵌套查询。子查询被包含在一组圆括号中,可以用在使用表达式的任何地方。上层查询块称为外层查询或父查询,下层查询块称为内层查询或子查询。SQL 语言允许多层嵌套查询,即子查询中还可以嵌套其他子查询,最多允许 32 层。

子查询的执行不依赖于外层查询。其一般的执行过程是由内向外处理,即先处理最内层的子查询,然后将子查询返回的结果作为父查询的查询条件。

我们在本任务中分别介绍了使用比较运算符的子查询、使用 IN 或 NOT IN 关键字的子查询、使用 ANY 或 ALL 关键字的子查询、使用 EXISTS 关键字的子查询,以及在 IN-SERT、UPDATE、DELETE 语句中使用子查询。通过学习以上各种子查询,逐步阐述了子查询的相关知识和技巧。

其中,EXISTS 子查询将外层的查询结果传到内层,判断内层的查询是否成立。该查询不返回任何数据,而是返回 true 或 false。EXISTS 子查询可以与 IN 引入的子查询互换,但是前者的效率更高;通过 IN 或 NOT IN 引入的子查询,其结果是包含零个或多个值的列表。

子查询返回结果之后,外部查询将利用这些结果。子查询返回单值时可以用比较运算符,但返回多值时要用 ANY 或 ALL,且使用 ANY 或 ALL 时必须同时使用比较运算符。

拓展训练

在学生选课数据库 xsxk 中完成以下操作。

1. 查询 xsxk 数据库中 student 表的所有信息。

2. 查询 student 表中学生的学号、姓名、班级信息。

3. 查询 student 表,输出所有学生的学号、姓名,以及此次查询的日期和时间。

4. 查询 student 表,输出所有学生的学号、姓名,以及此次查询的日期和时间,并分别使用“学生学号”“学生姓名”“查询日期”作为别名。

5. 查询 student 表中的班级信息。

6. 查询 student 表中班级为“网络技术 101”的学生信息。

7. 查询 student 表中 1992 年出生的学生信息。

8. 查询 student 表中学号为“10101001”“10102001”“11101001”的学生的详细信息。

9. 查询 student 表中王姓学生的详细信息。

10. 查询 student 表中姓名为两个字的学生的详细信息。

11. 查询 student 表中张姓或班级为“电子商务 101”的学生信息。

12. 查询 student 表中张姓男同学的信息。

13. 查询 student 表中不在 1993 年出生的学生的信息。

14. 查询 student 表,并按学生出生日期升序排序。

15. 查询 elective 表中选修了“c001”课程的学生学号信息,并按分数降序排序。

16. 查询 elective 表中没有成绩的学生的信息。

17. 查询 elective 表中前三条信息。

18. 查询 elective 表中第三条到第五条记录。

19. 统计 student 表中学生总人数。

20. 分别统计 student 表中男女生的人数。

21. 查询 elective 表,统计选修了"c001"课程的学生的平均成绩。

22. 查询 elective 表,统计选修了"c002"课程的学生的总成绩。

23. 查询 elective 表,统计选修了"c003"课程的学生的最高成绩和最低成绩。

24. 统计 elective 表中每个学生所选课程的数目及平均分。

25. 查询 elective 表中每门课程所选学生的人数及最高分。

26. 查询 elective 表中学号为"10101001"的课程的最高分。

27. 对 course 和 teacher 两个表进行交叉查询。

28. 查询学生选课数据库,输出考试不及格学生的学号、姓名、课程号及成绩。

29. 查询学生选课数据库,输出成绩大于 80 的学生的学号、姓名、课程名及成绩。

30. 查询选修了"c001"课程的学生的学号、姓名及班级。

31. 查询课程号为"c002"的授课老师信息。

32. 查询选修了课程号为"c003"的学生班级信息。

33. (使用外连接)查询学生选课数据库,输出所有教师所教授的课程信息,没有教授课程的教师也要列出。

34. (使用自连接)查询和学号"11101002"在同一个班的学生的学号和姓名。

35. 使用子查询查询考试不及格的学生姓名和学号。

36. 使用子查询查询考试不及格的学生姓名、学号及课程名。

课后习题

1. 在 SELECT 语句中,可以使用(   )子句,根据选择列的值对结果集中的数据行进行逻辑分组,以便能汇总表内容的子集,即实现对每个组的聚合计算。

A. LIMIT   B. GROUP BY   C. WHERE   D. ORDER BY

2. 使用空值查询时,表示一个列 RR 不是空值的表达式是(   )。

A. RR IS NULL   B. RR＝NULL

C. RR<>NULL   D. RR IS NOT NULL

3. SELECT * FROM city LIMIT 5,10 描述正确的是(   )。

A. 获取第 6 条到第 10 条记录   B. 获取第 5 条到第 10 条记录

C. 获取第 6 条到第 15 条记录   D. 获取第 5 条到第 15 条记录

4. SQL 语句中的条件用以下哪一项来表达?(   )

A. FOR   B. WHILE   C. WHERE   D. CONDITION

5. 关于 SELECT 语句,以下描述错误的是(　　)。

A. SELECT 语句用于查询一个表或多个表中的数据

B. SELECT 语句属于数据操作语言(DML)

C. SELECT 语句的输出列必须是基于表的列

D. SELECT 语句表示数据库中一组特定的数据记录

6. 在 MySQL 中,可以匹配 0 个到多个字符的通配符是(　　)。

A. *   B. %   C. ?   D. —

7. 若要计算表中数据的平均值,可以使用(　　)。

A. SQRT   B. AVG   C. SQUARE   D. COUNT

8. 以下聚合函数用于求数据和的是(　　)。

A. SUM   B. COUNT   C. MIN   D. ROUND

9. SELECT 语句的完整语法较复杂,但至少包括的部分是(　　)。

A. 仅 SELECT   B. SELECT,GROUP

C. SELECT,FROM   D. SELECT,INTO

10. (　　)不属于连接种类。

A. 左外连接   B. 内连接   C. 交叉连接   D. 中间连接

11. 按照姓名降序排列的语句是(　　)。

A. ORDER BY DESC NAME   B. ORDER BY NAME DESC

C. ORDER BY NAME ASC   D. ORDER BY ASC NAME

12. 在 SELECT 语句中,使用关键字(　　)可以屏蔽重复行。

A. DISTINCT   B. ALL   C. UNION   D. TOP

13. "SELECT COUNT(SAL) FROM EMP GROUP BY DEPTNO;"语句的意思是(　　)。

A. 求每个部门中的工资   B. 求每个部门中工资的大小

C. 求每个部门中工资的总和   D. 求每个部门中工资的个数

14. 从 GROUP BY 分组的结果集中再次用条件表达式进行筛选的子句是(　　)。

A. FROM   B. ORDER BY   C. HAVING   D. WHERE

15. 以下语句不正确的是(　　)。

A. SELECT * FROM emp ORDER deptno;

B. SELECT ename,hiredate,sal FROM emp;

C. SELECT * FROM emp;

D. SELECT * FROM emp WHERE deptno=1 AND sal<300;

项目六 索 引

【教学目标】

◇ 了解索引的概念和使用原则。

◇ 掌握索引的创建、查看、删除等基本操作。

◇ 了解索引在优化数据查询中所起的作用。

【思政目标】

◇ 通过学习索引的概念、优缺点及其使用原则,学生能够认识到索引的合理使用至关重要,过度或不足都无法达到优化效果。引导学生理解"适度"的重要性,并将这一道理延伸到生活和工作中,认识到任何事物都需要科学规划、适当把握,避免极端做法,从而培养理性思维和实际操作中的平衡意识。

任务一 了解索引

【任务描述】

在现实生活中,为了使读者方便快速地在书籍中找到想看的内容,都会在书籍的开始添加目录,读者可根据目录的内容与指定的页码快速定位到要查看的内容。那么在数据库中,为了快速在大量数据中找到指定数据,可以使用 MySQL 提供的索引功能。索引提供的指针指向存储在表中指定列的数据值,再根据指定的排序次序排列这些指针。数据库使用索引的方式跟书籍使用目录很相似。本任务将介绍索引的概念、优缺点、分类及其作用,让学习者初步了解索引。

【任务分析】

通过对索引的概念、优缺点、分类及其作用的讲解,帮助学习者了解索引,为接下来的学习打下基础。

● **【任务实施】**

1. 索引的概念

索引是数据库管理系统中为加速数据检索而创建的一种存储结构。它通过对数据库表中的一个或多个列进行排序,建立一个快速查找的机制,类似于书籍的目录,使数据库在执行查询操作时可以迅速定位到所需的数据,而无须扫描整个表。

在数据库中,索引由两部分组成:键值和指针。键值是基于被索引的字段生成的,用于排序;指针则指向表中实际存储数据的位置。通过这种结构,查询操作能够根据索引中的键值快速找到相应的数据,提高检索效率。

索引能够显著提升查询性能,尤其在处理大量数据时优势更加明显。然而,索引的创建和维护需要占用额外的存储空间,并且在进行数据插入、更新或删除时,索引也需要同步更新,这会对写入性能产生一定影响。因此,在实际应用中,我们需要合理设计和使用索引,才能在性能和资源消耗之间取得平衡。

2. 索引的优缺点

1) 索引的优点

(1) 加快数据检索速度:索引能够显著提高数据库的查询效率,尤其是当表中的数据量较大时,通过索引可以直接定位数据,避免全表扫描,从而大大缩短了检索时间。

(2) 提升排序和分组效率:在执行 ORDER BY 和 GROUP BY 操作时,索引可以帮助快速找到数据并进行排序或分组,从而优化这些操作的性能。

(3) 加速连接操作:在执行表与表之间的连接(JOIN)操作时,索引能够帮助快速找到相关联的行,从而提升连接操作的执行效率。

(4) 提升唯一性约束的检查效率:索引可以用于强制实施唯一性约束(如主键和唯一键),使得在插入和更新数据时,快速检查是否有重复的值。

2) 索引的缺点

(1) 增加存储空间的开销:每个索引都需要占用额外的存储空间,特别是在建立多个索引时,可能会显著增加数据库的存储需求。

(2) 降低数据修改操作的性能:在进行 INSERT、UPDATE 或 DELETE 操作时,由于索引需要同步更新,这会增加数据写入的开销,导致这些操作的性能下降。

(3) 索引创建和维护的开销:索引在创建、维护和重新构建时,会占用系统资源并影响数据库性能,尤其是在对大表进行操作时,维护索引可能变得十分耗时。

(4) 不适合频繁更新的字段:对于频繁变动的字段,索引的维护成本较高,因为每次字段更新时都需要重新调整索引,所以对这些字段创建索引可能会适得其反。

3. 索引的分类及其作用

根据索引实现语法分类,MySQL 常见的索引有以下几种。

1）普通索引

普通索引是 MySQL 的基本索引类型，使用 KEY 或 INDEX 定义，不需要添加任何限制条件。它的唯一任务是加快对数据的访问速度。

2）唯一性索引

唯一性索引是用 UNIQUE 定义的索引，该索引所在字段的值必须唯一。主键是由 PRIMARY KEY 定义的一种特殊的唯一性索引，要求每个值非空且唯一。若在一个字段中创建了唯一性约束，则系统将自动创建该字段的唯一性索引。

3）全文索引

全文索引是用 FULLTEXT 定义的索引，只能创建在 CHAR、VARCHAR、TEXT 等字符串类型的字段上，只有 MyISAM 存储引擎支持全文索引。查询数据量较大的字符串类型的字段时，使用全文索引可以提高查询速度。

4）空间索引

空间索引是用 SPATIAL 定义的索引，只能创建在空间数据类型的字段上。MySQL 中的空间数据类型有 4 种：GEOMETRY、POINT、LINESTRING 和 POLYGON。创建空间索引的字段必须将其声明为 NOT NULL。

MySQL 的索引还可以根据字段个数分为以下几种。

1）单列索引

单列索引是只对应一个字段的索引，可以是普通、唯一或者全文索引。

2）多列索引

多列索引是在表中多个字段上创建索引，要想应用该索引，查询条件中必须使用这些字段中的第一个字段。

4. 索引的使用原则

索引在使用时虽然可以提高查询速度，降低服务器的负载，但索引的使用也会占用物理空间，给数据维护带来麻烦。同时，在创建和维护索引时，消耗的时间会随着数据量的增加而增长。因此，索引的使用还需要遵循一些基本原则。

1）查询条件中频繁使用的字段适合建立索引

建立索引的目的就是为了快速定位指定数据的位置，所以在创建索引时，要选择会在 WHERE 子句、GROUP BY 子句、ORDER BY 子句或表与表之间连接时频繁使用的字段。

2）数字型的字段适合建立索引

建立索引的字段类型也会影响查询和连接的性能。例如，数字型字段与字符串字段在处理时，前者仅需比较一次就可以了，后者则需逐个比较字符串中的每一个字符。因此，与数字型字段相比，字符串字段的执行时间更长，复杂程度也更高。在开发时，一般建议尽可能地选择数字类型的字段建立索引。

3）存储空间较小的字段适合建立索引

MySQL 中适用于存储数据的对应类型有多种选择，对于建立索引的字段来说，占用存储空间越小越合适。例如,存储大量文本信息的 TEXT 类型与存储指定长度字符串的 CHAR 类型相比,显然 CHAR 类型更有利于提高检索效率。

4)重复值较高的字段不适合建立索引

在建立索引时,如果字段中保存的数据重复值较高,即使该字段(如性别字段)在查询时会被频繁使用,此时也不适合建立索引。以 InnoDB 为例,非主键索引在查询时,都需要先获取其对应的聚簇索引后才能完成数据的检索。因此,当重复值较高时,需要重复获取相同聚簇索引,导致检索数据的次数也会急剧增多,影响查询效率。开发时一般不建议在重复值较高的字段上建立索引。

5)更新频繁的字段不适合建立索引

对于建立索引的字段,为了保证索引数据的准确性,数据更新时需同步更新索引。所以,当字段被频繁更新时会造成 I/O 访问量增加,从而影响系统的资源消耗,加重了存储的负载。

● 【任务总结】

本任务主要讲解了索引的概念、优缺点、分类以及使用原则。索引需要维护,并占用一定的资源,因此必须科学合理地使用才能发挥其应有的效果。在使用索引的过程中还需注意两点:第一,WHERE 子句中有多个条件表达式时,包含索引列的表达式应置于其他条件表达式之前;第二,根据业务数据的发生频率,应定期重新生成或组织索引,进行碎片整理。

任务二　索引的基本操作

● 【任务描述】

通过任务一我们初步了解了索引。在本任务中,我们将针对索引的创建、查看及删除等操作进行详细讲解。

● 【任务分析】

通过在不同条件下创建索引及验证索引的作用,让学生灵活掌握索引的创建方法,进一步了解索引的作用。

● 【任务实施】

1. 创建索引

1)在建立数据表时创建索引

语法格式如下:

```
CREATE TABLE table_name(
属性名 1 数据类型[约束条件],
属性名 2 数据类型[约束条件],
…
[UNIQUE | FULLTEXT | SPATIAL ] INDEX 索引名 (字段名 [(长度)][ASC | DESC])
);
```

说明：

UNIQUE：该选项表示创建唯一性索引，在索引列中不能有相同的列值存在。

FULLTEXT：该选项表示创建全文索引。

SPATIAL：该选项表示创建空间索引。

索引名：该选项表示创建索引的名称。若不指定此选项，则默认使用创建索引的字段名作为该索引的名称。

长度：该选项指定字段中用于创建索引的长度。若不指定此选项，则默认使用整个字段内容创建索引。

ASC|DESC：该选项表示创建索引时的排序方式。其中 ASC 为升序排列，DESC 为降序排列，默认为升序排列。

例6.1 在建表时创建索引，并验证索引的作用。

（1）根据以下表结构创建表 goods2，并在 g_name 字段上创建索引。

```
+-------------+--------------+------+-----+---------+----------------+
| Field       | Type         | Null | Key | Default | Extra          |
+-------------+--------------+------+-----+---------+----------------+
| g_id        | int(11)      | NO   | PRI | NULL    | auto_increment |
| g_name      | varchar(30)  | NO   | MUL | NULL    |                |
| unit_price  | decimal(8,2) | YES  |     | NULL    |                |
| g_qty       | int(11)      | YES  |     | NULL    |                |
+-------------+--------------+------+-----+---------+----------------+
```

```
create table goods2(

g_id int not null primary key auto_increment,

g_name varchar(30) not null,

unit_price decimal(8,2),

g_qty int,

index(g_name)

);
```

执行结果如图 6-1 所示。

```
mysql> create table goods2(
    -> g_id int not null primary key auto_increment,
    -> g_name varchar(30) not null,
    -> unit_price decimal(8,2),
    -> g_qty int,
    -> index(g_name)
    -> );
Query OK, 0 rows affected (0.04 sec)
```

图 6-1　例 6.1(1)执行结果

（2）将 goods 表的对应数据复制到 goods2 中。

```
insert into goods2 select g_id,g_name,unit_price,g_qty from goods;
```

执行结果如图 6-2 所示。

```
mysql> insert into goods2 select g_id,g_name,unit_price,g_qty from goods;
Query OK, 30 rows affected (0.01 sec)
Records: 30  Duplicates: 0  Warnings: 0
```

图 6-2 例 6.1(2)执行结果

（3）验证索引的作用：在 goods2 和 goods 中查询名称为"防火服"的物资信息。

```
select *  from goods2 where g_name= '防火服';
desc select * from goods2 where g_name= '防火服';
desc select * from goods where g_name= '防火服';
```

执行结果如图 6-3 所示。

```
mysql> select * from goods2 where g_name='防火服';
+------+--------+------------+-------+
| g_id | g_name | unit_price | g_qty |
+------+--------+------------+-------+
|    2 | 防火服  |     450.00 |   200 |
+------+--------+------------+-------+
1 row in set (0.01 sec)
mysql> desc select * from goods2 where g_name='防火服';
+----+-------------+--------+------------+------+---------------+--------+---------+-------+------+----------+-------+
| id | select_type | table  | partitions | type | possible_keys | key    | key_len | ref   | rows | filtered | Extra |
+----+-------------+--------+------------+------+---------------+--------+---------+-------+------+----------+-------+
|  1 | SIMPLE      | goods2 | NULL       | ref  | g_name        | g_name | 122     | const |    1 |   100.00 | NULL  |
+----+-------------+--------+------------+------+---------------+--------+---------+-------+------+----------+-------+
1 row in set, 1 warning (0.00 sec)
mysql> desc select * from goods where g_name='防火服';
+----+-------------+-------+------------+------+---------------+------+---------+------+------+----------+-------------+
| id | select_type | table | partitions | type | possible_keys | key  | key_len | ref  | rows | filtered | Extra       |
+----+-------------+-------+------------+------+---------------+------+---------+------+------+----------+-------------+
|  1 | SIMPLE      | goods | NULL       | ALL  | NULL          | NULL | NULL    | NULL |   30 |    10.00 | Using where |
+----+-------------+-------+------------+------+---------------+------+---------+------+------+----------+-------------+
1 row in set, 1 warning (0.00 sec)
```

图 6-3 例 6.1(3)执行结果

执行结果表明，在 goods2 中查询"防火服"信息使用了索引 g_name，而在 goods 表中查询没有使用索引。通过对比查询优化器并结合统计信息估算需要读取的行数，使用了索引时仅读取了 1 行，没有使用索引时读取了 30 行（相当于进行了整表扫描）。由此可见，索引能够在一定程度上提高查询效率。

（4）查询以"服"结尾和"棉"开头的物资信息。

```
desc select * from goods2 where g_name like '%服';
desc select * from goods2 where g_name like '棉%';
```

执行结果如图 6-4 所示。

```
mysql> desc select * from goods2 where g_name like '%服';
+----+-------------+--------+------------+------+---------------+------+---------+------+------+----------+-------------+
| id | select_type | table  | partitions | type | possible_keys | key  | key_len | ref  | rows | filtered | Extra       |
+----+-------------+--------+------------+------+---------------+------+---------+------+------+----------+-------------+
|  1 | SIMPLE      | goods2 | NULL       | ALL  | NULL          | NULL | NULL    | NULL |   30 |    11.11 | Using where |
+----+-------------+--------+------------+------+---------------+------+---------+------+------+----------+-------------+
1 row in set, 1 warning (0.00 sec)
mysql> desc select * from goods2 where g_name like '棉%';
+----+-------------+--------+------------+-------+---------------+--------+---------+------+------+----------+-----------------------+
| id | select_type | table  | partitions | type  | possible_keys | key    | key_len | ref  | rows | filtered | Extra                 |
+----+-------------+--------+------------+-------+---------------+--------+---------+------+------+----------+-----------------------+
|  1 | SIMPLE      | goods2 | NULL       | range | g_name        | g_name | 122     | NULL |    2 |   100.00 | Using index condition |
+----+-------------+--------+------------+-------+---------------+--------+---------+------+------+----------+-----------------------+
1 row in set, 1 warning (0.00 sec)
```

图 6-4 例 6.1(4)执行结果

执行结果表明,无论是以"服"结尾还是以"棉"开头的物资信息,均与已创建索引的字段 g_name 相关。但以"服"结尾的查询未使用索引,执行了整表扫描;而以"棉"开头的查询则成功使用了索引。由此可见并不是为一个字段创建了索引就一定能提高查询效率,还要关注查询条件的表达方式。在此指出,当使用 LIKE 操作符匹配字符串时,如果匹配模式的第一个字符为百分号"%",索引不起作用;如果"%"所在匹配字符串中的位置不是第一位,则索引会被正常使用。

2)在已建立的数据表中创建索引

语法格式如下:

CREATE［UNIQUE | FULLTEXT |SPATIAL］INDEX 索引名 ON table_name(字段名［(长度)］［ASC | DESC]);

例 6.2 在 goods 表的 g_name 字段上建立普通索引。

相应的 SQL 语句如下:

CREATE INDEX ix_gname ON goods(g_name);

执行结果如图 6-5 所示。

```
mysql> CREATE INDEX ix_gname ON goods(g_name);
Query OK, 0 rows affected (0.04 sec)
Records: 0  Duplicates: 0  Warnings: 0
```

图 6-5　例 6.2 执行结果

show create table goods\G

执行 SHOW CREATE TABLE 语句,可以通过数据表的定义信息查看索引创建的状态,如图 6-6 所示。

```
mysql> show create table goods\G
*********************** 1. row ***********************
       Table: goods
Create Table: CREATE TABLE 'goods' (
  'g_id' int(11) NOT NULL AUTO_INCREMENT,
  'g_name' varchar(30) NOT NULL,
  's_id' int(11) NOT NULL,
  'type_id' int(11) DEFAULT NULL,
  'unit_price' decimal(8,2) DEFAULT NULL,
  'g_qty' int(11) DEFAULT '0',
  'goods_memo' varchar(200) DEFAULT NULL,
  PRIMARY KEY ('g_id'),
  KEY 's_id' ('s_id'),
  KEY 'ix_gname' ('g_name'),
  CONSTRAINT 'goods_ibfk_1' FOREIGN KEY ('s_id') REFERENCES 'supplier' ('s_id')
) ENGINE=InnoDB AUTO_INCREMENT=31 DEFAULT CHARSET=utf8mb4
1 row in set (0.00 sec)
```

图 6-6　例 6.2 显示创建表信息

3)通过修改数据表结构创建索引

语法格式如下:

ALTER TABLE 表名 ADD［UNIQUE|FULLTEXT|SPATIAL］INDEX 索引名(字段名［(长度)］［ASC|DESC]);

例 6.3　为数据表 goods 的 unit_price 字段创建索引，并查看该表的创建信息。

相应的 SQL 语句如下：

```
alter table goods add index ix_price(unit_price);
show create table goods\G
```

执行 SHOW CREATE TABLE 语句，可以通过数据库的定义信息查看索引修改的状态，如图 6-7 所示。

```
mysql> alter table goods add index ix_price(unit_price);
Query OK, 0 rows affected (0.04 sec)
Records: 0  Duplicates: 0  Warnings: 0

mysql> show create table goods\G
*************************** 1. row ***************************
       Table: goods
Create Table: CREATE TABLE 'goods' (
  'g_id' int(11) NOT NULL AUTO_INCREMENT,
  'g_name' varchar(30) NOT NULL,
  's_id' int(11) NOT NULL,
  'type_id' int(11) DEFAULT NULL,
  'unit_price' decimal(8,2) DEFAULT NULL,
  'g_qty' int(11) DEFAULT '0',
  'goods_memo' varchar(200) DEFAULT NULL,
  PRIMARY KEY ('g_id'),
  KEY 's_id' ('s_id'),
  KEY 'ix_gname' ('g_name'),
  KEY 'ix_price' ('unit_price'),
  CONSTRAINT 'goods_ibfk_1' FOREIGN KEY ('s_id') REFERENCES 'supplier' ('s_id')
) ENGINE=InnoDB AUTO_INCREMENT=31 DEFAULT CHARSET=utf8mb4
1 row in set (0.00 sec)
```

图 6-7　例 6.3 执行结果

2. 查看索引

由前面的学习可知，通过 SHOW CREATE TABLE 语句可以在数据表定义信息中查看索引名、索引是否存在等信息，而通过 SHOW INDEX FROM 语句则可以查看一个数据表所有索引的详细信息。

语法格式如下：

```
SHOW INDEX FROM 表名;
```

例 6.4　使用 SHOW INDEX FROM 语句查看 goods 表的索引信息。

相应的 SQL 语句如下：

```
show index from goods;
```

执行结果如图 6-8 所示。

```
mysql> show index from goods;
```

Table	Non_unique	Key_name	Seq_in_index	Column_name	Collation	Cardinality	Sub_part	Packed	Null	Index_type	Comment	Index_comment
goods	0	PRIMARY	1	g_id	A	30	NULL	NULL		BTREE		
goods	1	s_id	1	s_id	A	6	NULL	NULL		BTREE		
goods	1	ix_gname	1	g_name	A	30	NULL	NULL		BTREE		
goods	1	ix_price	1	unit_price	A	23	NULL	NULL	YES	BTREE		

```
4 rows in set (0.01 sec)
```

图 6-8　例 6.4 执行结果

执行结果显示该表中有 4 个索引,表中各字段具体说明如下。

Table:表示建立索引的表名。

Non_unique:表示索引是否包含重复值,不能包含为 0,否则为 1。

Key_name:表示索引的名称,当该值为 PRIMARY 时,则为主键索引。

Seq_in_ index:表示索引的序列号,从 1 开始。

Column_name:表示建立索引的列名称。

Collation:表示列以什么方式存储在索引中,值为 A(升序)或 Null(无分类)。

Cardinality:表示索引中唯一值的数目的估计值。其基数根据被存储为整数的统计数据来计数,该估计值越大,MySQL 在进行联合查询时使用该索引的机会就越大。

Sub_part:表示如果只有部分列被编入索引,则为被编入索引的字符的数目。如果整列被编入索引,则为 Null。

Packed:表示关键字如何被压缩。如果没有被压缩,则为 Null。

Null:表示如果列含有 Null,则为 YES;如果没有,则该列为 NO。

Index_type:表示索引类型。

Comment:表示注释。

Index_comment:索引的注释信息。

3. 删除索引

当我们不再需要数据库中已经创建的索引,应及时删除,以避免占用系统资源,影响数据库的性能。删除索引的方法有以下两种。

1) 使用 ALTER TABLE 语句删除索引

语法格式如下:

```
ALTER TABLE 表名 DROP INDEX 索引名;
```

例 6.5 删除 goods 表中的索引 ix_price。

相应的 SQL 语句如下:

```
alter table goods drop index ix_price;
```

执行结果如图 6-9 所示。

```
mysql> alter table goods drop index ix_price;
Query OK, 0 rows affected (0.02 sec)
Records: 0  Duplicates: 0  Warnings: 0
```

图 6-9 例 6.5 执行结果

索引删除后,可通过 SHOW CREATE TABLE 或 SHOW INDEX FROM 语句查看删除后的结果。

2) 使用 DROP INDEX 语句删除索引

语法格式如下:

```
DROP INDEX 索引名 ON 表名;
```

例 6.6 删除 goods 表中的索引 ix_gname。

相应的 SQL 语句如下：

```
drop index ix_gname on goods;
```

执行结果如图 6-10 所示。

```
mysql> drop index ix_gname on goods;
Query OK, 0 rows affected (0.03 sec)
Records: 0  Duplicates: 0  Warnings: 0
```

图 6-10　例 6.6 执行结果

● **【任务总结】**

本任务主要讲解了索引的创建、查看与删除，同时检验了索引在查询中发挥的作用。值得注意的是，在模糊查询中通配符的使用方式会影响索引的效果。

拓展训练

在学生选课数据库 xsxk 中完成以下操作。

1. 为选课信息表 elective 的 score 字段添加普通索引 ix_score，降序排。

2. 对 student 表的 sname 字段创建名称为 stu_sname 的普通索引。

3. 创建 elective2 表，表结构与 elective 表相同，在学号 sno 和课程号 cno 字段上建立多列索引。

4. 查看 student 表的索引信息。

5. 删除 elective 表的索引 ix_score。

课后习题

1. 为数据表创建索引的目的是(　　)。

A. 提高查询的检索性能　　　　　　　　B. 归类

C. 创建唯一性索引　　　　　　　　　　D. 创建主键

2. UNIQUE 唯一性索引的作用是(　　)。

A. 保证各行在该索引上的值都不得重复

B. 保证各行在该索引上的值不得为 NULL

C. 保证参加唯一性索引的各列，不得再参加其他唯一性索引

D. 保证唯一性索引不能被删除

3. 下列选项中，用于定义唯一性索引的是(　　)。

A. 由 KEY 定义的索引   B. 由 UNION 定义的索引

C. 由 UNIQUE 定义的索引   D. 由 INDEX 定义的索引

4. MySQL 中唯一性索引的关键字是（　　）。

A. FULLTEXT INDEX   B. ONLY INDEX

C. UNIQUE INDEX   D. INDEX

5. 下列不能用于创建索引的是（　　）。

A. 使用 CREATE INDEX 语句   B. 使用 CREATE TABLE 语句

C. 使用 ALTER TABLE 语句   D. 使用 CREATE DATABASE 语句

6. 索引可以提高哪一种操作的效率？（　　）

A. INSERT   B. UPDATE   C. DELETE   D. SELECT

7. 下列不适合建立索引的情况是（　　）。

A. 经常被查询的列   B. 主键或外键的列

C. 具有唯一值的列   D. 包含太多重复值的列

项目七 视 图

◇ 了解视图的概念和作用。
◇ 掌握视图的创建、查看、修改和删除操作。
◇ 掌握视图的数据更新操作。

【思政目标】

◇ 通过介绍视图的原理,帮助学生理解不同的需求和权限看到的数据是不一样的,同一个事物以不同角度和高度去看会呈现出不同的面貌。我们需要用动态发展的眼光多维度地看待事物,不以偏概全,尽可能突破局限。同时要求学生能够筛选和辨别复杂信息,掌握核心的思想政治观点,避免被杂乱的信息误导。

任务一 了解视图的概念和作用

●【任务描述】

在前面的学习中,我们操作的数据表都是真实存在的表,而视图是一种虚拟表,它的结构和真实表一样,都是二维表。在学习视图的相关操作之前,我们需要先了解视图是什么,视图有什么用。

●【任务分析】

通过概念的解读,理解视图的概念和作用。

●【任务实施】

1. 视图的概念

视图是一个虚拟表,是从数据库中一个或多个表中导出来的表,它的表结构和数据都依赖于基本表,其内容由查询语句来定义。视图只存放视图的定义,并不存放所显示的数据,这些数据存放在相关基本表中。当视图被使用时,数据动态生成并随基本表的变化而变化。视图定义后,可以像操作基本表一样进行查询、添加、修改和删除操作。但在查询视图时,SELECT 语句中的字段列表和 WHERE 等子句中的字段,只能使用创建视图时定义的字段,基本表中其他字段则无法通过该视图查询。

2. 视图的作用

视图的作用主要集中在以下几个方面。

1)定制数据

视图在数据库的三级模式中对应的是外模式。视图能够实现让不同的用户以不同的方式看到不同或相同的数据集,满足不同水平用户的需求与权限。

2)简化数据相关操作

视图实现了"所见即所需",简化了查询语句和用户的查询操作,使查询过程更加快捷。日常开发中我们可以将经常使用的查询定义为视图,从而避免大量重复的操作,同时可以隐藏源数据表的复杂性。

3)安全性保证

通过视图可以更方便地进行权限控制,使特定用户只能查看和修改他们所能看到的数据,其他数据库或表既不可见也不可访问。例如,一个员工信息表可以用视图只显示姓名、工龄、地址等基本信息,而不显示身份证号和工资等敏感信息。

4)逻辑数据独立性

视图可以帮助用户屏蔽真实表结构变化带来的影响。例如,当其他应用程序查询数据时,若直接查询数据表,一旦表结构发生变化,查询的 SQL 语句就会发生变化,应用程序也必须随之更改。但若为应用程序提供视图,修改表结构后只需修改视图对应的 SELECT 语句,无须更改应用程序。也就是说,视图可以使应用程序和数据库表在一定程度上独立。如果没有视图,程序一定是建立在表上,有了视图后程序可以建立在视图上,从而使程序和数据表被视图分割开来。

● 【任务总结】

本任务主要讲解了视图的概念与作用。视图作为一个基于真实数据表的虚拟表,在数据定制和数据安全维护方面起着重要的作用。

任务二 视图的操作

● 【任务描述】

上一个任务我们了解了视图的概念和作用,在本任务中我们将针对视图的创建、查看、修改及删除等操作进行详细讲解。

【任务分析】

在进行视图的基本操作前,可查看该用户是否有相关权限。基于应急物资管理系统的基本表,根据需要创建对应的视图,通过这些视图完成查看、修改、删除等操作的学习。

【任务实施】

1. 查看用户创建视图的权限

语法格式如下:

```
SELECT select_priv,create_view_priv FROM mysql.user WHERE user= '用户名';
```

例 7.1 查看 root 用户创建视图的权限。

相应的 SQL 语句如下:

```
select select_priv,create_view_priv from mysql.user where user='root';
```

执行后结果如图 7-1 所示。

```
mysql> select select_priv,create_view_priv from mysql.user where user='root';
+-------------+------------------+
| select_priv | create_view_priv |
+-------------+------------------+
| Y           | Y                |
+-------------+------------------+
1 row in set (0.01 sec)
```

图 7-1 例 7.1 查询结果

例 7.2 查询所有用户有关视图的权限。

相应的 SQL 语句如下:

```
select user,host,select_priv,show_view_priv,create_view_priv from mysql.user;
```

执行后结果如图 7-2 所示。

```
mysql> select user,host,select_priv,show_view_priv,create_view_priv from mysql.user;
+---------------+-----------+-------------+----------------+------------------+
| user          | host      | select_priv | show_view_priv | create_view_priv |
+---------------+-----------+-------------+----------------+------------------+
| root          | localhost | Y           | Y              | Y                |
| mysql.session | localhost | N           | N              | N                |
| mysql.sys     | localhost | N           | N              | N                |
+---------------+-----------+-------------+----------------+------------------+
3 rows in set (0.00 sec)
```

图 7-2 例 7.2 查询结果

2. 创建视图

创建视图使用 CREATE VIEW 语句,语法格式如下:

```
CREATE [OR REPLACE] [ALGORITHM = {UNDEFINED | MERGE |TEMPTABLE}]
[DEFINER= { user | CURRENT_USER }]
[SQL SECURITY { DEFINER | INVOKER }]
VIEW 视图名[(列名列表)]
```

AS select 语句

［WITH［CASCADED | LOCAL］CHECK OPTION］;

从上述语法格式可以看出,创建视图的语句是由多条子句构成的。下面对语法格式中的每个部分进行解释,具体如下。

CREATE:表示创建视图的关键字。

OR REPLACE:可选,如有同名视图则替换为新的视图。

ALGORITHM:可选,表示视图算法,会影响查询语句的解析方式。它的取值有以下三个,一般情况下使用默认即可。

● UNDEFINED(默认):由 MySQL 自动选择算法。

● MERGE:将查询语句和查询视图时的 SELECT 语句合并起来查询。

● TEMPTABLE:先将查询语句的查询结果存入临时表,然后用临时表进行查询。

DEFINER:可选,表示定义视图的用户,与安全控制有关,默认为当前用户。

SQL SECURITY:可选,用于视图的安全控制,它的取值有以下两个。

● DEFINER(默认):由定义者指定的用户的权限来执行。

● INVOKER:由调用视图的用户的权限来执行。

视图名:表示要创建的视图名称。

列名列表:可选,表示列名列表,用于指定视图中的各个列的名称。如果不指定,则与SELECT 语句查询的列相同。

AS:表示视图要执行的操作。

select 语句:一个完整的查询语句,表示从某些表或视图中查询满足条件的记录,并将这些记录导入视图中。

WITH CHECK OPTION:可选,用于指定视图数据操作时的检查条件。若省略此子句,则不进行检查。它的取值有以下两个。

● CASCADED(默认):操作数据时,要满足所有相关视图和表定义的条件。例如,当在一个视图的基础上创建另一个视图时,进行级联检查。

● LOCAL:操作数据时,满足该视图本身定义的条件即可。

在对算法、定义者和安全控制没有要求的情况下,也就是相关参数采用默认值时,我们可以把创建视图的语法简化为

CREATE［OR REPLACE］VIEW 视图名［(列名列表)］

AS SELECT 语句

［WITH［CASCADED|LOCAL］CHECK OPTION］;

注意:

(1) 在默认情况下,新创建的视图会保存在当前选择的数据库中。若要明确指定在某个数据库中创建视图,在创建时应将名称指定为"数据库名. 视图名"。

(2) 在 SHOW TABLES 的查询结果中会包含已经创建的视图。

（3）创建视图要求用户具有 CREATE VIEW 权限，以及查询涉及的列的 SELECT 权限。如果还有 OR REPLACE 子句，则必须具有视图的 DROP 权限。

（4）在同一个数据库中，视图名称和已经存在的表名称不能相同。为了区分，建议在命名时添加"view_"前缀或"_view"后缀。

（5）视图创建后，MySQL 就会在数据库目录中创建一个以"视图名. frm"命名的文件。

例 7.3 创建物资表 goods 的视图 v_goods，使用它来查询物资编号、物资名称、单价、数量。

相应的 SQL 语句如下：

```
create view v_goods
as
select g_id,g_name,unit_price,g_qty from goods;
```

执行后结果如图 7-3 所示。

```
mysql> create view v_goods
    -> as
    -> select g_id,g_name,unit_price,g_qty from goods;
Query OK, 0 rows affected (0.01 sec)
```

图 7-3 例 7.3 查询结果

视图创建好后，可通过 SHOW TABLES 语句查看，可在列表中看到刚刚创建的视图，如图 7-4 所示。

同时可以像查询真实的表一样，通过 SELECT 语句查询视图的数据。

```
select * from v_goods where g_qty>=1000;
```

执行后结果如图 7-5 所示。

```
mysql> show tables;
+----------------+
| Tables_in_wzgl |
+----------------+
| goods          |
| goods_in       |
| goods_out      |
| goods_type     |
| operator       |
| supplier       |
| v_goods        |
+----------------+
```

图 7-4 例 7.3 测试结果 1

```
mysql> select * from v_goods where g_qty>=1000;
+------+-----------+------------+-------+
| g_id | g_name    | unit_price | g_qty |
+------+-----------+------------+-------+
|   15 | 瓶装水    |       1.50 |  1000 |
|   16 | 压缩饼干  |      32.00 |  1000 |
|   17 | 水果罐头  |      50.00 |  1000 |
|   30 | 口罩      |      10.00 |  1000 |
+------+-----------+------------+-------+
4 rows in set (0.00 sec)
```

图 7-5 例 7.3 测试结果 2

例 7.4 创建物资表 goods 的视图 v_goods2，显示物资编号、物资名称、供应商名称。

相应的 SQL 语句如下：

```
create view v_goods2(物资编号,物资名称,供应商名称)
as
select goods.g_id,g_name,s_name from goods,supplier where goods.s_id=supplier.s_id;
```

执行后结果如图 7-6 所示。

```
mysql> create view v_goods2(物资编号,物资名称,供应商名称)
    -> as
    -> select goods.g_id,g_name,s_name from goods,supplier where goods.s_id=supplier.s_id;
Query OK, 0 rows affected (0.01 sec)
```

图 7-6　例 7.4 查询结果

例 7.5　创建物资表 goods 的视图 v_goods4,显示库存数量大于或等于 500 的物资记录,再基于这个视图创建显示库存数量小于 1000 记录的视图 v_goods5。

相应的 SQL 语句如下:

```
create view v_goods4
as
select * from goods where g_qty>=500;
create view v_goods5
as
select * from v_goods4 where g_qty<1000;
```

执行后结果如图 7-7 所示。

```
mysql> create view v_goods4
    -> as
    -> select * from goods where g_qty>=500;
Query OK, 0 rows affected (0.01 sec)

mysql>
mysql> create view v_goods5
    -> as
    -> select * from v_goods4 where g_qty<1000;
Query OK, 0 rows affected (0.00 sec)
```

图 7-7　例 7.5 查询结果

3. 查看视图

查看视图是指查看数据库中已经存在的视图的结构、定义或者状态信息。

1) 查看视图的结构

如同真实的表一样,我们也可以查看视图的结构,即字段信息。

语法格式如下:

```
DESCRIBE | DESC 视图名;
```

例 7.6　查看视图 v_goods 和 v_goods2 的结构信息。

相应的 SQL 语句如下:

```
desc v_goods;
desc v_goods2;
```

执行后结果如图 7-8 所示。

图 7-8 例 7.6 执行结果

注意:视图结构中显示的字段名称与创建视图时定义的列名列表有关。如果没有定义列名列表,则字段名称保持与原表一致。查询视图时,SELECT 语句中的字段应使用视图创建时定义的列名。

2)查看视图的创建信息

语法格式如下:

```
SHOW CREATE VIEW 视图名;
```

例 7.7 查看视图 v_goods 的创建信息。

相应的 SQL 语句如下:

```
show create view v_goods\G
```

执行后结果如图 7-9 所示。

图 7-9 例 7.7 执行结果

3)查看视图的状态信息

MySQL 提供的 SHOW TABLE STATUS 语句不仅可以查看真实数据表的状态信息,还可以查看虚拟表(视图)的状态信息。

语法格式如下:

```
SHOW TABLE STATUS [LIKE '视图名'];
```

说明:如果省略了"LIKE '视图名'"的内容,则查看的是当前数据库中所有数据表的状态信息,包括视图。

例 7.8 查看视图 v_goods2 的状态信息,同时查询数据表 goods 的状态信息,将两者的查询结果作比较。

相应的 SQL 语句如下：

```
show table status like 'v_goods2'\G
show table status like 'goods'\G
```

执行后结果如图 7-10 所示。

```
mysql> show table status like 'v_goods2'\G
*************************** 1. row ***************************
           Name: v_goods2
         Engine: NULL
        Version: NULL
     Row_format: NULL
           Rows: NULL
 Avg_row_length: NULL
    Data_length: NULL
Max_data_length: NULL
   Index_length: NULL
      Data_free: NULL
 Auto_increment: NULL
    Create_time: 2025-06-12 08:24:53
    Update_time: NULL
     Check_time: NULL
      Collation: NULL
       Checksum: NULL
 Create_options: NULL
        Comment: VIEW
1 row in set (0.00 sec)

mysql> show table status like 'goods'\G
*************************** 1. row ***************************
           Name: goods
         Engine: InnoDB
        Version: 10
     Row_format: Dynamic
           Rows: 30
 Avg_row_length: 546
    Data_length: 16384
Max_data_length: 0
   Index_length: 16384
      Data_free: 0
 Auto_increment: 31
    Create_time: 2025-04-09 10:31:20
    Update_time: NULL
     Check_time: NULL
      Collation: utf8mb4_0900_ai_ci
       Checksum: NULL
 Create_options:
        Comment:
1 row in set (0.01 sec)
```

图 7-10　例 7.8 执行结果

根据上面的结果可知，视图的状态信息基本都是 NULL，与真实的数据表相比，进一步体现了视图的虚拟表特点。

4. 修改视图

修改视图是指修改数据库中存在的视图的定义。修改视图有使用 CREATE OR RE-PLACE VIEW 或 ALTER VIEW 语句两种方法，一般情况下修改视图的语法可以简化为

```
CREATE OR REPLACE VIEW 视图名[(列名列表)]
AS SELECT 语句
[WITH [CASCADED | LOCAL] CHECK OPTION];
```

或

```
ALTER VIEW 视图名[(列名列表)]
AS SELECT 语句
[WITH [CASCADED | LOCAL] CHECK OPTION];
```

说明:CREATE OR REPLACE VIEW 语句是通过替换已有视图的方法来修改视图,如果该视图不存在,则创建该视图。

例 7.9 修改视图 v_goods,用中文显示各字段名为物资编号、物资名称、单价和数量。

方法一:

```
create or replace view v_goods(物资编号,物资名称,单价,数量)
as
select g_id,g_name,unit_price,g_qty from goods;
```

方法二:

```
alter view v_goods(物资编号,物资名称,单价,数量)
as
select g_id,g_name,unit_price,g_qty from goods;
```

修改视图后,通过 DESC 语句查看视图的字段信息,发现视图已发生变化,执行结果如图 7-11 所示。

```
mysql> create or replace view v_goods(物资编号,物资名称,单价,数量)
    -> as
    -> select g_id,g_name,unit_price,g_qty from goods;
Query OK, 0 rows affected (0.01 sec)

mysql> desc v_goods;
+----------+-------------+------+-----+---------+-------+
| Field    | Type        | Null | Key | Default | Extra |
+----------+-------------+------+-----+---------+-------+
| 物资编号  | int         | NO   |     | 0       |       |
| 物资名称  | varchar(30) | NO   |     | NULL    |       |
| 单价     | decimal(8,2)| YES  |     | NULL    |       |
| 数量     | int         | YES  |     | 0       |       |
+----------+-------------+------+-----+---------+-------+
4 rows in set (0.01 sec)

mysql> alter view v_goods(物资编号,物资名称,单价,数量)
    -> as
    -> select g_id,g_name,unit_price,g_qty from goods;
Query OK, 0 rows affected (0.01 sec)

mysql> desc v_goods;
+----------+-------------+------+-----+---------+-------+
| Field    | Type        | Null | Key | Default | Extra |
+----------+-------------+------+-----+---------+-------+
| 物资编号  | int         | NO   |     | 0       |       |
| 物资名称  | varchar(30) | NO   |     | NULL    |       |
| 单价     | decimal(8,2)| YES  |     | NULL    |       |
| 数量     | int         | YES  |     | 0       |       |
+----------+-------------+------+-----+---------+-------+
4 rows in set (0.00 sec)
```

图 7-11　例 7.9 执行结果

例 7.10 修改视图 v_goods5,为其添加 cascaded 检查条件。

方法一:

```
create or replace view v_goods5
as
select * from v_goods4 where g_qty<1000 with check option;
```

方法二：

```
alter view v_goods5
as
select * from v_goods4 where g_qty<1000 with check option;
```

执行结果如图 7-12 所示。

```
mysql> create or replace view v_goods5
    -> as
    -> select * from v_goods4 where g_qty<1000 with check option;
Query OK, 0 rows affected (0.01 sec)

mysql> alter view v_goods5
    -> as
    -> select * from v_goods4 where g_qty <1000 with check option;
Query OK, 0 rows affected (0.01 sec)
```

图 7-12　例 7.10 执行结果

5. 删除视图

当我们不再需要一个视图时，可将它删除。

语法格式如下：

```
DROP VIEW [IF EXISTS] 视图名;
```

说明：

[IF EXISTS]：可选，判断视图存在时删除，不存在的话也不会报错。

例 7.11　删除视图 v_goods。

相应的 SQL 语句如下：

```
drop view v_goods;
```

删除视图后，通过 SHOW TABLES 语句查看数据表列表，发现视图已不在列表中，说明已顺利删除，执行结果如图 7-13 所示。

```
mysql> drop view v_goods;
Query OK, 0 rows affected (0.01 sec)

mysql> show tables;
+----------------+
| Tables_in_wzgl |
+----------------+
| goods          |
| goods_in       |
| goods_out      |
| goods_type     |
| operator       |
| supplier       |
| v_goods2       |
| v_goods4       |
| v_goods5       |
+----------------+
9 rows in set (0.02 sec)
```

图 7-13　例 7.11 执行结果

观察删除视图后是否对基表有影响,发现视图的删除对相关基本表没有任何影响。

● 【任务总结】

本任务主要讲解了查看用户创建视图的权限、创建视图、查看视图、修改视图和删除视图等视图相关操作。

任务三　视图的数据更新

● 【任务描述】

在前面的学习中,我们知道视图是一个虚拟表,存放的是视图的定义,而它所显示的数据来源于相关的基本表。视图的数据更新就是通过视图来添加、修改或者删除基本表中的数据。

● 【任务分析】

视图不仅可以满足不同需求来呈现基本表的数据,还可以通过更新视图来完成对基本表数据的更新操作。在任务二的基础上,本任务将通过已有的视图完成更新数据操作。

● 【任务实施】

1. 添加数据

使用 INSERT 语句可以通过视图向基本表添加数据,方法与给基本表添加数据相同。

例 7.12　为例 7.5 中创建的视图 v_goods4 插入一条数据,观察视图和基本表的数据变化。

相应的 SQL 语句如下:

```
insert into v_goods4 values(31,'红烧牛肉罐头',4,3,69.90,600,NULL);
```

插入数据后通过 SELECT 语句查询视图发现,该记录显示在列表的最后一行,执行结果如图 7-14 所示。

图 7-14　例 7.12 执行结果 1

通过 SELECT 语句查询对应的基本表 goods 的数据,结果同样在最后一行显示新记录,说明一般情况下可通过操作视图为对应基本表添加数据,如图 7-15 所示。

```
mysql> select * from goods;
+------+--------------+------+---------+------------+-------+------------+
| g_id | g_name       | s_id | type_id | unit_price | g_qty | goods_memo |
+------+--------------+------+---------+------------+-------+------------+
|    1 | 防护衣       |    1 |       1 |      45.00 |   500 | 一次性     |
|    2 | 防火服       |    2 |       1 |     450.00 |   200 | NULL       |
|    3 | 防爆服       |    2 |       1 |  225000.00 |     1 | NULL       |
|    4 | 潜水服       |    1 |       1 |     300.00 |    10 | NULL       |
|    5 | 水下呼吸器   |    2 |       1 |     120.00 |    20 | NULL       |
|    6 | 安全帽       |    2 |       1 |      40.00 |   200 | NULL       |
|    7 | 水靴         |    2 |       1 |      55.00 |   200 | NULL       |
|    8 | 防毒面具     |    1 |       1 |      80.00 |   200 | NULL       |
|    9 | 止血绷带     |    3 |       2 |      32.00 |   200 | NULL       |
|   10 | 救生圈       |    3 |       2 |      50.00 |   200 | NULL       |
|   11 | 保护气垫     |    3 |       2 |    1980.00 |    50 | NULL       |
|   12 | 红外探测器   |    3 |       2 |     360.00 |    50 | NULL       |
|   13 | 氧气瓶       |    3 |       2 |      60.00 |   200 | NULL       |
|   14 | 生命探测仪   |    3 |       2 |    9500.00 |    10 | NULL       |
|   15 | 瓶装水       |    4 |       3 |       1.50 |  1000 | NULL       |
|   16 | 压缩饼干     |    4 |       3 |      32.00 |  1000 | 箱         |
|   17 | 水果罐头     |    4 |       3 |      50.00 |  1000 | 箱         |
|   18 | 帐篷         |    4 |       3 |     150.00 |   200 | NULL       |
|   19 | 棉衣         |    4 |       3 |     100.00 |   500 | NULL       |
|   20 | 棉被         |    4 |       3 |     200.00 |   500 | NULL       |
|   21 | 方便面       |    4 |       3 |      22.00 |   500 | 箱         |
|   22 | 手电         |    5 |       5 |      20.00 |   500 | NULL       |
|   23 | 探照灯       |    5 |       5 |      50.00 |   300 | NULL       |
|   24 | 防水灯       |    5 |       5 |     160.00 |   100 | NULL       |
|   25 | 电钻         |    6 |       4 |     300.00 |   100 | NULL       |
|   26 | 灭火器       |    6 |       4 |     120.00 |   300 | NULL       |
|   27 | 绳索         |    6 |       4 |      20.00 |   200 | NULL       |
|   28 | 警报器       |    6 |       4 |     320.00 |    50 | NULL       |
|   29 | 电锯         |    6 |       4 |     300.00 |    50 | NULL       |
|   30 | 口罩         |    2 |       1 |      10.00 |  1000 | 盒         |
|   31 | 红烧牛肉罐头 |    4 |       3 |      69.90 |   600 | NULL       |
+------+--------------+------+---------+------------+-------+------------+
31 rows in set (0.00 sec)
```

图 7-15　例 7.12 执行结果 2

2. 修改数据

使用 UPDATE 语句可以通过视图修改基本表中的数据。

例 7.13　将例 7.12 中插入的记录"红烧牛肉罐头"的单价从 69.90 修改为 59.90。

相应的 SQL 语句如下：

```
update v_goods4 set unit_price=59.9 where g_name='红烧牛肉罐头';
```

修改数据后通过 SELECT 语句查询视图发现，该记录单价已显示为最新修改的单价，执行结果如图 7-16 所示。

```
mysql> update v_goods4 set unit_price=59.9 where g_name='红烧牛肉罐头';
Query OK, 1 row affected (0.01 sec)
Rows matched: 1  Changed: 1  Warnings: 0

mysql> select * from v_goods4;
+------+--------------+------+---------+------------+-------+------------+
| g_id | g_name       | s_id | type_id | unit_price | g_qty | goods_memo |
+------+--------------+------+---------+------------+-------+------------+
|    1 | 防护衣       |    1 |       1 |      45.00 |   500 | 一次性     |
|   15 | 瓶装水       |    4 |       3 |       1.50 |  1000 | NULL       |
|   16 | 压缩饼干     |    4 |       3 |      32.00 |  1000 | 箱         |
|   17 | 水果罐头     |    4 |       3 |      50.00 |  1000 | 箱         |
|   19 | 棉衣         |    4 |       3 |     100.00 |   500 | NULL       |
|   20 | 棉被         |    4 |       3 |     200.00 |   500 | NULL       |
|   21 | 方便面       |    4 |       3 |      22.00 |   500 | 箱         |
|   22 | 手电         |    5 |       5 |      20.00 |   500 | NULL       |
|   30 | 口罩         |    2 |       1 |      10.00 |  1000 | 盒         |
|   31 | 红烧牛肉罐头 |    4 |       3 |      59.90 |   600 | NULL       |
+------+--------------+------+---------+------------+-------+------------+
10 rows in set (0.00 sec)
```

图 7-16　例 7.13 执行结果

通过 SELECT 语句查询对应的基本表 goods 的数据,结果同样为新记录修改了单价,说明一般情况下可通过操作视图为对应基本表修改数据。

3．删除数据

使用 DELETE 语句可以通过视图删除基本表中的数据。

例 7.14 通过视图 v_goods4 删除例 7.12 中添加的"红烧牛肉罐头"的记录。

相应的 SQL 语句如下:

```
delete from v_goods4 where g_name='红烧牛肉罐头';
```

删除数据后通过 SELECT 语句查询视图发现,该记录在查询结果中不再显示,执行结果如图 7-17 所示。

```
mysql> delete from v_goods4 where g_name='红烧牛肉罐头';
Query OK, 1 row affected (0.00 sec)

mysql> select * from v_goods4;
+------+-----------+------+---------+------------+-------+------------+
| g_id | g_name    | s_id | type_id | unit_price | g_qty | goods_memo |
+------+-----------+------+---------+------------+-------+------------+
|    1 | 防护衣    |    1 |       1 |      45.00 |   500 | 一次性     |
|   15 | 瓶装水    |    4 |       3 |       1.50 |  1000 | NULL       |
|   16 | 压缩饼干  |    4 |       3 |      32.00 |  1000 | 箱         |
|   17 | 水果罐头  |    4 |       3 |      50.00 |  1000 | 箱         |
|   19 | 棉衣      |    4 |       3 |     100.00 |   500 | NULL       |
|   20 | 棉被      |    4 |       3 |     200.00 |   500 | NULL       |
|   21 | 方便面    |    4 |       3 |      22.00 |   500 | 箱         |
|   22 | 手电      |    5 |       5 |      20.00 |   500 | NULL       |
|   30 | 口罩      |    4 |       1 |      10.00 |  1000 | 盒         |
+------+-----------+------+---------+------------+-------+------------+
9 rows in set (0.00 sec)
```

图 7-17　例 7.14 执行结果

通过 SELECT 语句查询对应的基本表 goods 的数据,结果同样不再显示被删除的记录,说明一般情况下可通过操作视图为对应基本表删除数据。

通过本任务的学习,我们知道对视图的更新就是对基本表的更新,更新视图是指通过视图来插入、更新和删除表中的数据。但更新视图时只能更新权限范围内的数据,以下是不能更新视图的情况(更新视图的限制):

(1)在定义视图的 SELECT 语句后的字段列表中使用了聚合函数;

(2)在定义视图的 SELECT 语句中包含 UNION、UNION ALL、DISTINCT、GROUP BY 和 HAVING 等关键字;

(3)视图中的 SELECT 语句中包含子查询;

(4)由不可更新的视图导出的视图;

(5)视图对应的基本表中存在没有默认值且不为空的列,而该列没有包含在视图里;

(6)创建视图时,设置 ALGORITHM 为 TEMPTABLE 类型。

4．视图检查条件 WITH CHECK OPTION

在创建视图的语法格式中,WITH CHECK OPTION 子句用于在视图数据操作时进行条件检查。

例 7.15 结合例 7.5、例 7.10，给视图 v_goods5 插入数据，如表 7-1 所示。

表 7-1 视图 v_goods5 数据插入示例表

g_name	s_id	type_id	unit_price	g_qty
钢丝救援绳	4	1	37	300

相应的 SQL 语句如下：

```
insert into v_goods5(g_name,s_id,type_id,unit_price,g_qty) values('钢丝救援绳',4,
1,37,300);
```

执行结果如图 7-18 所示。

```
mysql> insert into v_goods5(g_name,s_id,type_id,unit_price,g_qty) values('钢丝救援绳',4,1,37,300);
ERROR 1369 (HY000): CHECK OPTION failed 'wzgl.v_goods5'
```

图 7-18　例 7.15 执行结果 1

结果显示报错，"ERROR 1369(HY000):CHECK OPTION failed 'wzgl.v_goods5'"报错语句显示该记录无法插入。根据 v_goods5 的检查记录，库存 300 满足 WITH CHECK OPTION 子句中 g_qty <1000 的要求，但 v_goods5 是建立在 v_goods4 基础上，需要进行级联检查，即新插入记录的库存 g_qty 应满足大于等于 500 且小于 1000 的条件。因此，将新记录的库存 g_qty 修改为符合条件的数值（比如 600），数据则插入成功，执行结果如图7-19所示。

```
mysql> insert into v_goods5(g_name,s_id,type_id,unit_price,g_qty) values('钢丝救援绳',4,1,37,600);
Query OK, 1 row affected (0.01 sec)
```

图 7-19　例 7.15 执行结果 2

将视图 v_goods5 的检查条件修改为 LOCAL 本视图检查。

```
alter view v_goods5
as
select * from v_goods4 where g_qty<1000 with local check option;
```

执行结果如图 7-20 所示。

```
mysql> alter view v_goods5
    -> as
    -> select * from v_goods4 where g_qty <1000 with local check option;
Query OK, 0 rows affected (0.01 sec)
```

图 7-20　例 7.15 执行结果 3

给视图 v_goods5 插入记录：

```
insert into v_goods5(g_name,s_id,type_id,unit_price, g_qty) values('急救担架',
4,1,179,300);
```

执行结果如图 7-21 所示。

```
mysql> insert into v_goods5(g_name,s_id,type_id,unit_price, g_qty) values('急救担架',4,1,179,300);
Query OK, 1 row affected (0.01 sec)
```

图 7-21　例题 7.15 执行结果 4

结果显示记录成功插入,该记录库存 g_qty 为 300,满足本视图 v_goods5 中小于 1000 的检查条件。由于该视图的检查条件为 LOCAL,因此与 CASCADED 不同,不用检查 v_goods4 中的条件。

通过上述操作可知,当创建视图时添加 WITH CHECK OPTION 子句后,对视图进行更新时会进行条件检查。检查方式有两种:默认情况下使用 CASCADED,表示级联检查;若设为 LOCAL,则只检查本视图定义的条件。

● 【任务总结】

本任务主要讲解了一般情况下,如何通过更新视图来为基本表添加、修改和删除数据。在这个过程中,操作者必须具备相关操作权限。同时,如果设置了视图检查条件,那么在更新视图时会受到检查条件的约束。

拓展训练

在学生选课数据库 xsxk 中完成以下操作。

1. 创建一个基于 teacher 表的视图 teacher_view,该视图要求查询输出所有教师的姓名 tname、性别 tgender、职称 tpro。

2. 创建一个基于 student 表的视图 student_view,该视图要求查询输出学生的学号、姓名、性别。

3. 创建一个视图"最受欢迎的课程",该视图要求显示最受学生欢迎的前三名的课程,包括课程编号、课程名、任课老师、学生人数。

4. 查看视图 teacher_view 的字段信息、定义信息和状态信息。

5. 删除视图 teacher_view。

课后习题

一、选择题

1. 下列选项中,用于删除视图的 SQL 语句是(　　　)。

A. DROP VIEW　　　　　　　　　　B. DELETE VIEW

C. ALERT VIEW　　　　　　　　　　D. UPDATE VIEW

2. 删除视图时,出现"Table 'staffer.v_staffer' doesn't exists"错误,对于该

错误的描述,正确的是(　　　)。

　　A. 删除视图的 SQL 语句存在语法错误

　　B. 被删除的视图所对应的基本表不存在

　　C. 被删除的视图不存在

　　D. 被删除的视图和表都不存在

　　3. 下列选项中,将视图 view_stu 中字段 chinese 值更新为 100 的 SQL 语句,正确的是(　　　)。

　　A. UPDATE view_stu SET chinese= 100;

　　B. ALTER view_stu SET chinese= 100;

　　C. UPDATE VIEW view_stu SET chinese= 100;

　　D. ALTER VIEW view_stu SET chinese= 100;

　　4. 下列选项中,用于查看视图需要的权限的 SQL 语句是(　　　)。

　　A. SELECT VIEW　　　　　　　　　B. CREATE VIEW

　　C. SHOW VIEW　　　　　　　　　　D. SET VIEW

　　5. 下列选项中,用于创建视图的 SQL 语句是(　　　)。

　　A. ALTER VIEW　　　　　　　　　　B. CREATE VIEW

　　C. ALTER TABLE　　　　　　　　　　D. CREATE TABLE

　　6. SQL 语言中的视图 VIEW 是数据库的(　　　)。

　　A. 外模式　　　　　　B. 存储模式　　　　　C. 模式　　　　　　　D. 内模式

　　7. 下列选项中,不可以对视图执行的操作是(　　　)。

　　A. SELECT　　　　　　　　　　　　B. INSERT

　　C. DELETE　　　　　　　　　　　　D. CREATE INDEX

　　8. 下列选项中,在视图上不能完成的操作是(　　　)。

　　A. 更新视图数据　　　　　　　　　　B. 在视图上定义新基本表

　　C. 在视图上定义新的视图　　　　　　D. 查询

二、填空题

　　1. 在 MySQL 中,除了使用 CREATE OR REPLACE VIEW 语句修改视图外,还可以使用语句_____VIEW 来修改视图。

　　2. 在 MySQL 中,创建视图需要使用_____语句。

　　3. 在 MySQL 中,删除视图需要使用_____语句。

三、判断题

　　1. 删除视图时,也会删除所对应基本表中的数据。　　　　　　　　　　　　(　　　)

　　2. 视图是一个虚拟表,其中没有数据,所以当通过视图更新数据时其实是在更新基本表中的数据。　　　　　　　　　　　　　　　　　　　　　　　　　　　　　　(　　　)

　　3. 查看视图必须要有 CREATE VIEW 的权限。　　　　　　　　　　　　　　(　　　)

4. 视图属于数据库,在默认情况下,视图将在当前数据库中创建。　　　　（　　）

5. 视图中包含了 SELECT 查询的结果,因此视图的创建基于 SELECT 语句和已经存在的数据表。　　　　　　　　　　　　　　　　　　　　　　　　（　　）

6. 视图是一个实际存在的表。　　　　　　　　　　　　　　　　　　　（　　）

项目八 触 发 器

◇ 了解触发器的概念、优缺点和作用。
◇ 掌握触发器的创建与触发、查看、删除等基本操作。

◇ 通过触发器强制执行数据录入的规则，引导学生理解和遵守社会规则及法律的重要性；通过学习触发器可以用于监控和保护敏感数据，向学生强调保护国家信息安全的重要性；通过学习使用触发器记录数据的变更历史，让学生了解记录和学习历史的重要性，以及历史对于理解现在和规划未来的作用。

任务一　了解触发器

【任务描述】

触发器是数据库中的独立对象，它定义了一系列操作，这些操作称为触发器程序。当触发器所在表上出现特定操作时，将激活触发器。使用触发器可以在一定程度上确保数据的完整性，提高工作效率，并实现复杂的业务逻辑。本任务主要帮助我们了解触发器的概念和作用。

【任务分析】

通过对触发器概念、优缺点及其作用的讲解，帮助学习者了解触发器，为接下来的学习打下基础。

【任务实施】

1. 触发器的概念

触发器是一种特殊的存储过程，可以用来对表实施复杂的完整性约束，以保持关联数据的完整性。当触发器预先定义好的事件发生时,触发器会自动被激活,并执行触发器中所定义的相关操作。激活触发器的基本操作包括 INSERT、UPDATE 和 DELETE。触发器与存储过程的区别在于触发器不需要显式调用。

2. 触发器的作用及优缺点

1)触发器的作用

(1)维护数据完整性:触发器可以自动执行数据验证和约束检查,确保数据在插入、更新或删除时符合预设的规则和标准。

(2)自动化业务流程:通过自动执行一系列操作,触发器可以简化业务流程,减少手动干预,提高操作的自动化程度。

(3)实现复杂的业务逻辑:触发器可以在数据库层面实现复杂的业务规则和逻辑,而无须在应用程序代码中重复编写,从而简化了应用程序的复杂性。

(4)数据审计和跟踪:触发器可以记录数据的变更历史,包括谁在何时对数据进行了何种操作,为数据审计和跟踪提供支持。

(5)数据同步:在多个表或数据库之间,触发器可以自动同步数据,确保数据的一致性。

(6)增强安全性:触发器可以用于实施安全策略,如限制对敏感数据的访问,或在特定条件下触发安全检查。

(7)优化性能:通过在数据库层面处理数据,触发器可以减少网络传输和应用程序处理的负担,从而优化系统的性能。

(8)错误处理:触发器可以捕获并处理数据操作中的错误,确保数据库操作的健壮性和可靠性。

(9)数据清洗和转换:在数据插入或更新时,触发器可以自动清洗和转换数据,确保数据的质量和一致性。

(10)事件驱动的数据处理:触发器可以响应特定的数据库事件(如数据的变更),从而实现事件驱动的数据处理逻辑。

2)触发器的优缺点

触发器作为一种数据库自动化工具,其优点在于能够自动执行数据验证和维护操作,确保数据的完整性和一致性;实现复杂的业务逻辑,简化应用程序代码;提供数据审计和跟踪功能,增强安全性;优化数据库性能,提高整个系统的效率和可靠性。其缺点主要包括可能影响数据库性能,因为它们会在每次数据变更时自动执行,有时会导致意外的复杂性增加;难以调试和维护,尤其是当触发器逻辑变得复杂时;可能会隐藏应用程序的业务逻辑,使得代码的可读性和透明度降低;可能会引起数据的级联更新,导致难以预测的数据变更,从而增加数据管理的复杂性。

● **【任务总结】**

本任务主要讲解了触发器的概念、作用及优缺点。

任务二　触发器的基本操作

● 【任务描述】

通过任务一我们初步了解了触发器,触发器是基于增、删、改的数据处理操作事件引起的一种联动触发机制。在本任务中,我们将针对触发器的创建、查看及删除等操作进行详细讲解。

● 【任务分析】

通过应急物资管理系统的实际应用场景,学习触发器的创建、查看及删除等基本操作。在案例中,我们不仅能学习如何使用触发器维护冗余数据、实现数据自动备份,还能结合 IF 语句对不同情况进行判断,从而激活满足条件的操作,实现分情况对数据进行同步。

● 【任务实施】

1. 创建触发器

触发器基于一个表创建,但是可以针对多个表进行操作。在创建触发器时,需要指定触发器的操作对象——数据表,且该数据表不能是临时表或视图。

语法格式如下:

```
CREATE TRIGGER 触发器名称 触发时间 触发事件
ON 表名 FOR EACH ROW
BEGIN
SQL 语句;
END
```

说明:

触发器名称:要创建的触发器的名称,必须唯一。

触发时间:触发器执行的时间,可以是 BEFORE 或者 AFTER。BEFORE 表示在触发事件发生之前执行触发器程序,AFTER 表示在触发事件发生之后执行触发器程序。在同一个数据表中,基于同一触发事件的触发器按以下顺序执行:BEFORE 触发器→表操作(触发事件)→AFTER 触发器。

触发事件:激活触发器的语句类型,包括 INSERT、UPDATE 和 DELETE。

● INSERT:将新记录插入表时激活触发器程序。

● UPDATE:更改表中的记录时激活触发器程序。

● DELETE:从表中删除记录时激活触发器程序。

表名:建立触发器的数据表的名称,不能是临时表或视图。

FOR EACH ROW:行级触发器,表示任何一条记录上的操作满足触发事件都会触发该触发器程序。

SQL 语句：触发器被触发后执行的语句集。如果只有一个执行语句，则可省略 BEGIN…END 关键字。

注意：对于每张数据表来说，每个触发事件只允许创建一个触发器。因此，一张数据表根据触发时机的不同最多支持 6 个触发器。

在创建触发器时，可以使用 NEW 关键字与 OLD 关键字进行以下操作。

（1）向表中插入新记录时，在触发器程序中可以使用 NEW 关键字表示新记录，当需要访问新记录中的某个字段时，可以使用"NEW.字段名"进行访问。

（2）从表中删除某条旧记录时，在触发器程序中可以使用 OLD 关键字表示删除的旧记录，当需要访问删除的旧记录中的某个字段时，可以使用"OLD.字段名"进行访问。

（3）修改表中的某条记录时，在触发器程序中可以使用 NEW 关键字表示修改后的记录，使用 OLD 关键字表示修改前的记录。

（4）OLD 关键字获取的字段值全部为只读形式，不能更新。同时，在 BEFORE 触发器程序中可使用"SET NEW.字段名＝值"更改 NEW 记录的值，但在 AFTER 触发器程序中不能这样更改。

总的来说，对于 INSERT 操作，只有 NEW 关键字是合法的；对于 DELETE 操作，只有 OLD 关键字是合法的；对于 UPDATE 操作，NEW 关键字和 OLD 关键字都是合法的。

默认情况下，在命令提示符中输入的 MySQL 语句的执行符号为分号";"，而在创建触发器过程中涉及多条执行语句必须用结束分隔符分号";"分开。因此在创建触发器前，可先将执行符号更改为"//"或其他合法符号，以避免执行语句遇到分号";"就执行。

执行符号切换方法：DELIMITER＋空格＋//

在创建完触发器后，可通过同样的方法将执行符号切换回分号";"，这样比较符合我们的使用习惯。

例 8.1　创建触发器 tr_goods_del，当从物资表 goods 中删除一条记录时，自动将被删除的记录备份到 old_goods 中。（注意：old_goods 与 goods 表结构相同。）

相应的 SQL 语句如下：

（1）创建备份表 old_goods。

```
create table old_goods like goods;
```

（2）创建触发器 tr_goods_delete。

```
delimiter //
create trigger tr_goods_del before delete on goods
for each row
begin
insert into old_goods select * from goods where g_id=old.g_id;
end//
```

（3）验证触发器。

```
delimiter;
set foreign_key_checks=0;
delete from goods where g_id=10;
select * from old_goods;
```

注意：由于在前面的学习中物资表 goods 与其他表创建了外键关联，goods 表作为主表，若要删除它的记录可先禁用外键，以便顺利完整检验。如果没有这个前提，则不需要禁用外键。

执行结果如图 8-1 所示。

```
mysql> create table old_goods like goods;
Query OK, 0 rows affected (0.03 sec)

mysql> delimiter //
mysql> create trigger tr_goods_del before delete on goods
    -> for each row
    -> begin
    -> insert into old_goods select * from goods where g_id=old.g_id;
    -> end//
Query OK, 0 rows affected (0.02 sec)

mysql> delimiter;
mysql> set foreign_key_checks=0;
Query OK, 0 rows affected (0.00 sec)

mysql> delete from goods where g_id=10;
Query OK, 1 row affected (0.02 sec)

mysql> select * from old_goods;
+------+--------+------+---------+-----------+-------+------------+
| g_id | g_name | s_id | type_id | unit_price| g_qty | goods_memo |
+------+--------+------+---------+-----------+-------+------------+
|   10 | 救生圈 |    3 |       2 |     50.00 |   200 | NULL       |
+------+--------+------+---------+-----------+-------+------------+
1 row in set (0.00 sec)
```

图 8-1 例 8.1 执行结果

执行结果表明，在 goods 表中创建触发器 tr_goods_del 后，当我们删除 goods 表中的某一条记录，该触发器就会被触发并自动执行定义好的语句，以完成被删除记录的备份工作。

例 8.2 创建触发器 tr_gsout_ins，当出库表 goods_out 中添加一条新记录时，说明有物资要出库，物资表 goods 中在对应物资的库存数量充足情况下相应减少，如果库存不足将发出"库存不足"的提示信息。

相应的 SQL 语句如下：

（1）创建触发器 tr_gsout_ins。

```
delimiter //
create trigger tr_gsout_ins before insert on goods_out
for each row
begin
if exists(select * from goods where g_id=new.g_id and g_qty>=new.o_amount)
then
update goods set g_qty=g_qty-new.o_amount where g_id=new.g_id;
```

```
else
signal sqlstate 'H1001' set message_text='库存不足';
end if;
end//
```

（2）以出库潜水服为例，验证触发器。

```
delimiter;
select * from goods;
```

执行结果如图 8-2 所示。

```
mysql> delimiter //
mysql> create trigger tr_gsout_ins before insert on goods_out
    -> for each row
    -> begin
    -> if exists(select * from goods where g_id=new.g_id and g_qty>=new.o_amount)
    -> then
    -> update goods set g_qty=g_qty-new.o_amount where g_id=new.g_id;
    -> else
    -> signal sqlstate 'H1001' set message_text='库存不足';
    -> end if;
    -> end//
Query OK, 0 rows affected (0.01 sec)

mysql> delimiter;
mysql> select * from goods;
+------+---------+------+---------+------------+-------+------------+
| g_id | g_name  | s_id | type_id | unit_price | g_qty | goods_memo |
+------+---------+------+---------+------------+-------+------------+
|    1 | 防护衣  |    1 |       1 |      45.00 |   500 | 一次性     |
|    2 | 防火服  |    2 |       1 |     450.00 |   200 | NULL       |
|    3 | 防爆服  |    2 |       1 |  225000.00 |     1 | NULL       |
|    4 | 潜水服  |    1 |       1 |     300.00 |    10 | NULL       |
```

图 8-2　例 8.2 执行结果 1

如图 8-2 所示，在向出库表 goods_out 插入新数据前，goods 查询结果显示潜水服库存为 10。接着往出库表 goods_out 插入新记录，再查询 goods 表数据。

```
insert into goods_out(g_id,o_amount,op_id) values(4,5,'10005');
select * from goods;
```

执行结果如图 8-3 所示。

```
mysql> insert into goods_out(g_id,o_amount,op_id) values(4,5,'10005');
Query OK, 1 row affected (0.01 sec)

mysql> select * from goods;
+------+---------+------+---------+------------+-------+------------+
| g_id | g_name  | s_id | type_id | unit_price | g_qty | goods_memo |
+------+---------+------+---------+------------+-------+------------+
|    1 | 防护衣  |    1 |       1 |      45.00 |   500 | 一次性     |
|    2 | 防火服  |    2 |       1 |     450.00 |   200 | NULL       |
|    3 | 防爆服  |    2 |       1 |  225000.00 |     1 | NULL       |
|    4 | 潜水服  |    1 |       1 |     300.00 |     5 | NULL       |
```

图 8-3　例 8.2 执行结果 2

如图 8-3 所示，在向出库表 goods_out 插入新数据后，goods 查询结果显示潜水服库存为 5，说明触发器已被触发，潜水服显示了新的库存。接着再向出库表 goods_out 插入一条会导致库存不足的记录，观察执行结果。

```
insert into goods_out(g_id,o_amount,op_id) values(4,6,'10005');
```

执行结果如图 8-4 所示。

```
mysql> insert into goods_out(g_id,o_amount,op_id) values(4,6,'10005');
ERROR 1644 (H1001): 库存不足
```

图 8-4 例 8.2 执行结果 3

当第二次插入的记录将出库数量修改为 6 时,由于出库数量 6 大于库存数量 5,结果显示库存不足。可见触发器 tr_gsout_ins 已根据设定在库存充足时会自动修改出库物资的库存,当库存不足时能发出"库存不足"的提示。

2. 查看触发器

查看触发器的常用操作包括查看指定数据库的触发器、查看指定数据表的触发器、查看指定触发器的定义信息。

1)查看指定数据库的触发器

语法:SHOW TRIGGERS FROM 数据库名;

例 8.3 查看应急物资管理数据库 wzgl 中的所有触发器。

相应的 SQL 语句如下:

```
show triggers from wzgl\G
```

执行结果如图 8-5 所示。

```
mysql> show triggers from wzgl\G
*************************** 1. row ***************************
           Trigger: tr_goods_del
             Event: DELETE
             Table: goods
         Statement: begin
insert into old_goods select * from goods where g_id=old.g_id;
end
            Timing: BEFORE
           Created: 2023-11-07 12:36:34.21
          sql_mode: STRICT_TRANS_TABLES,NO_AUTO_CREATE_USER,NO_ENGINE_SUBSTITUTION
           Definer: root@localhost
character_set_client: gbk
collation_connection: gbk_chinese_ci
  Database Collation: utf8mb4_general_ci
*************************** 2. row ***************************
           Trigger: tr_gsout_ins
             Event: INSERT
             Table: goods_out
         Statement: begin
if exists(select * from goods where g_id=new.g_id and g_qty>=new.o_amount)
then
update goods set g_qty= g_qty -new. o_amount where g_id=new.g_id;
else
signal sqlstate 'H1001' set message_text='库存不足';
end if;
end
            Timing: BEFORE
           Created: 2023-11-07 12:37:48.36
          sql_mode: STRICT_TRANS_TABLES,NO_AUTO_CREATE_USER,NO_ENGINE_SUBSTITUTION
           Definer: root@localhost
character_set_client: gbk
collation_connection: gbk_chinese_ci
  Database Collation: utf8mb4_general_ci
2 rows in set (0.00 sec)
```

图 8-5 例 8.3 执行结果

执行结果显示应急物资管理数据库 wzgl 中有两个触发器，这两个触发器为例 8.1、例 8.2 所创建。

2）查看指定数据表的触发器

语法：SHOW TRIGGERS LIKE '表名';

例 8.4　查看 wzgl 数据库物资表 goods 中的所有触发器。

相应的 SQL 语句如下：

```
show triggers like 'goods'\G
```

执行结果如图 8-6 所示。

```
mysql> show triggers like 'goods'\G
*************************** 1. row ***************************
             Trigger: tr_goods_del
               Event: DELETE
               Table: goods
           Statement: begin
insert into old_goods select * from goods where g_id=old.g_id;
end
              Timing: BEFORE
             Created: 2023-11-07 12:36:34.21
            sql_mode: STRICT_TRANS_TABLES,NO_AUTO_CREATE_USER,NO_ENGINE_SUBSTITUTION
             Definer: root@localhost
character_set_client: gbk
collation_connection: gbk_chinese_ci
  Database Collation: utf8mb4_general_ci
1 row in set (0.00 sec)
```

图 8-6　例 8.4 执行结果

3）查看触发器的定义

语法：SHOW CREATE TRIGGER 触发器名;

例 8.5　查看触发器 tr_goods_del 的定义信息。

相应的 SQL 语句如下：

```
show create trigger tr_goods_del\G
```

执行结果如图 8-7 所示。

```
mysql> show create trigger tr_goods_del\G
*************************** 1. row ***************************
               Trigger: tr_goods_del
              sql_mode: STRICT_TRANS_TABLES,NO_AUTO_CREATE_USER,NO_ENGINE_SUBSTITUTION
SQL Original Statement: CREATE DEFINER='root'@'localhost' trigger tr_goods_del before delete on goods
for each row
begin
insert into old_goods select * from goods where g_id=old.g_id;
end
  character_set_client: gbk
  collation_connection: gbk_chinese_ci
    Database Collation: utf8mb4_general_ci
               Created: 2023-11-07 12:36:34.21
1 row in set (0.00 sec)
```

图 8-7　例 8.5 执行结果

3. 删除触发器

当不再需要一个已创建的触发器时，可将其删除。

语法：DROP TRIGGER [IF EXISTS] 触发器名；

例 8.6 删除例 8.1 中所创建的触发器 tr_goods_del。

相应的 SQL 语句如下：

```
drop trigger tr_goods_del;
```

将该触发器删除后，可通过 SHOW CREATE TRIGGER 语句查看该触发器的定义信息，发现报错"Trigger does not exist"（该触发器不存在），因此说明该触发器已经被成功删除。执行结果如图 8-8 所示。

```
mysql> drop trigger tr_goods_del;
Query OK, 0 rows affected (0.01 sec)

mysql> show create trigger tr_goods_del;
ERROR 1360 (HY000): Trigger does not exist
```

图 8-8 例 8.6 执行结果

● **【任务总结】**

本任务主要讲解了如何创建、查看与删除触发器，同时检验了触发器在维护数据完整性中发挥的作用。如果要修改触发器，可将其先删除，再创建。

拓展训练

在学生选课数据库 xsxk 中完成以下操作。

1. 使用触发器实现：当一位老师退休或调离时，将该老师的信息放入 old_teacher 表中。

2. 使用触发器实现检查约束，在向 elective 表插入记录时，score 字段的值或者为空，或者为 0～100。如果 score 字段的值不满足要求，则将 score 字段的值改成在指定范围内（小于 0 的自动修改为 0，大于 100 的自动修改为 100）。

3. 查看第 1 题中触发器的创建信息。

4. 删除第 1 题中创建的触发器。

5. 创建一个触发器 tr_l，当向 teacher 表中增加一条记录('t008','姚瑶','女','硕士研究生','讲师')前，在 text 表中增加一条记录"增加一条信息"。

提示：先创建数据表 text，结构为 wz varchar(30) not null,rq datetime 默认值为当前日期时间。

课后习题

一、选择题

1. 触发器不是响应(   )语句而自动执行的 MySQL 语句。

A. select B. insert C. delete D. update

2. 下列关于触发器的执行顺序,错误的描述是( )。

A. BEFORE 触发器比表操作先执行

B. BEFORE 触发器比 AFTER 触发器先执行

C. AFTER 触发器比表操作先执行

D. AFTER 触发器比表操作后执行

3. 一般激活触发器的事件包括 INSERT、UPDATE 和( )事件。

A. CREATE B. ALTER C. DROP D. DELETE

二、填空题

1. 在 DELETE 触发器中,可以引用一个名为_____的虚拟表,访问被删除的行。

2. 在 INSERT 触发器中,可以引用一个名为_____的虚拟表,访问被插入的行。

3. 在创建具有多个执行语句的触发器时,要执行的多条语句放入_____与 END 之间。多条语句之间需要用";"分隔符隔开。

4. 删除触发器使用 DROP _____语句。

项目九　数据库安全与管理

【教学目标】

◇ 了解数据备份的基本概念。
◇ 掌握 MySQL 中数据备份、数据恢复的基本操作。
◇ 掌握 MySQL 中创建、删除用户的基本操作。
◇ 掌握 MySQL 中授予、查看权限和收回权限的基本操作。

【思政目标】

◇ 熟悉《中华人民共和国数据安全法》《中华人民共和国个人信息保护法》。
◇ 给学生树立国家信息安全和个人信息安全意识，维护国家主权、安全和发展利益，坚持总体的国家安全观，建立健全的数据安全治理体系，以及具备保障持续安全状态的能力。

任务一　数据库的备份与恢复

●【任务描述】

数据是支撑系统运行的重要部分，在实际工作中难免会发生一些意外情况，例如自然灾害引起的突然断电、管理员的操作失误等，这些都可能导致数据的丢失。在一些对数据可靠性要求很高的行业（如银行、证券等），如果发生意外停机或数据丢失，其损失会十分惨重。因此，数据库管理员应针对具体的业务要求制定详细的数据库备份与灾难恢复策略，并通过故障模拟对每种可能发生的情况进行严格测试，以保证数据的高可用性。

●【任务分析】

在应急物资管理系统中，为保障数据不会在意外情况下丢失，管理员需提前制定详细的数据库备份与灾难恢复策略，使得在意外情况发生时，尽可能减少损失。

● 【任务实施】

数据备份是对数据库结构、对象和数据的复制，以便在数据库遭到破坏或因需求改变而需要把数据还原到某个时间点时能够恢复数据库。数据恢复就是将数据库备份加载到系统中。通过实施数据备份和数据恢复，可以有效保护数据库的关键数据。

1. 数据库的备份

1）数据备份的分类

（1）根据是否需要数据库离线来划分。

冷备份（cold backup）：MySQL 服务需要关闭，读写请求均不允许进行，能够较好地保证数据库的完整性。

温备份（warm backup）：MySQL 服务正常运行，但仅支持读请求，不允许写请求。

热备份（hot backup）：MySQL 服务正常运行，备份的同时业务不受影响。

说明：MyISAM 存储引擎不支持热备份，InnoDB 存储引擎支持热备份，但是需要专门的工具。

（2）根据备份的内容来划分。

物理备份：直接复制备份数据文件，备份和恢复操作都比较简单，能够跨 MySQL 的版本，恢复速度快。

逻辑备份：使用软件从数据库中提取数据并将结果写到一个文件上，该文件只是原数据库中内容的一个映像。

（3）根据要备份的数据集合的范围来划分。

完全备份（full backup）：完全备份指备份整个数据库。这是任何备份策略中都要求完成的第一种备份类型，其他所有备份类型都依赖于完全备份。换句话说，如果没有执行完全备份，就无法执行差异备份和增量备份。

增量备份（incremental backup）：上次完全备份或增量备份以后改变了的数据，不能单独使用，要借助完全备份，备份的频率取决于数据的更新频率。

差异备份（differential backup）：是对最近一次完全备份以后发生改变的数据进行的备份。

数据库在备份时会消耗太多时间和资源，因此备份不能太频繁，应根据数据库使用情况确定一个合适的备份周期。

2）使用 mysqldump 命令备份

为了保证数据的安全，数据库管理员应定期对数据库进行备份。备份时需要遵循以下原则：一是要尽早并且经常备份；二是不要备份到同一磁盘的同一文件中，要在不同位置保存多个副本，以确保备份安全。

MySQL 的 mysqldump 命令可以实现数据的备份。mysqldump 命令可以备份单个数据库、多个数据库和所有数据库。

（1）备份单个数据库。

语法格式如下：

```
mysqldump -u username -h host -p[password] dbname[tbname1 tbname2...]>filename
```

说明：

-u username：登录 MySQL 服务器的用户名称。-u 与 username 之间可以有空格，也可以没有（如-uroot）。

-h host：指定要连接的 MySQL 服务器地址。本地连接是-h localhost 或省略-h 参数（默认连本地）。远程连接是-h 192.168.1.100 或域名（如-h db.example.com）。

-p[password]：指定连接 MySQL 服务器时使用的密码。隐式输入是只写-p，不直接跟密码。执行命令后，系统会提示你输入密码（更安全，密码不会显示在命令历史或终端中）。显式输入是-ppassword（密码紧跟-p，无空格）。不推荐在脚本或共享环境中使用，因为密码会明文显示在命令行历史或日志中。

dbname：需要备份的数据库名称。

tbname：数据库中需要备份的数据表的名称，可以指定多个需要备份的数据表。如果缺省该参数，则表示备份数据库中所有的表。

＞：将备份的内容写入备份文件。

filename：数据库的备份文件名称，必须写明完整的文件保存路径。扩展名可以是.sql、.bak、.txt 等。

使用 mysqldump 命令备份数据库时，应在 DOS 命令窗口下执行。

例 9.1 将 wzgl 数据库备份到 D 盘，扩展名为.sql。

相应的 SQL 语句如下：

```
mysqldump -uroot -p wzgl>d:\wzgl.sql
```

按 Enter 键后，输入密码。执行后的结果如图 9-1 所示。

```
C:\Users\12136>mysqldump -uroot -p wzgl>d:\wzgl.sql
Enter password: ****

C:\Users\12136>
```

图 9-1　例 9.1 运行结果

上述语句执行成功后，会在 D 盘生成一个名为"wzgl.sql"的文件，该文件就是数据库的备份文件。使用记事本打开该文件，文件内容如图 9-2 所示。

从打开的备份文件中可以看到 mysqldump 的版本号、MySQL 的版本号、备份的数据库名称。另外还有一些 SET 语句、CREATE 语句和注释信息等。其中，以"--"开头的语句是 SQL 的注释，以"/ ＊!"开头以"＊/"结尾的语句是可执行的 MySQL 注释。这些语句可以被 MySQL 执行，但在其他数据库管理系统中将被作为注释忽略。

（2）备份多个数据库。

使用 mysqldump 命令备份多个数据库时，需要使用--databases 参数，其语法格式如下：

```
mysqldump -u username -h host -p[password] --databases dbname1[dbname2 dbname3...]>filename
```

```
-- MySQL dump 10.13   Distrib 8.0.33, for Win64 (x86_64)
--
-- Host: localhost     Database: wzgl
-- ------------------------------------------------------
-- Server version       8.0.33

/*!40101 SET @OLD_CHARACTER_SET_CLIENT=@@CHARACTER_SET_CLIENT */;
/*!40101 SET @OLD_CHARACTER_SET_RESULTS=@@CHARACTER_SET_RESULTS */;
/*!40101 SET @OLD_COLLATION_CONNECTION=@@COLLATION_CONNECTION */;
/*!50503 SET NAMES utf8mb4 */;
/*!40103 SET @OLD_TIME_ZONE=@@TIME_ZONE */;
/*!40103 SET TIME_ZONE='+00:00  */;
/*!40014 SET @OLD_UNIQUE_CHECKS=@@UNIQUE_CHECKS, UNIQUE_CHECKS=0 */;
/*!40014 SET @OLD_FOREIGN_KEY_CHECKS=@@FOREIGN_KEY_CHECKS, FOREIGN_KEY_CHECKS=0 */;
/*!40101 SET @OLD_SQL_MODE=@@SQL_MODE, SQL_MODE='NO_AUTO_VALUE_ON_ZERO' */;
/*!40111 SET @OLD_SQL_NOTES=@@SQL_NOTES, SQL_NOTES=0 */;


--
-- Table structure for table 'g_in'
--

DROP TABLE IF EXISTS 'g_in';
/*!40101 SET @saved_cs_client      = @@character_set_client */;
/*!50503 SET character_set_client = utf8mb4 */;
CREATE TABLE 'g_in' (
  'in_id' int NOT NULL AUTO_INCREMENT,
  'g_id' int NOT NULL,
  'time_in' datetime DEFAULT NULL,
  'i_amount' int DEFAULT NULL,
  'op_id' char(6) NOT NULL,
  PRIMARY KEY ('in_id'),
  KEY 'g_id' ('g_id'),
  KEY 'op_id' ('op_id')
) ENGINE=InnoDB AUTO_INCREMENT=31 DEFAULT CHARSET=utf8mb4 COLLATE=utf8mb4_0900_ai_ci;
/*!40101 SET character_set_client = @saved_cs_client */;
```

图 9-2　例 9.1 查看结果

上述语法格式中,dbname1、dbname2、dbname3 为要备份的数据库的名称,如果要同时备份多个数据库,各数据库名称之间要用空格间隔开。

例 9.2　将 db_li、my_op 数据库备份到 D 盘,文件名为 dbbak.sql。

相应的 SQL 语句如下:

```
mysqldump -uroot -p --databases db_li my_op>d:\dbbak.sql
```

按 Enter 键后,输入密码。执行后的结果如图 9-3 所示。

```
C:\Users\12136>mysqldump -uroot -p --databases db_li my_op>d:\dbbak.sql
Enter password: ****

C:\Users\12136>
```

图 9-3　例 9.2 运行结果

(3) 备份所有数据库。

使用 mysqldump 命令备份所有数据库时,需要使用--all-databases 参数,其语法格式如下:

```
mysqldump -u username -h host -p[password] --all-databases>filename
```

例 9.3　将系统下所有数据库备份到 D 盘,文件名为 allbak.sql。

相应的 SQL 语句如下:

```
mysqldump -uroot -p --all-databases>d:\allbak.sql
```

按 Enter 键后,输入密码。执行后的结果如图 9-4 所示。

```
C:\Users\12136>mysqldump -uroot -p --all-databases>d:\allbak.sql
Enter password: ****

C:\Users\12136>
```

图 9-4 例 9.3 运行结果

需要注意的是,如果使用了--all-databases 备份所有数据库,在还原时,不需要预先创建数据库。

mysqldump 命令提供了许多参数,下面列举一些最常用的参数。在命令窗口中运行帮助命令 mysqldump --help,可以获得特定版本的完整参数列表。

--all-databases:备份所有数据库。

--databases dbname:备份指定的数据库。

--events:备份事件调度器的相关信息。

--lock-tables:在备份时,对某个表加锁。

--lock-all-tables:锁定所有的表。

--master-data=n:备份的同时导出二进制日志文件及其位置。如果 n 为 1,将会输出 CHANGE MASTER 命令;如果 n 为 2,将在输出的 CHANGE MASTER 命令前添加注释信息。

--no-data:不导出任何数据,只导出数据库表结构。

--no-create-info:只导出数据,而不添加 CREATE TABLE 语句。

--routines:导出存储过程和自定义存储函数。

--single-transaction:通过在一个事务中导出所有 InnoDB 表,从而创建一个一致性的快照,适用于 InnoDB 引擎。

--triggers:备份触发器。

--where:只转储满足给定 WHERE 条件的记录。

2. 数据库的恢复

1) 使用 mysql 命令

当数据库中的数据遭到破坏时,可以让数据库根据备份的数据回到备份时的状态。需要注意的是,恢复的是数据库中的数据,数据库结构不能恢复。通过前面打开的备份文件可以看到,备份文件实际是由多个 CREATE、INSERT 和 DROP 语句组成,在进行数据恢复时使用 mysql 命令就可以实现。语法格式如下:

```
mysql -u username -p[password] [dbname]< filename
```

说明:

-u username:登录 MySQL 服务器的用户名称。-u 与 username 之间可以有空格,也可以没有(如-uroot)。

-p[password]：指定连接 MySQL 服务器时使用的密码。隐式输入是只写-p,不直接跟密码。执行命令后,系统会提示你输入密码(更安全,密码不会显示在命令历史或终端中)。显式输入是-ppassword(密码紧跟-p,无空格)。不推荐在脚本或共享环境中使用,因为密码会明文显示在命令行历史或日志中。

dbname：需要恢复的数据库名称。

如果之前使用 mysqldump 命令备份的.sql 文件中包含创建数据库的语句,恢复数据库时则不需要指定数据库。

例9.4　使用 mysql 命令利用备份文件"wzgl.sql"将应急物资管理系统 wzgl 数据库恢复。

提示：在执行恢复操作之前,MySQL 服务器中必须存在 wzgl 数据库,如果不存在,在恢复数据库时会出错。相应的 SQL 语句如下。

（1）删除 wzgl 数据库。

```
drop database wzgl;
```

执行上述语句后,使用 show databases 查看当前所有数据库,查看结果如图9-5所示。

```
mysql> drop database wzgl;
Query OK, 8 rows affected (0.10 sec)

mysql> show databases;
+--------------------+
| Database           |
+--------------------+
| db_1               |
| information_schema |
| mysql              |
| performance_schema |
| sys                |
| xsxk               |
+--------------------+
6 rows in set (0.00 sec)
```

图9-5　例9.4(1)运行结果

（2）创建 wzgl 数据库。

```
CREATE DATABASE wzgl;
```

（3）恢复数据。

使用 MySQL 命令恢复 D 盘目录下的"wzgl.sql"文件。注意：在 cmd 命令窗口中执行,不需要登录到数据库。

```
mysql -uroot -p wzgl<d:\wzgl.sql
```

按 Enter 键后,输入密码。执行结果如图9-6所示。

```
C:\Users\12136>mysql -uroot -p wzgl<d:\wzgl.sql
Enter password: ****
```

图9-6　例9.4(3)运行结果

上述语句执行成功后,数据库中的数据就会恢复到备份时的状态。

(4) 查看数据。

执行数据恢复之后,我们可以验证数据是否恢复成功。使用 SELECT 语句查询 wzgl 数据库中 operator 表的信息。

```
select * from operator;
```

```
mysql> select * from operator;
+-------+--------+---------+
| op_id | pwd    | op_name |
+-------+--------+---------+
| 10001 | 123456 | 张敏    |
| 10002 | 123456 | 王海    |
| 10003 | 123456 | 林晓    |
| 10004 | 123456 | 祁阳    |
| 10005 | 123    | 陈倩倩  |
+-------+--------+---------+
5 rows in set (0.00 sec)
```

图 9-7 例 9.4(4)运行结果

查询结果如图 9-7 所示。

从执行结果可以看出,数据库已经恢复成功。

2) 使用 SOURCE 命令

恢复数据还可以使用另一种方式,即登录 MySQL 服务器后,使用 SOURCE 语句导入已经备份的 filename 文件。语法格式如下:

```
SOURCE filename;
```

注意:filename 中应包含完整的路径和文件名。

例 9.5 使用 SOURCE 命令恢复 wzgl 数据库中的数据。

相应的 SQL 语句如下。

(1) 登录 MySQL 服务器,创建与要还原的数据库同名的数据库。

```
CREATE DATABASE wzgl;
```

(2) 使用该数据库。

```
USE wzgl;
```

(3) SOURCE 命令还原。

```
SOURCE d:/wzgl.sql
```

查询结果如图 9-8 所示。

```
mysql> CREATE DATABASE wzgl;
Query OK, 1 row affected (0.01 sec)

mysql> USE wzgl;
Database changed
mysql> SOURCE d:/wzgl.sql;
Query OK, 0 rows affected (0.00 sec)

Query OK, 0 rows affected (0.00 sec)

Query OK, 0 rows affected (0.00 sec)

Query OK, 0 rows affected (0.00 sec)

Query OK, 0 rows affected (0.00 sec)

Query OK, 0 rows affected (0.00 sec)

Query OK, 0 rows affected (0.00 sec)

Query OK, 0 rows affected (0.00 sec)
```

图9-8 SOURCE 命令还原数据库执行结果

● 【任务总结】

本任务主要介绍了数据库的备份和恢复操作。数据备份是对数据库结构、对象和数据的复制,数据恢复就是将数据库备份加载到系统中。通过实施数据备份和数据恢复,可以保护数据库的关键数据。

任务二 用户管理

● 【任务描述】

MySQL 的用户分为两类,一类是超级管理员 root,另一类是普通用户。root 具有最高权限,可以对整个数据库系统进行管理操作,如创建用户、删除用户、管理用户的权限等。普通用户只能根据被赋予的某些权限进行管理操作。为了更好、更安全地管理数据库,本任务以不同的方式进行创建用户、修改用户密码以及删除用户等操作。

● 【任务分析】

MySQL 安装完成后,数据库系统自带有 4 个系统数据库:information_schema、mysql、performance_schema 和 sys。在 MySQL 数据库中有一个用户管理表 user,它记录了允许连接到服务器的账号信息以及一些全局级别的权限信息。在 user 表中包含几十个字段,MySQL80 中 user 表包含的字段数甚至已达到 51 个之多。这些字段大致可以分为 4 类:用户类字段、权限类字段、安全类字段和资源控制类字段。

1)用户类字段

user 表中用户类字段包括 Host(主机名)、User(用户名)。建立数据库连接时,输入的信息必须与这两个字段的内容相匹配。Host 和 User 两列共同组成了复合主键以区分 MySQL 中的账户,当 Host 的值为"%"时,表示对所有主机开放权限;当 Host 的值为"localhost"时,表示只允许该用户在本机登录。

2)权限类字段

在 user 表中,关于权限的字段以 _priv 结尾,包括 Select_priv、Insert_priv、Update_priv、Delete_priv、Create_priv 等 29 个,这些字段的权限对整个数据库有效。权限字段的取值只有 N 或 Y,N 表示该用户不具有对应的权限,Y 表示该用户具有对应的权限。为了安全起见,普通用户的权限默认是 N,也就是说,如果普通用户要具有相应的权限,必须把对应字段的值由 N 改为 Y。查看权限类字段的值可通过以下语句实现。

```
SELECT Select_priv, Insert_priv,Update_priv,Delete_priv,Create_priv
FROM mysql.user;
```

执行结果如图 9-9 所示。

3)安全类字段

在 user 表中,用于管理用户的安全信息的字段有 6 个,具体如下。

```
mysql> select Select_priv, Insert_priv,Update_priv,Delete_priv,Create_priv from mysql.user;
+-------------+-------------+-------------+-------------+-------------+
| Select_priv | Insert_priv | Update_priv | Delete_priv | Create_priv |
+-------------+-------------+-------------+-------------+-------------+
| Y           | N           | N           | N           | N           |
| N           | N           | N           | N           | N           |
| N           | N           | N           | N           | N           |
| Y           | Y           | Y           | Y           | Y           |
+-------------+-------------+-------------+-------------+-------------+
4 rows in set (0.00 sec)
```

图 9-9 查看 user 权限字段

（1）ssl_tpye 和 ssl_cipher。

ssl_tpye：指定用户的 SSL 证书类型，可以是 DHE、RSA、ECDHE 或者其他类型。

ANY：表示允许使用任何 SSL 加密类型。

X509：表示只允许使用 X.509 证书进行 SSL 加密。

SPECIFIED：表示只允许使用指定的 SSL 加密类型。

''（空字符串）：表示不使用 SSL 加密。

ssl_cipher：指定用户的 SSL 密码类型。

（2）x509_issuer 和 x509_subject。

x509_issuer：指定用户的 X509 证书发行者，可以是一个机构或者个人。

x509_subject：指定用户的 X509 证书主题，可以是一个机构或者个人。

（3）plugin 和 authentication_string。

plugin：用于指定用户验证方法的字段。该字段指定了 MySQL 使用哪种验证方法来验证用户的身份。默认情况下，MySQL 使用 mysql_native_password 验证方法来验证用户的身份，如果需要使用其他验证方法可以通过修改 plugin 字段的值来实现。取值可以是 mysgl_native_password、sha256_password 等类型。

authentication_string：用于存储用户认证信息的字段，该字段的值是一个加密字符串，用于存储用户的认证密码。

4）资源控制类字段

在 user 表中，用于限制用户使用资源的字段有 4 个，具体如下。

（1）max_questions。

用于指定用户每小时可以执行的最大查询数量。为 0 表示不限制用户执行查询的数量；为正整数表示限制用户执行查询的数量。

（2）max_updates。

表示每小时内允许用户执行数据库更新操作的次数。为 0 表示不限制用户执行更新的数量；为正整数表示限制用户执行更新的数量。

（3）max_connections。

表示每小时内允许用户执行数据库连接操作的次数。为 0 表示不限制用户建立连接的次数；为正整数表示限制用户建立连接的次数上限。

（4）max_user_conntions。

表示单个用户同时连接数据库的最大次数。为 0 表示不限制用户执行更新的数量；为正整数表示限制用户执行更新的数量。

●【任务实施】

数据库系统安装的时候，默认创建了一个用户 root，root 具有管理整个数据库系统的权限。为了安全考虑，应该为每个数据库建立普通用户，然后根据应用程序的需要为每个普通用户授予相应的权限。

1. 创建用户

1）使用 CREATE USER 语句创建用户

使用 CREATE USER 语句创建新用户时，MySQL 会自动修改相应的授权表，但该语句创建的新用户是没有任何权限的。语法格式如下：

```
CREATE USER 'username1'@ 'hostname' IDENTIFIED BY 'password'[,'username2'@ 'hostname'
IDENTIFIED BY 'password']...;
```

说明：

username：用户名。

hostname：主机名。如果只指定 username 部分，hostname 部分则默认为′%′（即对所有的主机开放权限）。

IDENTIFIED BY：设置用户登录服务器时的密码。如果没有该参数，用户登录时不需要密码。

′password′：用户登录时使用的普通明文密码。

例 9.6　使用 CREATE USER 语句创建一个新用户，用户名为 u_1，密码为 123。

在创建用户之前，首先指定 MySQL 为当前使用数据库，然后再执行 CREATE USER 语句。相应的 SQL 语句如下：

```
use mysql;
CREATE USER 'u_1'@ 'localhost' IDENTIFIED BY '123';
```

上述语句执行成功后，可以通过 SELECT 语句验证用户是否创建成功：

```
SELECT user,host,authentication_string FROM user;
```

验证结果如图 9-10 所示。

从执行结果看出，u_1 用户已经成功创建，但密码显示的并不是"123"，而是一串字符。这是因为在创建用户时，MySQL 会对用户的密码自动加密，以提高数据库的安全性。

u_1 用户可以登录到 MySQL，但是不能使用 USE 语句选择用户创建的任何数据库，因

```
mysql> use mysql;
Database changed
mysql> CREATE USER 'u_1'@'localhost' IDENTIFIED BY '123';
Query OK, 0 rows affected (0.01 sec)

mysql> SELECT user,host,authentication_strINg FROM user;
+-----------------+-----------+----------------------------------------------------------------------+
| user            | host      | authentication_strINg                                                |
+-----------------+-----------+----------------------------------------------------------------------+
| user1           | %         |                                                                      |
| hnjz            | localhost | $A$005$/s4pu(□y                                                      |
=)LTiQr0+eABUHs9o0iKODbsG2T5HqD3Hi9T415dY5f.YgTRAf/N4 |
| mysql.infoschema| localhost | $A$005$THISISACOMBINATIONOFINVALIDSALTANDPASSWORDTHATMUSTNEVERBRBEUSED |
| mysql.session   | localhost | $A$005$THISISACOMBINATIONOFINVALIDSALTANDPASSWORDTHATMUSTNEVERBRBEUSED |
| mysql.sys       | localhost | $A$005$THISISACOMBINATIONOFINVALIDSALTANDPASSWORDTHATMUSTNEVERBRBEUSED |
| root            | localhost | *81F5E21E35407D884A6CD4A731AEBFB6AF209E1B                             |
5□xq.rXVUj7Xnx1g3QtRxLih018fg2duQbTrRE6u7JCx9 |/PZc%CUW
| u_1             | localhost | $A$005)61□p7m□Ae\M}  □3LzkOFjh0qydAxekH9VCAuYC6w7Z7lmqyaoJZAxVO950 |
| zdp             | localhost | $A$005$B3□□d□4s□/W\&e"7;6.QIr9LQyGNzQ3KRRPATqOOqWS6KHfE/wbnAonLatEA |
+-----------------+-----------+----------------------------------------------------------------------+
9 rows in set (0.00 sec)
```

图 9-10 例 9.6 运行结果

此也无法访问那些数据库中的表,如图 9-11 所示。如果该用户已经存在,则在执行 CRE-ATE USER 语句时系统会报错。

```
mysql> use wzgl;
ERROR 1044 (42000): Access denied for user 'u_1'@'localhost' to database 'wzgl'
mysql>
```

图 9-11 使用 u_1 用户连接数据库报错

例 9.7 创建名为 user3 和 user4 的用户,密码分别为"user333"和"user444",其中 user3 只能从本地登录,user4 可以从任意地址登录。

相应的 SQL 语句如下:

```
CREATE USER 'user3'@'localhost' IDENTIFIED BY 'user333',
 'user4'@'%' IDENTIFIED BY 'user444' ;
```

执行结果如图 9-12 所示。

```
mysql> CREATE USER 'user3'@'localhost' IDENTIFIED BY 'user333',
    -> 'user4'@'%' IDENTIFIED BY 'user444';
Query OK, 0 rows affected (0.05 sec)
```

图 9-12 例 9.7 运行结果

2)使用 GRANT 语句创建用户

相比较 CREATE USERS 语句,GRANT 语句不仅可以创建新用户,还可以为用户授权。除此之外,GRANT 语句还可以指定用户的其他特点,如安全连接、限制使用服务器资源等。语法格式如下:

```
GRANT privileges ON database.table TO 'username'@'hostname'[IDENTIFIED BY [PASSWORD]
'password'][,'username'@'hostname'[IDENTIFIED BY [PASSWORD]'password']]...
```

说明:

privileges:表示该用户具有的权限,如 SELECT、UPDATE、INSERT 等。

database. table:表示权限作用在指定的数据库或者表上。

username:表示新建的用户名。

hostname:表示主机名,也可以是 IP 地址。

passwrod:表示新建用户的密码。

例 9.8　使用 GRANT 语句创建一个新用户,用户名为 zxj,密码为 123,并授予该用户对 wzgl. goods 表有查询权限。

相应的 SQL 语句如下:

```
GRANT SELECT ON wzgl.goods TO 'zxj'@'localhost' IDENTIFIED BY '123';
```

注意:如果 MySQL 主版本使用的是 8.0,上述语句应先创建用户,再用 GRANT 授权,即

```
CREATE USER 'zxj'@'localhost' identified by '123';
GRANT SELECT on wzgl.goods to 'zxj'@'localhost';
```

上述语句执行成功后,可以通过 SELECT 语句验证用户是否创建成功:

```
SELECT user,host,authentication_string FROM mysql.user;
```

验证结果如图 9-13 所示。

```
mysql> CREATE USER 'zxj'@'localhost' identified by '123';
Query OK, 0 rows affected (0.04 sec)

mysql> GRANT SELECT on wzgl.goods to 'zxj'@'localhost';
Query OK, 0 rows affected (0.00 sec)

mysql> SELECT user,host,authentication_string FROM mysql.user;
+-----------------+-----------+------------------------------------------------------------------------+
| user            | host      | authentication_string                                                  |
+-----------------+-----------+------------------------------------------------------------------------+
| hnzj            | localhost | $A$005$V",phMR                                                         
Z□i+□Hlf
□af62u6mDSc8zpCnhPJ2AwaodHRiwj.C3jE2261odsdJB |
| mysql.infoschema | localhost | $A$005$THISISACOMBINATIONOFINVALIDSALTANDPASSWORDTHATMUSTNEVERBRBEUSED |
| mysql.session   | localhost | $A$005$THISISACOMBINATIONOFINVALIDSALTANDPASSWORDTHATMUSTNEVERBRBEUSED |
| mysql.sys       | localhost | $A$005$THISISACOMBINATIONOFINVALIDSALTANDPASSWORDTHATMUSTNEVERBRBEUSED |
| mythird         | localhost | *23AE809DDACAF96AF0FD78ED04B6A265E05AA257                              |
| root            | localhost | $A$005$□□Km+
rP^kj4pS'Vl□[xMBjLj9B3km4JURTZfhCDrErCZL3pfPPKLpXstdGAF8 |
| u_1             | localhost | $A$005$□□HVIfK□auza"'F□yW5DlxnpcjBxxZNoNQ2wTfAtu4ZZK0ZeQZsWU1fVPbzAB |
| userad          | localhost | $A$005$av15□M6KL5
))y□u□□□d7opmebKHcp1AScIIjEqJ/z0dw1Dr8iOTmwqkn3rxUuD |
| xxj             | localhost | $A$005$3%6wDVQ!:
Wp^ioZ7J/OQx9soUQPXmOii.DSv.6KAklzHaSz38kgUkbkVB |
| zxj             | localhost | $A$005$}        G%□\*□9N□67s 2!R;j1KHYHx.e5Hr8IxUoDgJeTtdyGfeZOR5YHAumq6DmV1 |
+-----------------+-----------+------------------------------------------------------------------------+
10 rows in set (0.00 sec)
```

图 9-13　例 9.8 运行结果

3)使用 INSERT 语句创建用户

从上面的内容中可以看出,不管是使用 CREATE USER 语句还是 GRANT 语句创建新用户,本质上就是在 MySQL 数据库的 user 表中添加一条新的记录。因此,可以使用 IN-SERT 语句直接将新用户的信息添加到 mysql. user 表中。前提是执行该 INSERT 语句的

用户自己必须拥有对 mysql.user 数据表的 INSERT 操作权限。

语法格式如下：

```
INSERT INTO mysql.user(Host,User,Password,ssl_cipher,x509_issuer,x509_subject) VAL-
UES('主机名','用户名',PASSWORD('密码'),'','','');
```

注意：如果 MySQL 主版本使用的是 8.0，上述语句中 Password 应改成 authentication_string。

例 9.9 使用 INSERT 语句在 mysql.user 表中创建一个新用户，用户名为 mysed，密码为 123。

相应的 SQL 语句如下：

```
INSERT INTO mysql.user (Host, User, Password, ssl_cipher, x509_issuer, x509_
subject) VALUES ('localhost','mysed', PASSWORD('123'),'','','');
```

如果 MySQL 主版本使用的是 8.0，上述语句应作如下改动。

（1）创建一个无密码的用户账号。

```
INSERT INTO mysql.user(Host,User,authentication_string,ssl_cipher,x509_issu-
er,x509_subject)VALUES('localhost','mysed', '','','','');
```

（2）为用户修改密码。

```
ALTER user 'mysed'@'localhost' identified with mysql_native_password by '123';
```

上述语句执行后，出现如下错误。

```
ERROR 1396 (HY000): Operation ALTER USER failed for 'mysed'@'localhost'
```

执行语句"select host,user,plugin from mysql.user;"发现，mysed 用户使用的是 caching_sha2_password 插件，而不是 mysql_native_password 插件，如图 9-14 所示。

```
+-----------+------------------+-----------------------+
| host      | user             | plugin                |
+-----------+------------------+-----------------------+
| localhost | hnzj             | caching_sha2_password |
| localhost | mysed            | caching_sha2_password |
| localhost | mysql.infoschema | caching_sha2_password |
| localhost | mysql.session    | caching_sha2_password |
| localhost | mysql.sys        | caching_sha2_password |
| localhost | mythird          | mysql_native_password |
| localhost | root             | caching_sha2_password |
| localhost | u_1              | caching_sha2_password |
| localhost | userad           | caching_sha2_password |
| localhost | xxj              | caching_sha2_password |
| localhost | zxj              | caching_sha2_password |
+-----------+------------------+-----------------------+
11 rows in set (0.00 sec)
```

图 9-14 查询各用户的 plugin 值

为了让上述 ALTER user 成功执行，我们做如下修改。

```
UPDATE user SET plugin='mysql_native_password' where user='mysed';
```

上述语句执行成功后，再次执行语句"select host,user,plugin from mysql.user;"可以看到 plugin 值已更新成功，如图 9-15 所示。

```
mysql> UPDATE user SET plugin='mysql_native_password' where user='mysed';
Query OK, 1 row affected (0.04 sec)
Rows matched: 1  Changed: 1  Warnings: 0

mysql> select host,user,plugin from mysql.user;
+-----------+------------------+-----------------------+
| host      | user             | plugin                |
+-----------+------------------+-----------------------+
| localhost | hnzj             | caching_sha2_password |
| localhost | mysed            | mysql_native_password |
| localhost | mysql.infoschema | caching_sha2_password |
| localhost | mysql.session    | caching_sha2_password |
| localhost | mysql.sys        | caching_sha2_password |
| localhost | mythird          | mysql_native_password |
| localhost | root             | caching_sha2_password |
| localhost | u_1              | caching_sha2_password |
| localhost | userad           | caching_sha2_password |
| localhost | xxj              | caching_sha2_password |
| localhost | zxj              | caching_sha2_password |
+-----------+------------------+-----------------------+
11 rows in set (0.00 sec)
```

图 9-15　用户 mysed 的 plugin 值更新成功

再次执行"ALTER user 'mysed'@'localhost' identified with mysql_native_password by '123';"语句，密码成功修改，结果如图 9-16 所示。

```
mysql> ALTER user 'mysed'@'localhost' identified with mysql_native_password by '123';
Query OK, 0 rows affected (0.04 sec)
```

图 9-16　用户 mysed 的密码修改成功

通过 SELECT 语句验证用户是否创建成功：

SELECT user,host,authentication_string FROM mysql.user;

验证结果如图 9-17 所示。

```
mysql> SELECT user,host,authentication_string FROM mysql.user;
+------------------+-----------+--------------------------------------------------------------------+
| user             | host      | authentication_string                                              |
+------------------+-----------+--------------------------------------------------------------------+
| hnzj             | localhost | $A$005$V",phMR
Z0i+0Hlf
0af62u6mDSc8zpCnhPJ2AwaodHRiwj.C3jE2261odsdJB |
| mysed            | localhost | *23AE809DDACAF96AF0FD78ED04B6A265E05AA257                           |
| mysql.infoschema | localhost | $A$005$THISISACOMBINATIONOFINVALIDSALTANDPASSWORDTHATMUSTNEVERBRBEUSED |
| mysql.session    | localhost | $A$005$THISISACOMBINATIONOFINVALIDSALTANDPASSWORDTHATMUSTNEVERBRBEUSED |
| mysql.sys        | localhost | $A$005$THISISACOMBINATIONOFINVALIDSALTANDPASSWORDTHATMUSTNEVERBRBEUSED |
| mythird          | localhost | *23AE809DDACAF96AF0FD78ED04B6A265E05AA257                           |
| root             | localhost | $A$005$00Km+
rP^kj4pS'Vl0[xMBjLj9B3km4JURTZfhCDrErCZL3pfPPKLpXstdGAF8 |
| u_1              | localhost | $A$005$00HVIfK0auza"F0yW5DlxnpcjBxxZNoNQ2wTfAtu4ZZK0ZeQZsWU1fVPbzAB |
| userad           | localhost | $A$005$av150M6KL5
))y0u000d7opmebKHcp1AScIIjEqJ/z0dw1Dr8iOTmwqkn3rxUuD |
| xxj              | localhost | $A$005$3%6wD0VQ!:
Wp^ioZ7J/OQx9soUQPXmOii.DSv.6KAklzHaSz38kgUkbkVB |
| zxj              | localhost | $A$005$}       G%0\*09N067s 2!R;j1KHYHx.e5Hr8IxUoDgJeTtdyGfeZOR5YHAumq6DmV1 |
+------------------+-----------+--------------------------------------------------------------------+
11 rows in set (0.00 sec)
```

图 9-17　用户 mysed 添加成功

2. 修改用户密码

在任何一个数据库系统中,用户密码都十分重要。一旦密码泄露给非法用户,他们就可能获取数据库的数据或破坏数据库中的数据。因此,密码一旦丢失,就应该立刻修改密码,最大程度地保护数据库的安全。root 作为超级管理员,不仅可以修改自己的密码,还可以修改普通用户的密码,而普通用户只能修改自己的密码。

1) 修改 root 用户的密码

(1) 使用 UPDATE 语句修改密码。

使用 UPDATE 语句修改 root 用户的密码和修改普通表中的数据一样。root 用户的密码保存在 mysql.user 表中,所以 root 用户登录到数据库之后,就可以使用 UPDATE 语句修改密码了。

语法格式如下:

```
update mysql.user set password=PASSWORD('new_password') WHERE
user='username' AND host='hostname';
```

上述语法格式中,PASSWORD()是加密函数,修改之后的密码通过它进行加密。

例 9.10 通过使用 UPDATE 语句修改 root 用户的密码,新密码为 root123。

相应的 SQL 语句如下:

```
update mysql.user set pssword=PASSWORD('root123') WHERE user='root' AND host=
'localhost';
```

需要注意的是,MySQL80 以后,密码存储在 authentication_string 字段,且是密文显示,用上述语句直接修改会导致出错。正确的操作是先将 authentication_string 设置为空,再通过 ALTER 语句进行密码修改。相应的 SQL 语句如下:

```
update mysql.user set authentication_string='' WHERE user='root' AND host='lo-
calhost';
alter user 'root'@'localhost' identified by 'root123';
```

执行以上语句之后,还需要使用 FLUSH PRIVILEGES 语句重新加载权限表,否则修改后的密码可能无法生效。

(2) 使用 mysqladmin 命令修改密码。

mysqladmin 命令通常用于执行一些管理性的工作,在 MySQL 中可以使用该命令来修改用户的密码。

语法格式如下:

```
mysqladmin -u username [-h hostname] -p password new_password
```

说明:

username:指需要修改密码的用户名,这里指定为 root 用户。

hostname：指需要修改密码的用户所在的主机名。该参数可以不写，默认值是 localhost。

password：是关键字，不是旧密码。

new_password：新设置的密码。

例 9.11　在命令行窗口中，使用 mysqladmin 命令将 root 用户密码更改为 rootpwd。

相应的 SQL 语句如下：

```
mysqladmin -u root -p password rootpwd
Enter password: * * * *
```

上述语句执行时 * * * * 为 root 用户的旧密码，密码输入后该语句执行完毕，root 用户的密码被修改，下次登录时则需要使用新密码。使用该方法修改密码，密码直接明文显示，安全性较差。

（3）使用 SET 语句修改密码。

SET 语句也可以修改 root 用户的密码。需要注意的是，使用 SET 语句修改的密码是不加密的，有可能会记录到服务器的操作日志或客户端的历史文件中，有密码泄露风险，通常不建议使用。

语法格式如下：

```
SET PASSWORD [FOR '账户名'@'主机名'] = '新密码';
```

例 9.12　使用 SET 语句修改 root 用户的密码，新密码为 root123。

相应的 SQL 语句如下：

```
SET PASSWORD FOR 'root'@'localhost'='root123';
```

（4）使用 ALTER 语句修改密码。

MySQL80 中，还可以使用 ALTER USER 命令来修改用户密码。

语法格式如下：

```
ALTER USER '用户名'@'主机名' IDENTIFIED BY '新密码';
```

例 9.13　使用 ALTER 语句修改 root 用户的密码，新密码为 rootadmin。

相应的 SQL 语句如下：

```
ALTER USER 'root'@'localhost' IDENTIFIED BY 'rootadmin';
```

2）修改普通用户的密码

root 用户不仅可以修改自己的密码，还具有修改普通用户密码的权限。root 用户可利用三种方式修改普通用户的密码，下面分别介绍。

（1）使用 GRANT USAGE 语句修改普通用户的密码。

使用 GRANT USAGE 语句可修改指定用户的密码，而不影响该用户的所有权限。语法格式如下：

```
GRANT USAGE ON * · *TO ' username'@' hostname' IDENTIFIED BY
```

[PASSWORD] 'new_password';

例 9.14 在 MySQL 命令行窗口中，通过 GRANT USAGE 语句修改数据库中 u_1 用户的密码，新密码为 admin888。

相应的 SQL 语句如下：

```
GRANT USAGE ON * . *TO 'u_1'@'localhost' IDENTIFIED BY 'admin888';
```

在 MySQL80 中，因为创建用户和权限已经分开，上述修改密码方式不适用。

（2）使用 UPDATE 语句修改普通用户的密码。

使用 UPDATE 语句修改普通用户的密码与修改 root 用户密码的方法相同，修改成功后也要使用 FLUSH PRIVILEGES 语句重新加载权限表，否则修改之后的密码无法生效。

（3）使用 SET 语句修改普通用户的密码。

使用 SET 语句修改普通用户的密码与修改 root 用户密码的方法基本相同。

例 9.15 修改普通用户 mysed 的密码为 my111。

相应的 SQL 语句如下：

```
set password for 'mysed'@'localhost'='my111';
```

3）普通用户修改自己的密码

普通用户也具有修改自己密码的权限。普通用户可以用原密码登录到 MySQL 之后，使用 ALTER 语句修改自己的密码。语法格式如下：

```
ALTER USER 'username'@'hostname' identified by 'new_password';
```

例 9.16 普通用户 hnzj 通过原密码 123 登录到 MySQL 之后，将密码修改为 hnzj111。

相应的 SQL 语句如下：

```
alter user 'hnzj'@'localhost' identified by 'hnzj111';
```

3. 删除用户

在 MySQL 系统中，如果某些用户不再需要，可以将其删除。删除用户有两种方式，分别为使用 DROP USER 语句和使用 DELETE 语句，具体方法如下。

1）使用 DROP USER 语句删除用户

使用 DROP USER 语句删除用户时，需要具有 DROP USER 的权限。语法格式如下：

```
DROP USER 'username'@'hostname';
```

例 9.17 使用 DROP USER 语句删除 user3 用户。

相应的 SQL 语句如下：

```
DROP USER 'user3'@'localhost';
```

使用以上语句删除用户后，用 select user,host,authentication_string from mysql.user;语句验证，查询结果如图 9-18 所示。

从执行结果可以看出，user3 已经成功删除。

```
mysql> select user,host,authentication_string from mysql.user;
+------------------+-----------+------------------------------------------------------------------------+
| user             | host      | authentication_string                                                  |
+------------------+-----------+------------------------------------------------------------------------+
| user4            | %         | $A$005$□□BO□%Q□'([8'ˆ(□HˆAsDxqtt04l4yoMmDKC1skNei/e5sNhEy5EnkMwSMADX1  |
| hnzj             | localhost | $A$005$!n□C!-R1OLvWDtkv□□AVNImROANtW9POZhV5j9KNkirb4xblq7OSK7LNRZykBB   |
| mysql.infoschema | localhost | $A$005$THISISACOMBINATIONOFINVALIDSALTANDPASSWORDTHATMUSTNEVERBRBEUSED  |
| mysql.session    | localhost | $A$005$THISISACOMBINATIONOFINVALIDSALTANDPASSWORDTHATMUSTNEVERBRBEUSED  |
| mysql.sys        | localhost | $A$005$THISISACOMBINATIONOFINVALIDSALTANDPASSWORDTHATMUSTNEVERBRBEUSED  |
| mythird          | localhost | *23AE809DDACAF96AF0FD78ED04B6A265E05AA257                              |
| root             | localhost | $A$005$Oˆuzh/b9□>ˆ□□l#□huPFt2ctrFAdqT4aVA1K9XcLxcRph/9ZiPRIyQJs8Gze0   |
| u_1              | localhost | $A$005$□□□HV□IfK□auza"'F□yW5Dlxnpc,jBxxZNoNQ2wTfAtu4ZZKOZeQZsWU1fVPbzAB |
+------------------+-----------+------------------------------------------------------------------------+
8 rows in set (0.00 sec)
```

图 9-18　用户 user3 删除成功

2）使用 DELETE 语句删除用户

使用 DELETE 语句删除用户与在表中删除数据是一样的，但必须具有 DELETE 的权限。语法格式如下：

```
DELETE FROM mysql.user WHERE user='username' AND host='hostname';
```

例 9.18　使用 DELETE 语句删除 user4 用户。

相应的 SQL 语句如下：

```
DELETE FROM mysql.user WHERE user='user4' AND host='%';
```

使用以上语句删除用户后，用 select user,host,authentication_string from mysql.user;语句验证，查询结果如图 9-19 所示。

```
mysql> DELETE FROM mysql.user WHERE user='user4' and host='%';
Query OK, 1 row affected (0.01 sec)

mysql> select user,host,authentication_string from mysql.user;
+------------------+-----------+------------------------------------------------------------------------+
| user             | host      | authentication_string                                                  |
+------------------+-----------+------------------------------------------------------------------------+
| hnzj             | localhost | $A$005$!n□C!-R1OLvWDtkv□□AVNImROANtW9POZhV5j9KNkirb4xblq7OSK7LNRZykBB   |
| mysql.infoschema | localhost | $A$005$THISISACOMBINATIONOFINVALIDSALTANDPASSWORDTHATMUSTNEVERBRBEUSED  |
| mysql.session    | localhost | $A$005$THISISACOMBINATIONOFINVALIDSALTANDPASSWORDTHATMUSTNEVERBRBEUSED  |
| mysql.sys        | localhost | $A$005$THISISACOMBINATIONOFINVALIDSALTANDPASSWORDTHATMUSTNEVERBRBEUSED  |
| mythird          | localhost | *23AE809DDACAF96AF0FD78ED04B6A265E05AA257                              |
| root             | localhost | $A$005$Oˆuzh/b9□>ˆ□□l#□huPFt2ctrFAdqT4aVA1K9XcLxcRph/9ZiPRIyQJs8Gze0   |
| u_1              | localhost | $A$005$□□□HV□IfK□auza"'F□yW5Dlxnpc,jBxxZNoNQ2wTfAtu4ZZKOZeQZsWU1fVPbzAB |
+------------------+-----------+------------------------------------------------------------------------+
7 rows in set (0.00 sec)
```

图 9-19　用户 user4 删除成功

从执行结果可以看出，user4 已经成功删除。

● 【任务总结】

本任务主要介绍了数据库用户管理，包括创建用户、修改用户密码和删除用户。创建用户可通过 CREATE USER、GRANT 和 INSERT 三种方式实现；修改用户密码可以以 root 用户的身份修改自己的密码、修改普通用户的密码，以及普通用户修改自己的密码；删除用户可以通过使用 DROP USER 语句和 DELETE 语句来实现。

任务三　权限管理

●【任务描述】

在 MySQL 数据库中,为了保证数据的安全性,数据库管理员需要为每个用户赋予不同的权限,以满足不同用户的需求。对权限管理简单的理解就是 MySQL 控制用户只能做权限以内的事情,不可以越界。权限管理主要是对登录到 MySQL 的用户进行权限验证,所有用户的权限都存储在 MySQL 的权限表中。合理的权限管理能够保证数据库系统的安全,而不合理的权限设置会给 MySQL 服务器带来安全隐患。本任务主要涉及应急物资管理系统数据库用户的权限管理,包括权限的授予、权限的查看、权限的回收。

●【任务分析】

MySQL 服务器通过 MySQL 权限表控制用户对数据库的访问。MySQL 数据库中有多种类型的权限表,这些权限表包括 user、db、table_priv、columns_priv、host 等。在 MySQL 启动时,服务器将这些数据库中的权限信息读取到内存中。

（1）user 权限表:是 MySQL 中最重要的一个权限表,记录允许连接到服务器的用户信息,里面的权限是全局级的。

（2）db 权限表:记录各个用户在各个数据库上的操作权限,决定用户从哪个主机存取哪个数据库。

（3）table_priv 权限表:对表设置操作权限。

（4）columns_priv 权限表:对表的某一列设置操作权限。

（5）host 权限表:配合 db 权限表对给定主机上数据库级的操作权限进行更细致的控制,这个权限表不受 GRANT 和 REVOKE 语句的影响。

●【任务实施】

1. MySQL 权限类型

MySQL 包括以下权限类型。

（1）INSERT 权限:权限范围为表,代表允许向表中插入数据。同时,在执行 ANALYZE TABLE、OPTIMIZE TABLE、REPAIR TABLE 语句时也需要 INSERT 权限。

（2）DELETE 权限:权限范围为表,代表允许删除行数据。

（3）DROP 权限:权限范围为数据库或表,代表允许删除数据库、表、视图。

（4）EVENT 权限:代表允许查询、创建、修改、删除 MySQL 事件。

（5）EXECUTE 权限:权限范围为存储过程、函数,代表允许执行存储过程和存储函数。

（6）FILE 权限:权限范围为服务器主机上的文件,代表允许在 MySQL 可以访问的目录中进行读/写磁盘文件的操作,可使用的命令包括 LOAD DATA INFILE、SELECT...INTO OUTFILE、LOAD_FILE()。

（7）GRANT OPTION 权限：权限范围为数据库、表或保存的程序。代表允许此用户授予或者回收其他用户的权限。

（8）INDEX 权限：权限范围为表，代表允许创建和删除索引。

（9）LOCK 权限：代表允许对拥有 SELECT 权限的表进行锁定，以防止其他链接对此表的读或写。

2. 权限的查询

MySQL 提供 SHOW GRANTS 语句来显示指定用户的权限信息。

语法格式如下：

```
SHOW GRANTS FOR 'username'@'hostname';
```

例 9.19　使用 SHOW GRANTS 语句查看 root 用户的权限信息。

相应的 SQL 语句如下：

```
SHOW GRANTS FOR 'root'@'localhost'\G
```

执行结果如图 9-20 所示。

```
mysql> SHOW GRANTS FOR 'root'@'localhost'\G
*************************** 1. row ***************************
Grants for root@localhost: GRANT SELECT, INSERT, UPDATE, DELETE, CREATE, DROP, RELOAD, SHUTDOWN, PROCESS, FILE, REFERENC
ES, INDEX, ALTER, SHOW DATABASES, SUPER, CREATE TEMPORARY TABLES, LOCK TABLES, EXECUTE, REPLICATION SLAVE, REPLICATION C
LIENT, CREATE VIEW, SHOW VIEW, CREATE ROUTINE, ALTER ROUTINE, CREATE USER, EVENT, TRIGGER, CREATE TABLESPACE, CREATE ROL
E, DROP ROLE ON *.* TO `root`@`localhost` WITH GRANT OPTION
*************************** 2. row ***************************
Grants for root@localhost: GRANT APPLICATION_PASSWORD_ADMIN,AUDIT_ABORT_EXEMPT,AUDIT_ADMIN,AUTHENTICATION_POLICY_ADMIN,B
ACKUP_ADMIN,BINLOG_ADMIN,BINLOG_ENCRYPTION_ADMIN,CLONE_ADMIN,CONNECTION_ADMIN,ENCRYPTION_KEY_ADMIN,FIREWALL_EXEMPT,FLUSH
_OPTIMIZER_COSTS,FLUSH_STATUS,FLUSH_TABLES,FLUSH_USER_RESOURCES,GROUP_REPLICATION_ADMIN,GROUP_REPLICATION_STREAM,INNODB_
REDO_LOG_ARCHIVE,INNODB_REDO_LOG_ENABLE,PASSWORDLESS_USER_ADMIN,PERSIST_RO_VARIABLES_ADMIN,REPLICATION_APPLIER,REPLICATI
ON_SLAVE_ADMIN,RESOURCE_GROUP_ADMIN,RESOURCE_GROUP_USER,ROLE_ADMIN,SENSITIVE_VARIABLES_OBSERVER,SERVICE_CONNECTION_ADMIN
,SESSION_VARIABLES_ADMIN,SET_USER_ID,SHOW_ROUTINE,SYSTEM_USER,SYSTEM_VARIABLES_ADMIN,TABLE_ENCRYPTION_ADMIN,TELEMETRY_LO
G_ADMIN,XA_RECOVER_ADMIN ON *.* TO `root`@`localhost` WITH GRANT OPTION
*************************** 3. row ***************************
Grants for root@localhost: GRANT PROXY ON ``@`` TO `root`@`localhost` WITH GRANT OPTION
3 rows in set (0.00 sec)
```

图 9-20　例 9.19 运行结果

从执行结果可以看出，root 用户包括了全部的权限，"WITH GRANT OPTION"表示 root 用户可为其他用户授权。

说明：通常我们用";"表示命令结束，上述命令中使用"\G"符号表示，可以将比较复杂的结果简单化展示。

3. 权限的授予

MySQL 数据库中的 root 用户默认拥有权限，普通用户默认不拥有权限。要授予普通用户对数据库进行增、删、改、查等操作的权限，在 MySQL 数据库中，可以用 GRANT 语句来完成权限的授予。

语法格式如下：

```
GRANT priv_type [(columns)][,priv_type[(columns)]] ON database.table TO 'username'@
'hostname' [IDENTIFIED BY 'password'] [,'username'@' hostname' [IDENTIFIED BY 'pass-
```

word']]...[WITH with_option [with_option]...]

说明：

priv_type：表示权限的类型。

columns：表示权限作用的字段，可以省略，如果省略则代表权限作用于整张表。

database. table：表示数据库的表名。

username：表示数据库的用户名。

hostname：表示主机名。

passwrod：表示用户的密码。

WITH 后面的 with_option 有 5 个选项，具体如下。

（1）GRANT OPTION：可以将自己的权限授予其他用户。

（2）MAX_QUERIES_PER_HOUR COUNT：一个用户在一个小时内可以执行查询的次数（基本包含所有语句）。

（3）MAX_UPDATE_PER_HOUR COUNT：每小时最多可以执行 COUNT 个更新操作。

（4）MAX_CONNECTIONS_PER_HOUR COUNT：每小时最大的连接数量为COUNT 个。

（5）MAX_USER_CONNECTIONS：每个用户最多可以同时建立 COUNT 个连接。

例 9.20 使用 GRANT 语句为一个新用户 userad（密码为 ud123），授予对所有数据库的查询、插入权限，并使用 WITH GRANT OPTION 子句授予该用户可将其权限授予给其他用户的权限。

相应的 SQL 语句如下。

（1）创建用户。

```
CREATE user 'userad'@'localhost' identified by 'ud123';
```

（2）为用户授权。

```
GRANT INSERT,SELECT ON *·* TO 'userad'@'localhost' WITH GRANT OPTION;
```

上述语句执行成功后，可以使用以下 SELECT 语句来查询 user 表中的用户权限：

```
SELECT host,user,insert_priv, select_priv, grant_priv FROM mysql.user WHERE us-
er='userad';
```

查询结果如图 9-21 所示。

4. 权限的收回

在 MySQL 数据库中，用户被授予权限之后，还可以根据具体需要收回部分或者全部权限，使用 REVOKE 语句可实现权限的收回。语法格式如下：

```
REVOKE PRIVILEGES ON DATABASE.TABLE FROM 'username'@'hostname'
```

```
mysql> CREATE user 'userad'@'localhost'identified by 'ud123';
Query OK, 0 rows affected (0.01 sec)

mysql> GRANT INSERT,SELECT ON *.* TO 'userad'@'localhost' WITH GRANT OPTION;
Query OK, 0 rows affected (0.01 sec)

mysql> SELECT host,user,insert_priv, select_priv, grant_priv FROM mysql.user WHERE user='userad';
+-----------+--------+-------------+-------------+------------+
| host      | user   | insert_priv | select_priv | grant_priv |
+-----------+--------+-------------+-------------+------------+
| localhost | userad | Y           | Y           | Y          |
+-----------+--------+-------------+-------------+------------+
1 row in set (0.00 sec)
```

图 9-21 用户 userad 的权限

以上语法格式中，PRIVILEGES 表示权限的类型，DATABASE. TABLE 表示数据库的表名，username 表示数据库的用户名，hostname 表示主机名。

例 9.21 使用 REVOKE 语句收回用户 userad 对所有数据库中数据表的 INSERT 权限。

相应的 SQL 语句如下：

```
REVOKE INSERT ON *·*FROM 'userad'@'localhost';
```

以上语句执行成功之后，使用 SELECT host,user,insert_priv, select_priv, grant_priv FROM mysql.user WHERE user='userad'; 语句查看 userad 用户的权限，查询结果如图 9-22 所示。

```
mysql> SELECT host,user,insert_priv, select_priv, grant_priv FROM mysql.user WHERE user='userad';
+-----------+--------+-------------+-------------+------------+
| host      | user   | insert_priv | select_priv | grant_priv |
+-----------+--------+-------------+-------------+------------+
| localhost | userad | N           | Y           | Y          |
+-----------+--------+-------------+-------------+------------+
1 row in set (0.00 sec)
```

图 9-22 用户 userad 的 insert 权限已收回

从执行结果可以看出，userad 已经不具有对数据库进行数据插入的权限了。

使用 REVOKE 语句还可以一次性收回所有权限，语法格式如下：

```
REVOKE ALL PRIVILEGES, GRANT OPTION FROM 'username'@'hostname';
```

例 9.22 使用 REVOKE 语句收回用户 userad 的所有权限。

相应的 SQL 语句如下：

```
REVOKE ALL PRIVILEGES, GRANT OPTION FROM 'userad'@'localhost';
```

以上语句执行成功之后，使用 SELECT host,user,insert_priv, select_priv, grant_priv FROM mysql.user WHERE user='userad';语句查看 userad 用户的权限，查询结果如图 9-23 所示。

从执行结果可以看出，userad 用户的 INSERT、SELECT、GRANT 权限已全部收回。

```
mysql> SELECT host,user,insert_priv, select_priv, grant_priv FROM mysql.user WHERE user='userad';
+-----------+--------+-------------+-------------+------------+
| host      | user   | insert_priv | select_priv | grant_priv |
+-----------+--------+-------------+-------------+------------+
| localhost | userad | N           | N           | N          |
+-----------+--------+-------------+-------------+------------+
1 row in set (0.00 sec)
```

图 9-23 用户 userad 的全部权限已收回

● 【任务总结】

本任务介绍了数据库中用户的权限管理。首先对权限类型作了说明,然后重点介绍了三个方面:一是权限的查询,二是权限的授予,三是权限的收回。数据库权限的管理关系到整个应用系统的安全,在实际应用中,数据库管理员应以最小权限为原则,为数据库的每个普通用户设置相应的权限。

拓展训练

在学生选课数据库 xsxk 中完成以下操作。

1. 在 D 盘创建一个新的备份文件夹 bak,使用 SQL 语句将 xsxk 数据库中的所有数据备份到 bak 文件夹下,备份文件名为 xsxk. sql。

2. 删除 xsxk 数据库,使用 SQL 命令恢复 xsxk 数据库。

3. 使用 SQL 语句创建 t_user 用户。

4. 使用 SQL 语句查看创建的 t_user 用户的信息。

5. 使用 SQL 语句删除 t_user 用户。

6. 使用 SQL 语句授予 t_user 用户对 xsxk 数据库中 studentinfo 表、teacher 表的查询、插入、更新和删除数据的权限。

7. 使用 SQL 语句收回 t_user 用户的全部权限。

课后习题

1. 下列选项中,可用于重置用户密码的语句是(　　　)。

A. ALTER USER   B. RENAME USER

C. CREATE USER   D. DROP UESR

2. 下列关于用户与权限的说法,错误的是(　　　)。

A. 具有空白用户名的账户是匿名用户

B. 通配符"％"和"_"均可用于用户的主机名中

C. REVOKE ALL 回收的权限不包括 GRANT OPTION

D. 以上说法均不正确

3. 下列选项中,(　　)语句可用于查看指定用户的权限。

A. GRANT GRANTS FOR 账户　　　　　B. REVOKE GRANTS FOR 账户

C. CREATE GRANTS FOR 账户　　　　D. SHOW GRANTS FOR 账户

4. CREATE USER 'test1' 语句的作用是(　　)。

A. 创建用户 test1　　　　　　　　　B. 创建用户 test,并设置密码为 1

C. 为已有用户 test 设置密码为 1　　　D. 为 test1 用户设定密码

5. 下列选项中,修改用户的关键语句是(　　)。

A. CREATE USER　　　　　　　　　B. CREATE TABLE

C. CREATE DATABASE　　　　　　　D. ALTER USER

6. 下列选项中,账户命名错误的是(　　)。

A. "@"　　　　　　　　　　　　　B. 'abc'@%

C. mark-manager@%　　　　　　　　D. test@localhost

7. 下列选项中,属于数据操作权限的特权是(　　)。

A. DELETE　　　　　　　　　　　B. ALTER

C. DROP　　　　　　　　　　　　D. 以上答案全部正确

8. 下列选项中,可用于收回代理权限的语句是(　　)。

A. REVOKE ALL FROM 账户

B. REVOKE PROXY FROM 账户

C. REVOKE PROXY ON 账户 1 FROM 账户 2

D. 以上语法均不正确

9. 下列选项中,关于权限收回描述正确的是(　　)。

A. 每次只能收回一个用户的指定权限

B. 除代理权限外,一次可收回用户的全部权限

C. 不能收回全局权限

D. 以上说法均不正确

10. 下列选项中,可用于删除用户账号的命令是(　　)。

A. DROP USER　　　　　　　　　　B. DROP TABLE USER

C. DELETE USER　　　　　　　　　D. DELETE FROM USER

项目十 存储过程与事务

【教学目标】

✧ 理解存储过程的概念和作用。
✧ 熟练掌握通过命令建立存储过程的方法。
✧ 理解事务的概念和特性。
✧ 能够通过命令的方式实现事务的提交和事务的回滚。

【思政目标】

✧ 通过对存储过程的学习,学生能够深刻理解存储过程的命令编写和执行均需遵循严格的语法和逻辑规则,从而培养学生遵守规则的意识。
✧ 通过对事务 ACID 特性的学习,培养学生对工作和社会责任的担当意识。
✧ 通过运用存储过程和事务来管理和维护数据库的学习,培养学生保护数据安全和隐私的职业道德。

任务一 存储过程的基本操作

●【任务描述】

通过完成本任务中关于存储过程的学习,学生能够深刻理解存储过程作为经过编译并存储在数据库中完成某些特定功能的 SQL 语句集合,通过被其他程序调用执行可以提升数据库应用程序的整体执行效率和安全性,同时可以增强程序的可重用性和可维护性。下面根据要求分别从应急物资管理系统中完成相关数据的操作。

●【任务分析】

在应急物资管理系统中,管理员可以根据需要建立存储过程。在 MySQL 中,调用存储过程来完成相关的任务,包括查询、删除、更新等操作,按用户的格式要求整理并将结果返回给用户。

● 【任务实施】

1. 存储过程概述

存储过程(Stored Procedure)是数据库开发中用于封装复杂逻辑的核心工具。它将高频使用或功能特定的一组 SQL 语句预编译后存储在数据库中,支持参数传递与结果返回,显著提升代码复用率、执行效率及安全性。尤其适用于海量数据处理与复杂业务场景,是优化数据库性能的关键技术之一。

1)存储过程的基本概念

在数据库开发过程中,数据库开发人员经常把一些需要反复执行的代码封装在一个独立的语句块中。这些语句块独立放置且能实现一定具体功能,我们称之为"过程"(procedure)。存储过程(stored procedure)是一组完成特定功能的 SQL 语句集,经编译后存储在数据库中。存储过程可包含程序流、编辑及对数据库的查询。它们可以接收参数、输出参数、返回单个或者多个结果集及返回值。在 MySQL 操作过程中,数据库开发人员可以根据实际系统运行需要,把在数据库操作过程中频繁使用的一些 MySQL 代码封装为一个存储过程,需要执行 MySQL 代码时则调用这些存储过程。

存储过程增强了 SQL 语言编程的灵活性,提高了数据库应用程序的运行效率,增强了代码的重用性和安全性,同时也使程序代码维护起来更加容易,从而大大减少数据库开发人员的工作量,缩短整个数据库程序的开发时间。

2)存储过程的作用

存储过程的作用包括以下几个方面。

(1)使用存储过程有利于提高程序设计的灵活性。在存储过程内可以编写各种功能代码,完成复杂的判断和运算,具有很强的灵活性。

(2)存储过程把一组功能代码作为单位组件。存储过程被创建后,可以在程序中被多次反复调用,数据库开发人员可以根据实际情况随时修改存储过程,不影响应用程序源代码。

(3)使用存储过程有利于提高程序的执行速度。存储过程是预编译的,这样可以大大提高数据库的处理速度。

(4)使用存储过程能减少网络访问的负荷。在客户的计算机上调用存储过程时,传送的只是该调用语句,而不是这一功能的全部代码,能大大减少网络流量。

(5)使用存储过程能增加安全性。作为一种安全机制,系统管理员可以充分利用存储过程对相应数据的访问权限进行限制,以避免非授权用户对数据的访问,保证数据的安全。

2. 创建与调用存储过程

1)创建存储过程

语法格式如下:

```
CREATE PROCEDURE sp_name ([proc_parameter[,...]])
```

```
    [characteristic ...]
proc_parameter:
    [IN | OUT | INOUT] param_name type
characteristic: {
    COMMENT 'string'
  | LANGUAGE SQL
  | [NOT] DETERMINISTIC
  | {CONTAINS SQL | NO SQL | READS SQL DATA | MODIFIES SQL DATA}
  | SQL SECURITY {DEFINER | INVOKER}
}
routine_body
```

说明：

sp_name：存储过程的名称。创建时注意不要与 MySQL 内置函数同名。

proc_parameter：存储过程的参数列表，包含参数名称和参数的数据类型。若有多个参数，参数之间用逗号隔开。[IN | OUT | INOUT] param_name type，IN | OUT | INOUT 表示输入参数、输出参数、输入输出参数。

characteristic：指定存储过程的特性，有以下取值。

● COMMENT 'string'：注释信息，可以用来描述存储过程或函数。

● LANGUAGE SQL：说明 routine_body 部分是由 SQL 语言的语句组成，这也是数据库系统默认的语言。

● [NOT] DETERMINISTIC：指明存储过程的执行结果是否是确定的。DETERMIN-ISTIC 表示结果是确定的。每次执行存储过程时，相同的输入会得到相同的输出。NOT DETERMINISTIC 表示结果是非确定的，相同的输入可能得到不同的输出。默认情况下，结果是非确定的。

● {CONTAINS SQL | NO SQL | READS SQL DATA | MODIFIES SQL DATA}：指明子程序使用 SQL 语句的限制。CONTAINS SQL 表示子程序中包含 SQL 语句，但不包含读或写数据的语句；NO SQL 表示子程序中不包含 SQL 语句；READS SQL DATA 表示子程序中包含读数据的语句；MODIFIES SQL DATA 表示子程序中包含写数据的语句。默认情况下，系统会指定为 CONTAINS SQL。

● SQL SECURITY {DEFINER | INVOKER}：指明谁有权限来执行。DEFINER 表示只有定义者自己才能够执行；INVOKER 表示拥有权限的调用者可以执行。默认情况下，系统指定的权限是 DEFINER。

routine_body：存储过程的语句体。语句体以 BEGIN 开头、END 结束。每一个语句都要用分号";"结尾。当存储过程的语句体只有一条 SQL 语句时，可以省略 BEGIN 和 END。

由于存储过程的内部语句要以分号结束，需要在定义存储过程前，用 DELIMITER 关键字定义其他字符作为结束标志。

2）调用存储过程

语法格式如下：

```
CALL sp_name(parameter1,parameter2[,...]);
CALL sp_name();
```

例 10.1　在数据库 wzgl 下，创建一个存储过程 proc_1()，用来查询 goods 表中商品的平均价格和总数量，并调用该存储过程。

相应的 SQL 语句如下：

① 创建存储过程 proc_1()。

```
delimiter //
create procedure proc_1()
begin
select sum(g_qty),avg(unit_price) from goods;
end
//
```

② 调用存储过程。

```
call proc_1() //
```

执行结果如图 10-1 所示。

```
mysql> delimiter //
mysql> create procedure proc_1()
    -> begin
    -> select sum(g_qty),avg(unit_price) from goods;
    -> end
    -> //
Query OK, 0 rows affected (0.01 sec)

mysql> call proc_1() //
+------------+-----------------+
| sum(g_qty) | avg(unit_price) |
+------------+-----------------+
|       9341 |     7997.583333 |
+------------+-----------------+
1 row in set (0.01 sec)

Query OK, 0 rows affected (0.01 sec)
```

图 10-1　例 10.1 运行结果

例 10.2　分别复制一份 supplier 表和 goods 表，命名为 s_bak、g_bak，然后创建一个存储过程 proc_2，删除 s_bak 表中部门 id 为 1 的记录。

（1）在可能存在外键约束的情况下，要考虑到外键约束。

相应的 SQL 语句如下：

```
show create table goods\G
```

查看 goods 表的结构信息，可以看到，s_id 建立有外键约束，如图 10-2 所示。

```
mysql> show create table goods\G
*************************** 1. row ***************************
       Table: goods
Create Table: CREATE TABLE 'goods' (
  'g_id' int NOT NULL AUTO_INCREMENT,
  'g_name' varchar(30) NOT NULL,
  's_id' int NOT NULL,
  'type_id' int DEFAULT NULL,
  'unit_price' decimal(8,2) DEFAULT NULL,
  'g_qty' int DEFAULT '0',
  'goods_memo' varchar(200) DEFAULT NULL,
  PRIMARY KEY ('g_id'),
  KEY 's_id' ('s_id'),
  CONSTRAINT 'goods_ibfk_1' FOREIGN KEY ('s_id') REFERENCES 'supplier' ('s_id'),
  CONSTRAINT 'goods_chk_1' CHECK (('unit_price' >= 0))
) ENGINE=InnoDB AUTO_INCREMENT=31 DEFAULT CHARSET=utf8mb4 COLLATE=utf8mb4_0900_ai_ci
1 row in set (0.00 sec)
```

图 10-2　查看 goods 表的结构

（2）定义一个名为 proc_2 的存储过程，输入参数为 int 型的 su_id 变量，然后调用该存储过程，指定一个部门 id 为 1，然后删除部门为 1 的在 goods 表中的记录。

① 复制表的 SQL 语句如下：

```
CREATE TABLE s_bak LIKE supplier;
INSERT INTO s_bak SELECT * FROM supplier;
CREATE TABLE g_bak LIKE goods;
INSERT INTO g_bak SELECT * FROM goods;
```

② 创建存储过程的 SQL 语句如下：

```
delimiter //
create procedure proc_2(in su_id int)
begin
delete from g_bak where s_id= (select s_id from s_bak where s_id=su_id); #先根据传入参数的供应商 id,删除 goods 表中记录
delete from s_bak where s_id=su_id;
end //
```

执行后的结果如图 10-3 所示。

```
mysql> delimiter //
mysql> create procedure proc_2(in su_id int)
    -> begin
    -> delete from g_bak where s_id=(select s_id from s_bak where s_id=su_id); #先根据传入参数的供应商id, 删除goods表
中记录
    -> delete from s_bak where s_id=su_id;
    -> end //
Query OK, 0 rows affected (0.04 sec)
```

图 10-3　创建存储过程 proc_2

③ 调用存储过程的 SQL 语句如下：

```
call proc_2(1);
```

④ 验证结果的 SQL 语句如下：

```
select * from s_bak;
```

执行后的结果如图 10-4 所示，从结果中我们看到 s_id 为 1 的记录已经被删除了。

```
mysql> select * from s_bak;
+------+-------------------+------------+
| s_id | s_name            | phone      |
+------+-------------------+------------+
|    2 | 广百天怡          | 1313231263 |
|    3 | 3W                | 1313249193 |
|    4 | 绿色食品有限公司  | 01011789   |
|    5 | 雁南照明          | 01025784   |
|    6 | 阳光器械          | 02014785   |
|    7 | 有机生活          | 02079885   |
+------+-------------------+------------+
6 rows in set (0.00 sec)
```

图 10-4　s_bak 表中 s_id 为 1 的数据已被删除

⑤ 查看从表结果的 SQL 语句如下：

```
select * from g_bak;
```

执行后的结果如图 10-5 所示，从结果中我们看到 s_id 为 1 的记录也已经被删除。

```
mysql> select * from g_bak;
+------+--------------+------+---------+------------+-------+------------+
| g_id | g_name       | s_id | type_id | unit_price | g_qty | goods_memo |
+------+--------------+------+---------+------------+-------+------------+
|    2 | 防火服       |    2 |       1 |     450.00 |   200 | NULL       |
|    3 | 防爆服       |    2 |       1 |  225000.00 |     1 | NULL       |
|    5 | 水下呼吸器   |    2 |       1 |     120.00 |    20 | NULL       |
|    6 | 安全帽       |    2 |       1 |      40.00 |   200 | NULL       |
|    7 | 水靴         |    2 |       1 |      55.00 |   200 | NULL       |
|    9 | 止血绷带     |    3 |       2 |      32.00 |   200 | NULL       |
|   10 | 救生圈       |    3 |       2 |      50.00 |   200 | NULL       |
|   11 | 保护气垫     |    3 |       2 |    1980.00 |    50 | NULL       |
|   12 | 红外探测器   |    3 |       2 |     360.00 |    50 | NULL       |
|   13 | 氧气瓶       |    3 |       2 |      60.00 |   200 | NULL       |
|   14 | 生命探测仪   |    3 |       2 |    9500.00 |    10 | NULL       |
|   15 | 瓶装水       |    4 |       3 |       1.50 |  1000 | NULL       |
|   16 | 压缩饼干     |    4 |       3 |      32.00 |  1000 | 箱         |
|   17 | 水果罐头     |    4 |       3 |      50.00 |  1000 | 箱         |
|   18 | 帐篷         |    4 |       3 |     150.00 |   200 | NULL       |
|   19 | 棉衣         |    4 |       3 |     100.00 |   500 | NULL       |
|   20 | 棉被         |    4 |       3 |     200.00 |   500 | NULL       |
|   21 | 方便面       |    4 |       3 |      22.00 |   500 | 箱         |
|   22 | 手电         |    5 |       5 |      20.00 |   500 | NULL       |
|   23 | 探照灯       |    5 |       5 |      50.00 |   300 | NULL       |
|   24 | 防水灯       |    5 |       5 |     160.00 |   100 | NULL       |
|   25 | 电钻         |    6 |       4 |     300.00 |   100 | NULL       |
|   26 | 灭火器       |    6 |       4 |     120.00 |   300 | NULL       |
|   27 | 绳索         |    6 |       4 |      20.00 |   200 | NULL       |
|   28 | 警报器       |    6 |       4 |     320.00 |    50 | NULL       |
|   29 | 电锯         |    6 |       4 |     300.00 |    50 | NULL       |
|   30 | 口罩         |    2 |       1 |      10.00 |  1000 | 盒         |
+------+--------------+------+---------+------------+-------+------------+
27 rows in set (0.00 sec)
```

图 10-5　g_bak 表中 s_id 为 1 的数据已被删除

3. 查看存储过程

MySQL 系统的存储过程和函数建立后的信息都存储在系统数据库 information_schema 的 routines 表中,可以通过查看该表信息来查看所有存储过程和函数信息,也可以通过状态和定义查看语句来查看存储过程和函数的相关信息。

1)通过查看 routines 表信息查看存储过程

例 10.3 通过查看 information_schema.routines 表信息来查看所有存储过程和函数信息。相应的 SQL 语句如下:

```
select routine_name from information_schema.routines;
```

执行后的结果如图 10-6 所示。

```
mysql> select routine_name from information_schema.routines;
+---------------------------------------+
| ROUTINE_NAME                          |
+---------------------------------------+
| extract_schema_from_file_name         |
| extract_table_from_file_name          |
| format_bytes                          |
| format_path                           |
| format_statement                      |
| format_time                           |
| list_add                              |
| list_drop                             |
| ps_is_account_enabled                 |
| ps_is_consumer_enabled                |
| ps_is_instrument_default_enabled      |
| ps_is_instrument_default_timed        |
| ps_is_thread_instrumented             |
| ps_thread_id                          |
| ps_thread_account                     |
| ps_thread_stack                       |
| ps_thread_trx_info                    |
| quote_identifier                      |
| sys_get_config                        |
| version_major                         |
| version_minor                         |
```

图 10-6 例 10.3 查询结果

```
select * from information_schema.routines where routine_name like '%proc%'\G
```

以上语句可以查看所有包含 proc 存储过程的详细信息,执行后的结果如图 10-7 所示。

```
mysql> select * from information_schema.routines where routine_name like '%proc%'\G
*************************** 1. row ***************************
           SPECIFIC_NAME: proc_1
         ROUTINE_CATALOG: def
          ROUTINE_SCHEMA: wzgl
            ROUTINE_NAME: proc_1
            ROUTINE_TYPE: PROCEDURE
               DATA_TYPE:
CHARACTER_MAXIMUM_LENGTH: NULL
  CHARACTER_OCTET_LENGTH: NULL
       NUMERIC_PRECISION: NULL
           NUMERIC_SCALE: NULL
      DATETIME_PRECISION: NULL
      CHARACTER_SET_NAME: NULL
          COLLATION_NAME: NULL
          DTD_IDENTIFIER: NULL
            ROUTINE_BODY: SQL
      ROUTINE_DEFINITION: begin
select sum(g_qty),avg(unit_price) from goods;
```

图 10-7 查看含 proc 的存储过程信息

2）通过 SHOW STATUS 语句查看存储过程的定义

语法格式如下：

```
SHOW PROCEDURE STATUS［LIKE'字符串'］
```

其中，PROCEDURE 表示要查看的存储过程。LIKE 关键字后面的字符串表示要匹配的存储过程的名称，用法类似单表查询中的模糊查询。如果没有指定，则所有存储过程都将被列出。

例 10.4　查看所有名称里含有字母"proc"的存储过程。

相应的 SQL 语句如下：

```
show procedure status like '%proc%'\G
```

执行后的结果如图 10-8 所示。

```
mysql> show procedure status like '%proc%'\G
*************************** 1. row ***************************
                  Db: wzgl
                Name: proc_1
                Type: PROCEDURE
             Definer: root@localhost
            Modified: 2023-08-16 22:45:52
             Created: 2023-08-16 22:45:52
       Security_type: DEFINER
             Comment:
character_set_client: utf8mb4
collation_connection: utf8mb4_0900_ai_ci
  Database Collation: utf8mb4_0900_ai_ci
*************************** 2. row ***************************
                  Db: wzgl
                Name: proc_2
                Type: PROCEDURE
             Definer: root@localhost
            Modified: 2023-08-17 10:31:30
             Created: 2023-08-17 10:31:30
       Security_type: DEFINER
             Comment:
character_set_client: utf8mb4
collation_connection: utf8mb4_0900_ai_ci
  Database Collation: utf8mb4_0900_ai_ci
2 rows in set (0.00 sec)
```

图 10-8　例 10.4 运行结果

3）通过 SHOW CREATE 语句查看存储过程的定义

语法格式如下：

```
SHOW CREATE PROCEDURE 存储过程;
```

例 10.5　查看存储过程 proc_1 的定义。

相应的 SQL 语句如下：

```
show create procedure proc_1\G
```

执行后的结果如图 10-9 所示。

```
mysql> show create procedure proc_1\G
*************************** 1. row ***************************
           Procedure: proc_1
            sql_mode: ONLY_FULL_GROUP_BY,STRICT_TRANS_TABLES,NO_ZERO_IN_DATE,NO_ZERO_DATE,ERROR_FOR_DIVISION_BY_ZERO,NO_
ENGINE_SUBSTITUTION
    Create Procedure: CREATE DEFINER=`root`@`localhost` PROCEDURE `proc_1`()
begin
select sum(g_qty),avg(unit_price) from goods;
end
character_set_client: utf8mb4
collation_connection: utf8mb4_0900_ai_ci
  Database Collation: utf8mb4_0900_ai_ci
1 row in set (0.00 sec)
```

图 10-9　例 10.5 运行结果

4. 修改存储过程

修改存储过程是由 ALTER PROCEDURE 语句来完成的,语法格式如下:

ALTER PROCEDURE sp_name [characteristic...];

说明:

sp_name:表示存储过程的名称。

characteristic:指定存储函数的特性,其内容和含义参照存储过程的定义语句。

注意:使用 ALTER 语句只能修改存储过程的特性。要重新定义存储过程,应先删除原有的存储过程,再重新创建该存储过程。

例 10.6　修改存储过程 proc_2 的定义,将读写权限改为 MODIFIES SQL DATA。

(1)查看 proc_2 的信息,对应的 SQL 语句如下:

```
SELECT SPECIFIC_NAME,SQL_DATA_ACCESS, SECURITY_TYPE FROM
information_schema.routines where routine_name='proc_2';
```

执行后的结果如图 10-10 所示。

```
mysql> SELECT SPECIFIC_NAME,SQL_DATA_ACCESS, SECURITY_TYPE FROM
    -> information_schema.routines where routine_name='proc_2';
+---------------+-----------------+---------------+
| SPECIFIC_NAME | SQL_DATA_ACCESS | SECURITY_TYPE |
+---------------+-----------------+---------------+
| proc_2        | CONTAINS SQL    | DEFINER       |
+---------------+-----------------+---------------+
1 row in set (0.00 sec)
```

图 10-10　proc_2 的定义

(2)修改存储过程对应的 SQL 语句如下:

```
ALTER PROCEDURE proc_2
MODIFIES SQL DATA;
```

再次查看 proc_2 的信息,执行后的结果如图 10-11 所示。

```
mysql> SELECT SPECIFIC_NAME,SQL_DATA_ACCESS, SECURITY_TYPE FROM
    -> information_schema.routines where routine_name='proc_2';
+---------------+-----------------+---------------+
| SPECIFIC_NAME | SQL_DATA_ACCESS | SECURITY_TYPE |
+---------------+-----------------+---------------+
| proc_2        | MODIFIES SQL DATA | DEFINER     |
+---------------+-----------------+---------------+
1 row in set (0.00 sec)
```

图 10-11　修改后的 proc_2 的信息

从执行结果可以看到,存储过程修改成功。

5．删除存储过程

MySQL 中可以使用 DROP 语句删除存储过程。

语法格式如下:

DROP PROCEDURE [IF EXISTS] 存储过程名称;

上述语法格式中,IF EXISTS 表示如果程序不存在,它可以避免发生错误,仅产生一个警告。该警告可以使用 SHOW WARNINGS 语句进行查询。

例 10.7　删除存储过程 proc_1。

相应的 SQL 语句如下:

drop procedure if exists proc_1;

使用 show 语句查看:

show procedure status like '%proc%'\G

执行后的结果如图 10-12 所示。

```
mysql> show procedure status like '%proc%'\G
*************************** 1. row ***************************
                  Db: wzgl
                Name: proc_2
                Type: PROCEDURE
             Definer: root@localhost
            Modified: 2023-08-17 10:31:30
             Created: 2023-08-17 10:31:30
       Security_type: DEFINER
             Comment:
character_set_client: utf8mb4
collation_connection: utf8mb4_0900_ai_ci
  Database Collation: utf8mb4_0900_ai_ci
1 row in set (0.00 sec)
```

图 10-12　例 10.7 查询结果

从执行结果可以看到,存储过程 proc_1 被删除了。

● **【任务总结】**

本任务主要介绍了存储过程的基本概念、创建、调用、查看、修改和删除。在使用存储过程时,应结合前面内容一起思考。

任务二　事务

● 【任务描述】

在日常生活中,事务处理数据应用十分广泛,如银行转账、电子商务交易等。这些应用都有一个特征,就是整个处理过程是由一系列的操作组成。在关系型数据库中,一个事务可以是一条 SQL 语句、一组 SQL 语句或整个程序。事务处理可以保证一组操作不会中途停止,要么作为整体执行,要么完全不执行,从而提供一种数据保护机制。下面根据要求进行事务处理。

● 【任务分析】

在应急物资管理系统中,管理员可以根据需要进行事务处理以完成相应的任务。在 MySQL 中,可以使用 commit 提交来完成整体操作,根据用户定义的显式事务来选择是否进行提交和回滚。

● 【任务实施】

1. 事务的基本概念

事务(transaction)是将一个数据处理操作序列作为一个整体来执行的一种机制。这些操作是一个不可分割的逻辑工作单元,即事务更新操作要么都执行,要么都不执行。通过事务的整体性可以保证数据的一致性。

2. 事务的特性

事务是作为并发控制的最小控制单元,具备以下 ACID 四个特性。

1) 原子性(atomicity)

事务是一个完整的、不可分割的操作,具有原子特性。事务的所有操作作为一个整体提交或回滚,要么全部完成,要么全部不完成,不会结束在中间某个环节。如果事务在执行过程中发生错误,则会被回滚(Rollback)到事务开始前的状态,就像这个事务从来没有执行过一样。

2) 一致性(consistency)

事务完成后,数据库数据总是从一个一致的状态到另一个一致的状态,不允许中间状态的存在。

3) 隔离性(isolation)

数据库允许多个并发事务同时对其数据进行读写和修改,但这些并发事务之间是彼此隔离的。一个事务看到的数据要么是其他事务修改前的状态,要么是其他事务修改完成的状态,这个事务不能看到其他事务正在修改的数据。

4) 持久性(durability)

事务处理结束后,对数据的修改就是永久的。一旦事务被提交,事务就永久地保持在数据库中,不能被回滚,即便系统发生故障也不会丢失。

3. 事务的类型

MySQL 的事务分为显式事务和隐式事务。默认的事务是隐式事务,由系统提供,变量 autocommit 在操作时会自动开启、提交和回滚;另一种是用户定义的显式事务,由用户自己控制事务的开启、提交、回滚等操作。

1) 隐式事务

在 MySQL 命令行的默认设置下,事务都是自动提交的,一条语句就构成了一个事务,即执行 SQL 语句完成后被提交或者回滚。

例如 CREATE TABLE、ALTER TABLE、SELECT、INSERT、UPDATE、DELETE、DROP、TRUNCATE TABLE、GRANT、REVOKE 等语句的执行都是自动提交事务。

2) 显式事务

显式事务由用户显式定义事务启动和结束。MySQL 默认是自动提交事务,Value 的值是 ON,表示 autocommit 开启,每条 SQL 语句就是一个事务。而显示事务可以使用以下两种方法开启。

方法一:使用 BEGIN 或 START TRANSACTION 开启一个事务,同时用事务提交或事务回滚来结束事务。

方法二:执行命令"SET AUTOCOMMIT=0"来禁止当前会话的自动提交,执行命令"SET AUTOCOMMIT=1"来恢复当前会话的自动提交。

MySQL 中使用 SHOW VARIABLES 可以查看事务提交状态值。

相应的 SQL 语句如下:

```
SHOW VARIABLES LIKE 'autocommit';
```

执行后的结果如图 10-13 所示。

```
mysql> SHOW VARIABLES LIKE 'autocommit';
+---------------+-------+
| Variable_name | Value |
+---------------+-------+
| autocommit    | ON    |
+---------------+-------+
1 row in set, 1 warning (0.03 sec)
```

图 10-13　查看事务提交状态值

注意:开启事务显式模式,AUTOCOMMIT=0 与 AUTOCOMMIT=off 是一样的,表示关闭自动提交,相应的 SQL 语句如下:

```
mysql> SET AUTOCOMMIT=0;
```

4. 事务的开启与提交

在 MySQL 中定义事务处理的语句主要有以下三个。

1) 开启事务

语法格式:START TRANSACTION;

说明:MySQL 中是不允许事务嵌套的,开启一个新的事务后,前面的事务会自动提交。

2)提交事务

语法格式:COMMIT;

说明:启动事务之后,开始执行事务内的 SQL 语句。当 SQL 语句执行完毕后必须提交事务,才能使事务中的所有操作永久生效,同时结束当前会话事务,并释放连接时占用的资源。

3)回滚事务

语法格式:ROLLBACK;

说明:当事务在执行过程中遇到错误时,事务中的所有操作都要被取消,返回到事务执行前的状态,这就是回滚事务。回滚事务执行后,数据状态回滚到事务开始前,同时结束当前会话事务,并释放事务占用的资源。

例 10.8 向 wzgl 数据库的供应商信息表 s_bak 中插入 3 行记录(用三种不同的方法执行并对比查看结果),第一条用“START TRANSACTION;”开启事务,添加后使用 COMMIT 提交结束事务;第二条为自动提交事务;第三条用“SET AUTOCOMMIT＝0;”关闭自动提交事务,启动显式事务提交模式,添加后使用 ROLLBACK 回滚结束事务。

(1) 使用 START TRANSACTION。

相应的 SQL 语句如下:

```
START TRANSACTION;
INSERT INTO s_bak VALUES (1,'真牛医疗器械','02036879');
```

执行后的结果如图 10-14 所示。

图 10-14 查看 s_bak 的结果

从执行结果可以看出,数据已经添加完成,似乎已经完成了事务的处理。但是退出数据库重新登录后,再次对 s_bak 表进行查询,执行后的结果如图 10-15 所示,发现事务中的记录并未成功插入。

```
mysql> use wzgl;
Database changed
mysql> SELECT * FROM s_bak;
+------+------------------+------------+
| s_id | s_name           | phone      |
+------+------------------+------------+
|    2 | 广百天怡         | 1313231263 |
|    3 | 3W               | 1313249193 |
|    4 | 绿色食品有限公司 | 01011789   |
|    5 | 雁南照明         | 01025784   |
|    6 | 阳光器械         | 02014785   |
|    7 | 有机生活         | 02079885   |
+------+------------------+------------+
6 rows in set (0.00 sec)
```

图 10-15 重新登录数据库后查看 s_bak 的结果

这是因为事务采用的是手动提交模式,未经提交(COMMIT)就已经退出数据库,事务中的操作被自动取消了。为了让上述记录能够永久写入数据库中,需要在事务处理结束后加入 COMMIT 语句来完成整个事务的提交。

相应的 SQL 语句如下:

```
START TRANSACTION;
INSERT INTO s_bak VALUES (1,'真牛医疗器械','02036879');
COMMIT;
```

执行完毕后,退出数据库重新登录,使用 SELECT 语句查询 s_bak 表中的记录,查询结果如图 10-16 所示。

```
mysql> START TRANSACTION;
Query OK, 0 rows affected (0.03 sec)

mysql> INSERT INTO  s_bak VALUES (1,'真牛医疗器械','02036879');
Query OK, 1 row affected (0.00 sec)

mysql> COMMIT;
Query OK, 0 rows affected (0.00 sec)

mysql> SELECT * FROM s_bak;
+------+------------------+------------+
| s_id | s_name           | phone      |
+------+------------------+------------+
|    1 | 真牛医疗器械     | 02036879   |
|    2 | 广百天怡         | 1313231263 |
|    3 | 3W               | 1313249193 |
|    4 | 绿色食品有限公司 | 01011789   |
|    5 | 雁南照明         | 01025784   |
|    6 | 阳光器械         | 02014785   |
|    7 | 有机生活         | 02079885   |
+------+------------------+------------+
7 rows in set (0.00 sec)
```

图 10-16 提交事务后查看 s_bak 的结果

(2)自动提交。

相应的 SQL 语句如下:

```
INSERT INTO s_bak VALUES (8,'真香集团','0203');
```

执行后的结果如图 10-17 所示。

```
mysql> INSERT INTO  s_bak VALUES (8,'真香集团','0203');
Query OK, 1 row affected (0.00 sec)

mysql> SELECT * FROM s_bak;
+------+-----------------+-------------+
| s_id | s_name          | phone       |
+------+-----------------+-------------+
|    1 | 真牛医疗器械     | 02036879    |
|    2 | 广百天怡         | 1313231263  |
|    3 | 3W              | 1313249193  |
|    4 | 绿色食品有限公司  | 01011789    |
|    5 | 雁南照明         | 01025784    |
|    6 | 阳光器械         | 02014785    |
|    7 | 有机生活         | 02079885    |
|    8 | 真香集团         | 0203        |
+------+-----------------+-------------+
8 rows in set (0.00 sec)
```

图 10-17 查看自动提交后的结果

（3）使用事务回滚。

相应的 SQL 语句如下：

```
SET AUTOCOMMIT= 0;

INSERT INTO s_bak VALUES (9,'绿色能源新生活','02035555');
```

执行后的结果如图 10-18 所示。

```
mysql> SET AUTOCOMMIT=0;
Query OK, 0 rows affected (0.00 sec)

mysql> INSERT INTO s_bak VALUES (9,'绿色能源新生活','02035555');
Query OK, 1 row affected (0.00 sec)

mysql> SELECT * FROM s_bak;
+------+-----------------+-------------+
| s_id | s_name          | phone       |
+------+-----------------+-------------+
|    1 | 真牛医疗器械     | 02036879    |
|    2 | 广百天怡         | 1313231263  |
|    3 | 3W              | 1313249193  |
|    4 | 绿色食品有限公司  | 01011789    |
|    5 | 雁南照明         | 01025784    |
|    6 | 阳光器械         | 02014785    |
|    7 | 有机生活         | 02079885    |
|    8 | 真香集团         | 0203        |
|    9 | 绿色能源新生活    | 02035555    |
+------+-----------------+-------------+
9 rows in set (0.00 sec)
```

图 10-18 未执行回滚前 s_bak 表的结果

执行事务回滚，相应的 SQL 语句如下：

```
ROLLBACK;
```

执行后的结果如图 10-19 所示。

```
mysql> ROLLBACK;
Query OK, 0 rows affected (0.00 sec)

mysql> SELECT * FROM s_bak;
+------+-----------------+------------+
| s_id | s_name          | phone      |
+------+-----------------+------------+
|    1 | 真牛医疗器械     | 02036879   |
|    2 | 广百天怡         | 1313231263 |
|    3 | 3W              | 1313249193 |
|    4 | 绿色食品有限公司  | 01011789   |
|    5 | 雁南照明         | 01025784   |
|    6 | 阳光器械         | 02014785   |
|    7 | 有机生活         | 02079885   |
|    8 | 真香集团         | 0203       |
+------+-----------------+------------+
8 rows in set (0.00 sec)
```

图 10-19　执行回滚后的 s_bak 表的结果

从执行结果可以看出，COMMIT 的记录永久保存，不在显式事务模式的记录会自动提交，不能回滚；在显式事务模式的记录可以回滚，回滚后的记录没有添加入数据表。

5. 事务的保存点

建立事务保存点(Savepoint)后，事务可以回滚到事务保存点而不影响事务保存点创建前的操作，不需要放弃整个事务。保存点有创建、回滚、删除三个相关操作。

1）创建保存点

语法格式：SAVEPOINT savepoint_name;

说明：savepoint_name 为事务保存点名称。一个事务中可以有多个事务保存点。

2）事务回滚到某个事务保存点

语法格式：ROLLBACK TO savepoint_name;

说明：回滚到保存点并不结束事务，仍然需要 COMMIT 或者 ROLLBACK 语句来结束事务。

3）删除一个事务的保存点

语法格式：RELEASE SAVEPOINT savepoint_name;

例 10.9　创建一个事务，向 wzgl 数据库的 s_bak 信息表中插入一行记录，设置保存点，然后在事务中修改该记录，回滚事务到保存点(记录回到修改前的状态)，然后 COMMIT。

相应的 SQL 语句如下。

（1）开启事务。

```
START TRANSACTION;
```

（2）添加数据。

```
INSERT INTO s_bak VALUES (9,'绿色能源新生活','02035555');
```

（3）创建保存点。

```
savepoint point1;
update s_bak set phone='11111' where s_id=2;
select * from s_bak;
```

执行后的结果如图 10-20 所示。

```
mysql> START TRANSACTION;
Query OK, 0 rows affected (0.03 sec)

mysql> INSERT INTO  s_bak VALUES (9,'绿色能源新生活','02035555');
Query OK, 1 row affected (0.00 sec)

mysql> SAVEPOINT point1;
Query OK, 0 rows affected (0.00 sec)

mysql> UPDATE s_bak SET phone='11111' WHERE s_id=2;
Query OK, 0 rows affected (0.00 sec)
Rows matched: 1  Changed: 0  Warnings: 0

mysql> SELECT * FROM s_bak;
+------+-----------------+------------+
| s_id | s_name          | phone      |
+------+-----------------+------------+
|    1 | 真牛医疗器械     | 02036879   |
|    2 | 广百天怡         | 11111      |
|    3 | 3W              | 1313249193 |
|    4 | 绿色食品有限公司  | 01011789   |
|    5 | 雁南照明         | 01025784   |
|    6 | 阳光器械         | 02014785   |
|    7 | 有机生活         | 02079885   |
|    8 | 真香集团         | 0203       |
|    9 | 绿色能源新生活    | 02035555   |
+------+-----------------+------------+
9 rows in set (0.00 sec)
```

图 10-20　添加保存点后 s_bak 中的数据

（4）回滚保存点。

```
rollback to savepoint point1;

select * from s_bak;
```

执行后的结果如图 10-21 所示。

```
mysql> ROLLBACK to SAVEPOINT point1;
Query OK, 0 rows affected (0.00 sec)

mysql> SELECT * FROM s_bak;
+------+-----------------+------------+
| s_id | s_name          | phone      |
+------+-----------------+------------+
|    1 | 真牛医疗器械     | 02036879   |
|    2 | 广百天怡         | 1313231263 |
|    3 | 3W              | 1313249193 |
|    4 | 绿色食品有限公司  | 01011789   |
|    5 | 雁南照明         | 01025784   |
|    6 | 阳光器械         | 02014785   |
|    7 | 有机生活         | 02079885   |
|    8 | 真香集团         | 0203       |
|    9 | 绿色能源新生活    | 02035555   |
+------+-----------------+------------+
9 rows in set (0.00 sec)
```

图 10-21　回滚保存点

从执行结果可以看出,回滚保存点后,s_id 为 2 的 phone 值并未更新成功。

（5）提交事务。

```
COMMIT;
```

6. 事务的隔离级别

MySQL 在数据库访问过程中采用的是并发访问方式。在实际应用中,数据库中的数据是要被多个用户共同访问的,在多个用户同时操作相同的数据时,可能会出现脏读、丢失更新、不可重复读以及幻读等情况。

1）脏读

脏读就是一个事务读取了另一个事务没有提交的数据。即第一个事务正在访问数据,并且对数据进行了修改,当这些修改还没有提交时,第二个事务访问和使用了这些数据。如果第一个事务回滚,那么第二个事务访问和使用的数据就是回滚前的数据,即错误的脏数据。

2）丢失更新

丢失更新是指两个事务同时更新一行数据,后提交（或撤销）的事务将之前事务提交的数据覆盖了。

丢失更新可分为两类,分别是第一类丢失更新和第二类丢失更新。

第一类丢失更新是指两个事务同时操作同一个数据时,当第一个事务撤销时,把已经提交的第二个事务的更新数据覆盖了,第二个事务就造成了数据丢失。

第二类丢失更新是指两个事务同时操作同一个数据时,当第一个事务将修改结果成功提交后,把已经提交的第二个事务的修改结果覆盖了,第二个事务就造成了数据丢失。

3）不可重复读

不可重复读是指在一个事务内,对同一数据进行了两次相同查询,但得到的结果不同。这是由于在一个事务两次读取数据之间,有第二个事务对数据进行了修改,从而造成两次读取数据的结果不同。

4）幻读

幻读是指在同一事务中,两次按相同条件查询到的记录不一样。造成幻读的原因在于事务处理没有结束时,其他事务对同一数据集合新增或者删除了记录。

为了避免以上事务并发问题的出现,MySQL 设置了事务的四种隔离级别,由低到高分别为 READ UNCOMMITTED、READ COMMITTED、REPEATABLE READ、SERIAL-IZABLE,能够有效地防止脏读、丢失更新、不可重复读以及幻读等情况。

1）READ UNCOMMITTED

READ UNCOMMITTED 是指"读未提交",该级别下的事务在执行过程中,既可以访问其他事务未提交的新插入的数据,又可以访问未提交的修改数据。如果一个事务已经开始写数据,则另一个事务不允许同时进行写操作,但允许其他事务读此行数据。此隔离级别仅可防止丢失更新。这种隔离级别在实际应用中容易出现脏读等情况,因此很少被应用。

2）READ COMMITTED

READ COMMITTED 是指"读提交"，该级别下的事务在执行过程中，既可以访问其他事务成功提交的新插入的数据，又可以访问成功修改的数据。这种隔离级别可有效防止脏读，但容易出现不可重复读的问题。

3）REPEATABLE READ

REPEATABLE READ 是指"可重复读"，是 MySQL 默认的事务隔离级别。它允许访问其他事务成功提交的新插入的数据，但不允许访问成功修改的数据。读取数据的事务将禁止写事务（但允许读事务），写事务则禁止任何其他事务。此隔离级别可有效防止不可重复读和脏读，但容易出现幻读的问题。

4）SERIALIZABLE

SERIALIZABLE 是指"可串行化"，是 MySQL 最高的事务隔离级别。它通过对事务进行强制性的排序，使事务之间不会相互冲突，从而解决幻读问题。但是这种隔离级别容易出现超时现象和锁竞争。

各个隔离级别可能引起的问题如表 10-1 所示。

表 10-1　隔离级别和并发副作用

隔离级别	更新丢失	脏读	不可重复读	幻读
READ UNCOMMITTED	不会出现	会出现	会出现	会出现
READ COMMITTED	不会出现	不会出现	会出现	会出现
REPEATABLE READ	不会出现	不会出现	不会出现	会出现
SERIALIZABLE	不会出现	不会出现	不会出现	不会出现

用 SET TRANSACTION 语句可以改变当前会话或所有新建连接的隔离级别。语法格式如下：

```
SET [SESSION | GLOBAL] TRANSACTION ISOLATION LEVEL {READ UNCOMMITTED | READ COMMITTED |
REPEATABLE READ | SERIALIZABLE};
```

例如，设置当前会话的隔离级别为 READ COMMITTED，语句如下：

```
SET SESSION TRANSACTION ISOLATION LEVEL READ COMMITTED;
```

●【任务总结】

本任务介绍了数据库中关于事务的基本概念、事务的管理（事务开启、提交和回滚等操作），以及事务的隔离级别。本任务需要在实验操作中反复动手调试、观察、对比和分析，才能融会贯通。

拓展训练

1. 写出以下程序的执行结果。

```
delimiter //
create procedure proc_local()
begin
declare x char(10) default 'x是外层';
begin
declare x char(10) default 'x是内层';
select x;
end;
select x;
end;
//
```

2. 计算以下程序的执行结果。

```
delimiter //
create procedure p_1()
begin
set @x=3;
begin
set @x=1;
set @x=@x+1;
end;
select @x;
end;
//
```

3. 创建一个名为 p_jiaoshi1 的存储过程。该存储过程返回 teacher 表中所有学历为"硕士研究生"的记录。

4. 在 student 数据库中创建一个名为 p_jiaoshi2 的存储过程。该存储过程能根据用户给定的学历值,查询返回 teacher 表中对应的记录。

5. 创建存储过程 p_jiaoshi3,要求能根据用户给定的学历值,统计出 teacher 表中学历为该值的教师人数,并将结果以输出变量的形式返回给调用者。

6. 创建存储过程 p_jiaoshi4,要求能根据用户给定的性别,统计出 teacher 表中性别为该值的教师人数,并将结果以输出变量的形式返回给调用者。

7. 用参数名传递参数值的方法执行存储过程 p_xl,分别查询当输入指定姓名时判定该教师的学历情况,学历为本科时输出"大学本科",学历为硕士研究生时输出"硕士",学历为博士研究生时输出"博士"。

8. 显示 xsxk 数据库内存储过程的列表。

9. 查看 p_jiaoshi4 存储过程的详细信息。

10. 修改存储过程 p_jiaoshi1 的定义,将读写权限改为 MODIFIES SQL DATA,并指明调用者可以执行。

11. 删除存储过程 p_jiaoshi4。

12. 创建存储函数 f_sum,用于返回两个数相加之和。

13. 启动一个事务,在 teacher 表中插入两条记录:

```
INSERT INTO teacher values('t006','张君瑞','男','硕士研究生','副教授');
INSERT INTO teacher values('t007','赵楠','女','博士研究生','教授');
```

分别查询提交和回滚后的数据。

课后习题

1. 关于 MySQL 中开启事务的 SQL 语句,正确的是(　　)。

A. BEGIN TRANSACTION;　　　　　　B. START TRANSACTION;

C. END TRANSACTION;　　　　　　　D. STOP TRANSACTION;

2. 用于实现事务回滚操作的语句是(　　)。

A. ROLLBACK TRANSACTION;　　　　B. ROLLBACK;

C. END COMMIT;　　　　　　　　　D. END ROLLBACK;

3. 将具有特定功能的一段 SQL 语句(多于一条)在数据库服务器上进行预先定义并编译,以供应用程序调用,该段 SQL 程序可被定义为(　　)。

A. 事务　　　　　B. 触发器　　　　　C. 视图　　　　　D. 存储过程

4. 关于存储过程,下列说法错误的是(　　)。

A. 方便用户完成某些功能

B. 用户存储过程方便用户批量执行 T-SQL 命令

C. 用户存储过程不能调用系统存储过程

D. 应用程序可以调用用户存储过程

5. 存储过程的修改不能采用(　　)。

A. 通过界面方式修改以命令方式创建的存储过程

B. ALTER PROCEDURE

C. 先删除再创建

D. CREATE PROCEDURE

6. 事务的隔离性是指(　　)。

A. 一个事务内部的操作及使用的数据对并发的其他事务是隔离的

B. 事务一旦提交,对数据库的改变是永久的

C. 事务中包括的所有操作要么都做,要么都不做

D. 事务必须使数据库从一个一致性状态变到另一个一致性状态

7. MySQL 数据库的四种特性不包括(　　)。

A. 原子性　　　　　　B. 事务性　　　　　　C. 一致性　　　　　　D. 隔离性

8. 事务的隔离级别不包括(　　)。

A. READ UNCOMMITTED　　　　　　B. READ COMMITTED

C. REPEATABLE READ　　　　　　D. REPEATABLE ONLY

9. 当隔离级别设置为(READ COMMITTED)时,可以避免(　　)。

A. 丢失更新　　　　B. 脏读　　　　C. 不可重复读　　　　D. 幻读

10. 用户定义的一系列数据库操作,这些操作要么都执行,要么都不执行,是一个不可分割的逻辑工作单元,这体现了事务的(　　)。

A. 原子性　　　　　　B. 隔离性　　　　　　C. 一致性　　　　　　D. 持久性

项目十一　网上书城数据库案例设计

【教学目标】

❖ 通过一个典型的数据库管理系统——网上书城数据库的设计，对本书所讲的内容进行总结和巩固。

任务　网上书城数据库设计

● 【任务描述】

网上书城是一种基于互联网的书籍在线购买和浏览平台。为了实现其正常运营，需要设计一个完善的数据库系统以存储和管理各类信息，包括书籍信息、用户信息、订单信息等。本任务主要是对网上书城数据库进行设计，依据网上书城项目的需求情况，设计系统的功能和流程，最终完成整个数据库的实施。

● 【任务分析】

网上书城是通过互联网运行的一个应用系统。在开发过程中，需要经过需求分析、系统功能分析、数据库设计、编码、测试等多个阶段。在数据库设计中，我们需要考虑图书、用户、订单、管理员等属性及它们之间的联系。

● 【任务实施】

本任务中主要介绍网上书城数据库的设计。

1. 需求分析

网上书城系统可以实现在网上按图书目录分类浏览书籍，用户可查阅图书的详细信息，用户下单订购图书并提供完整的收货、发货信息，用户下单前需注册，管理员对图书、用户、订单、发货、收货等信息进行定期维护等功能。具体描述如下：

（1）可以在网页中浏览图书目录，并可按图书类别分类浏览；

（2）可以浏览所选图书的详细信息；

（3）浏览图书时可订购图书,生成并提交订单;

（4）根据订单和支付信息发出图书,形成发货信息;

（5）用户收到图书之后,对收货予以确认,形成收货信息;

（6）用户必须注册后才能订购图书;

（7）管理员对图书、用户、订单、发货、收货等信息进行定期维护。

2. 系统功能分析

根据前文需求分析描述,系统总体功能如图 11-1 所示。

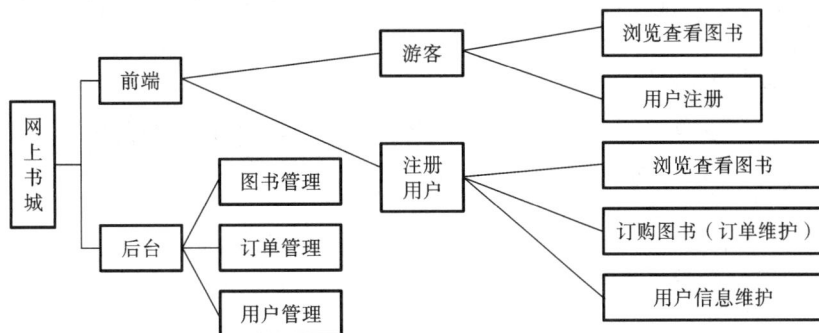

图 11-1　网上书城系统功能

3. 数据库设计

1）创建网上书城系统 E-R 图

根据需求分析和系统功能描述,确定网上书城系统的实体、实体属性和实体之间的联系。网上书城系统 E-R 图如图 11-2 所示。

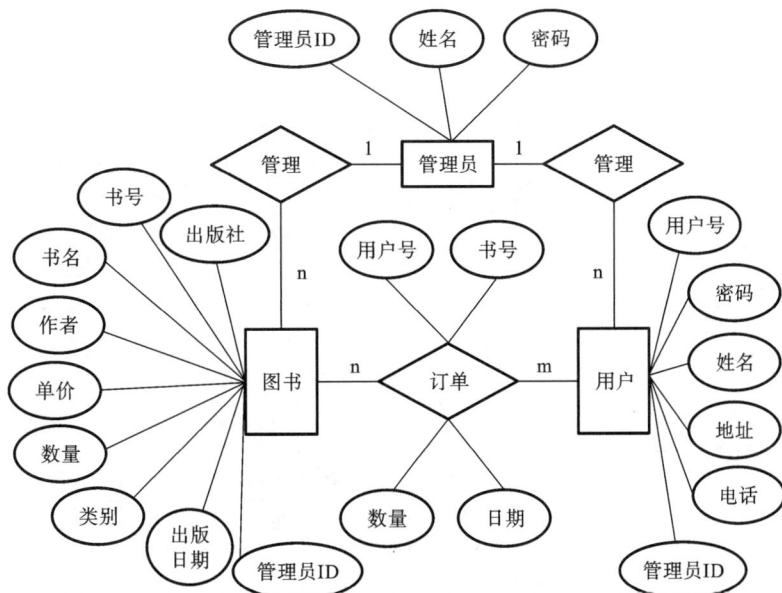

图 11-2　网上书城系统 E-R 图

2）将 E-R 图转化为关系模式

按照将 E-R 图转换为关系模式的规则，将图 11-2 所示 E-R 图进行转换，关系模式如下：

图书（书号，书名，作者，单价，数量，类别，出版社，出版日期，管理员 ID）

管理员（管理员 ID，姓名，密码）

用户（用户号，密码，姓名，地址，电话，管理员 ID）

订单（数量，日期，书号，用户号）

对上述关系模式进行优化。"图书"关系中的类别存在大量的数据冗余，为减少数据冗余，可单独分出一个"类别"关系，包含"类别号"和"类别名称"属性，将"图书"关系中的"类别"修改成"类别号"。

优化后的关系模式如下：

图书（书号，书名，作者，单价，数量，类别号，出版社，出版日期，管理员 ID）

图书类别（类别号，类别名称）

管理员（管理员 ID，姓名，密码）

用户（用户号，密码，姓名，地址，电话，管理员 ID）

订单（数量，日期，书号，用户号）

3）设计表结构

根据以上关系模式，各个表结构如表 11-1～表 11-5 所示。

表 11-1　admins 管理员表结构

字段名称	数据类型	含义	说明
adminid	char(6)	管理员账号	主键，不为空
admin_name	varchar(30)	管理员姓名	不为空
pwd	varchar(30)	管理员密码	不为空

表 11-2　books 图书表结构

字段名称	数据类型	含义	说明
ISBN	varchar(13)	书号	主键，不为空
book_name	varchar(30)	书名	不为空
author	varchar(30)	作者	允许为空
price	decimal(4,2)	图书单价	大于 0
amount	int	图书数量	默认值为 1
type_id	char(4)	图书类别号	不为空，外键
public	varchar(30)	出版社	允许为空
p_time	datetime	出版日期	允许为空
adminid	char(6)	管理员账号	管理员 ID

表 11-3　booktype 图书类别表结构

字段名称	数据类型	含义	说明
type_id	char(4)	图书类别号	不为空,主键
type_name	varchar(30)	类别名称	不为空

表 11-4　orders 订单表结构

字段名称	数据类型	含义	说明
ISBN	varchar(13)	书号	复合主键
user_id	varchar(20)	用户 id	
date	datetime	订购日期	允许为空
o_qty	int	订购数量	大于 0

表 11-5　users 用户表结构

字段名称	数据类型	含义	说明
user_id	varchar(20)	用户 id	主键,不为空
user_name	varchar(30)	用户姓名	不为空
user_pwd	varchar(30)	用户密码	不为空
address	varchar(50)	用户地址	允许为空
phone	varchar(11)	用户电话	允许为空
adminid	char(6)	管理员账号	管理员 ID

4. 创建库、创建表、创建约束

1）创建数据库

使用 create database 语句创建网上书城数据库 bookstore。创建数据库时先检测数据库是否存在,如果存在,首先要删除数据库再创建。

```
drop database if exists bookstore;
create database bookstore;
```

2）创建表

根据前面设计出的网上书城数据库的表结构,使用 create table 语句创建表。在创建表时,首先检测是否存在同名的数据表,如果存在,则先删除再创建。

相应的 SQL 语句如下：

```
use bookstore;
—创建 admins 表
drop table if exists admins;
```

```
create table admins(
    adminid char(6) not NULL primary key,
    admin_name varchar(30) not NULL,
    pwd varchar(30) not NULL
    );
```

—创建 books 表
```
drop table if exists books;
create table books(
    ISBN varchar(13) not NULL primary key,
    book_name varchar(30) not NULL,
    author varchar(30),
    price decimal(4,2),
    amount int default 1,
    type_id char(4) not NULL,
    public varchar(30),
    p_time datetime,
    adminid char(6),
    check(price>0));
```

—创建 booktype 表
```
drop table if exists booktype;
create table booktype(
    type_id char(4) not NULL primary key,
    type_name varchar(30) not NULL
    );
```

—创建 orders 表
```
drop table if exists orders;
create table orders(
    ISBN varchar(13) not NULL,
    user_id varchar(20) not NULL,
    date datetime,
    o_qty int,
    primary key(ISBN,user_id),
    check(o_qty>0));
```
—创建 users 表
```
drop table if exists users;
```

```
create table users(
    user_id varchar(20) not NULL primary key,
    user_name varchar(30) not NULL,
    user_pwd varchar(30) not NULL,
    address varchar(50),
    phone varchar(11),
    adminid char(6)
    );
```

3）添加约束

为保证实体完整性、参照完整性和域完整性，可以为表添加主键约束、外键约束、唯一性约束、默认值约束、检查约束等。在前面创建表内容中，我们已为每个表指定了主键，也设置了检查约束和默认值约束，本部分重点完成外键约束的设置。

（1）为 books 表中的 type_id 添加外键约束。

```
alter table books
add constraint fk_typeid foreign key(type_id) references booktype(type_id);
```

（2）为 orders 表建立外键约束。

```
alter table orders
add constraint fk_isbn foreign key(ISBN) references books (ISBN),
add constraint fk_user foreign key(user_id) references users (user_id);
```

5. 插入测试数据

使用 SQL 语句向数据库中插入测试数据。注意插入数据的顺序，以保证主外键的约束关系。实现语句分别如下。

（1）为 booktype 表添加数据。

```
insert into booktype values('10','计算机类'),('11','图形设计类'),('12','外语类'),
('13','文学类'), ('14','图书类'), ('15','经管类');
```

（2）为 admins 表添加数据。

```
insert into admins values('101','张迈','12345'),('102','孙耀','12345'),('103',
'王皓','12345'),('104','林晓晓','12345');
```

（3）为 books 表添加数据。

```
insert into books values
('9787113211','Mysql 数据库','王阳明',45.5,30,'10', '人民邮电出版社','2021-10-01',
'101'),
('9787522605','photoshop 图像处理','ADOBE',48.8,60,'11', '电子工业出版社','2021-
10-20','103'),
```

```
('9787313196','星火英语','alice',52,50,'12','外国语言出版社','2020-09-20','102'),
('9787536094','鲁迅全集','鲁迅',45.5,100,'13','延安文学出版社','2016-06-19','101'),
('9787506098','绿野仙踪','弗兰克·鲍姆',12.2,30,'14','儿童文学出版社','2018-11-17',
'101'),
('97857501614','草房子','曹文轩',19.1,40,'10','儿童文学出版社','2017-11-20','104'),
('9787113211','python基础','传智播客',45.5,60,'10','高等教育出版社','2021-02-21','102'),
('9787536094','冰心儿童文选','冰心',25.8,70,'13','晋江文学出版社','2018-09-20','102'),
('9787522605','After Effect视频后期制作','李涛',49.8,70,'11','清华大学出版社','2020-
10-15','104'),
('9787801444','跟我说地道旅行英语','丁思蒙',23.3,50,'12','外国语言出版社','2021-01-12',
'103'),
('9787121346','理财就是理生活','艾玛·沈',59,65,'15','延边出版社','2020-10-20','103'),
('9787113211','PHP动态网页制作','张海',45.8,23,'10','机械工业出版社','2020-01-20','102');
```

（4）为 users 表添加数据。

```
insert into users values
('10001','章林','12345','朝阳小区121号','1324567321','101'),
('10002','王芳','12345','金陵路120号','1375567321','102'),
('10003','童晓丹','12345','胜利路88号','1394566327','104'),
('10004','吴昊','12345','越秀区工业一路12号','1835567326','103'),
('10005','毛春红','12345','塘边路1栋2号','1734567321','102'),
('10006','李元','12345','锦绣广场10栋108号','1565567328','101'),
('10007','胡笑','12345','天门山广场11号','1817567321','103'),
('10008','林天洋','12345','凤凰小区121号','1384567561','102'),
('10009','刘一韩','12345','秀丽家园1号','1809756321','104'),
('10010','张涵','12345','幸福大道101号','1324567321','103');
```

（5）为 orders 表添加数据。

```
insert into orders values
('9787113211','10001','2022-01-06',2),
('9787506098','10005','2022-02-06',5),
('9787522605','10003','2022-03-16',2),
('9787121346','10007','2022-01-26',1),
('9787801444','10006','2022-01-26',1),
('9787113211','10001','2022-01-16',1),
('9787522605','10002','2022-03-06',1),
('9787113211','10008','2022-03-16',1),
('9787506098','10009','2022-01-06',2),
('9787536094','10005','2022-03-06',1);
```

6. 创建索引

在经常需要查询的字段上建立索引,可以提高查询性能。为 books 表中的 book_name 字段建立普通索引。

```
create index ix_bookname on books(book_name);
```

7. 创建、使用视图

对一些经常查询的数据,为了简化查询语句,同时也为了更直观地显示用户界面,可以使用 SQL 语句创建视图。

(1) 创建图书基本信息视图 v_book。

```
create view v_book
AS
SELECT ISBN,book_name,public,p_time FROM books;
```

(2) 创建管理员管理图书的视图 v_admins。

```
create view v_admins
AS
SELECT a.adminid,ISBN,book_name FROM admins a,books b WHERE a.adminid=b.adminid;
```

8. 创建、使用存储过程

1) 创建一个存储过程 p_user,根据指定的用户账号查看用户订购图书的信息

(1) 创建存储过程。

```
create procedure p_user(id varchar(20))
SELECT user_id,book_name,author,public,price,o_qty FROM orders a,books b WHERE
a.ISBN=b.ISBN AND user_id=id;
```

(2) 使用(调用)存储过程。

```
call p_user('10001');
```

执行结果如图 11-3 所示。

```
mysql> call p_user('10001');
+---------+----------------+-----------+--------------------+--------+-------+
| user_id | book_name      | author    | public             | price  | o_qty |
+---------+----------------+-----------+--------------------+--------+-------+
| 10001   | Mysql数据库     | 王阳明     | 人民邮电出版社       | 45.50  |     2 |
| 10001   | PHP动态网页制作  | 张海       | 机械工业出版社       | 45.80  |     1 |
+---------+----------------+-----------+--------------------+--------+-------+
2 rows in set (0.00 sec)

Query OK, 0 rows affected (0.02 sec)
```

图 11-3　调用存储过程 p_user 的结果

2) 创建一个存储过程 p_total,根据指定的用户账号查看用户订购图书的总价

(1) 创建存储过程。

```
create procedure p_total(id varchar(20))
SELECT user_id,sum(price*o_qty) FROM orders a,books b WHERE a.ISBN=b.ISBN AND
user_id=id group by user_id;
```

(2) 使用(调用)存储过程。

```
call p_total('10001');
```

执行结果如图 11-4 所示。

```
mysql> call p_total('10001');
+---------+------------------+
| user_id | sum(price*o_qty) |
+---------+------------------+
| 10001   |           136.80 |
+---------+------------------+
1 row in set (0.00 sec)

Query OK, 0 rows affected (0.00 sec)
```

图 11-4　调用存储过程 p_total 的结果

9. 创建、使用触发器

当用户成功订购了书籍之后,books 表中的数量也要减少相应的数量,以确保数据前后的一致性。

1) 创建触发器

```
delimiter //
create trigger tr_books after insert on orders
for each row
begin
update books
set amount=amount-new.o_qty WHERE ISBN=new.ISBN;
end//
delimiter;
```

2) 验证触发器

(1) 查看 books 表中数据。相应的 SQL 语句如下:

```
SELECT ISBN,book_name,amount FROM books;
```

执行结果如图 11-5 所示。

(2) 向 orders 表中添加一条记录。相应的 SQL 语句如下:

```
insert into orders values('9787113211013','10004','2022-10-12',5);
```

```
mysql> select ISBN,book_name,amount from books;
+---------------+-------------------------------+--------+
| ISBN          | book_name                     | amount |
+---------------+-------------------------------+--------+
| 9787113211011 | Mysql数据库                    |     30 |
| 9787113211013 | PHP动态网页制作                 |     23 |
| 9787113211017 | python基础                     |     60 |
| 9787121346248 | 理财就是理生活                   |     65 |
| 9787313196880 | 星火英语                        |     50 |
| 9787501614592 | 草房子                          |     40 |
| 9787506098502 | 绿野仙踪                        |     30 |
| 9787522605049 | After Effect视频后期制作        |     70 |
| 9787522605050 | photoshop图像处理              |     60 |
| 9787536094232 | 冰心儿童文选                    |     70 |
| 9787536094239 | 鲁迅全集                        |    100 |
| 9787801444745 | 跟我说地道旅行英语               |     50 |
+---------------+-------------------------------+--------+
12 rows in set (0.00 sec)
```

图 11-5　查询 books 表中部分字段信息

（3）再次查看 books 表中的数据。

```
SELECT ISBN,book_name,amount FROM books;
```

执行结果如图 11-6 所示。

```
mysql> insert into orders values('9787113211013','10004','2022-10-12',5);
Query OK, 1 row affected (0.01 sec)

mysql> select ISBN,book_name,amount from books;
+---------------+-------------------------------+--------+
| ISBN          | book_name                     | amount |
+---------------+-------------------------------+--------+
| 9787113211011 | Mysql数据库                    |     30 |
| 9787113211013 | PHP动态网页制作                 |     18 |
| 9787113211017 | python基础                     |     60 |
| 9787121346248 | 理财就是理生活                   |     65 |
| 9787313196880 | 星火英语                        |     50 |
| 9787501614592 | 草房子                          |     40 |
| 9787506098502 | 绿野仙踪                        |     30 |
| 9787522605049 | After Effect视频后期制作        |     70 |
| 9787522605050 | photoshop图像处理              |     60 |
| 9787536094232 | 冰心儿童文选                    |     70 |
| 9787536094239 | 鲁迅全集                        |    100 |
| 9787801444745 | 跟我说地道旅行英语               |     50 |
+---------------+-------------------------------+--------+
12 rows in set (0.00 sec)
```

图 11-6　执行触发器后 books 表中的数据

从执行结果可以看到，当创建完触发器 tr_books，向 orders 表中增加一条记录之后，books 表中相应的图书数量也自动减少。由图 11-6 所知，《PHP 动态网页制作》图书的数量自动减少了 5，变成了 18。

● 【任务总结】

本任务主要针对网上书城系统作了数据库设计，包括 E-R 模型建立、关系模式确定、数据库创建、数据表创建。同时，为提高数据库的效率，创建了视图、触发器、存储过程，并为表建立了相关索引。

附录一 应急物资管理系统(wzgl)数据表结构及数据说明

应急物资管理系统 wzgl 各数据表结构及数据。

1. 供应商表 supplier

字段	数据类型	描述	说明
s_id	int	主键,自动增长,非空	供应商 id
s_name	varchar(50)	非空	供应商姓名
phone	varchar(11)		供应商电话

数据如下:

s_id	s_name	phone
1	真牛医疗器械	02036879
2	广百天怡	1313231263
3	3W	1313249193
4	绿色食品有限公司	01011789
5	雁南照明	01025784
6	阳光器械	02014785
7	有机生活	02079885

2. 物资类型表 goods_type

字段	数据类型	描述	说明
type_id	int	主键,自动增长,非空	物资类型 id
t_name	varchar(20)	非空	物资类型名称

数据如下:

type_id	t_name
1	防护用品

type_id	t_name
2	生命救助
3	临时食宿
4	器材工具
5	照明设备
6	工程材料
7	污染清理

3. 物资表 goods

字段	数据类型	描述	说明
g_id	int	主键,自动增长,非空	物资 id
g_name	varchar(30)	非空	物资名称
s_id	int	非空	供应商 id
type_id	int	非空	物资类型 id
unit_price	decimal(8,2)		单价
g_qty	int	默认值 0	数量
goods_memo	varchar(200)		物品描述

数据如下:

g_id	g_name	s_id	type_id	unit_price	g_qty	goods_memo
1	防护衣	1	1	45.00	500	一次性
2	防火服	2	1	450.00	200	NULL
3	防爆服	2	1	225000.00	1	NULL
4	潜水服	1	1	300.00	10	NULL
5	水下呼吸器	2	1	120.00	20	NULL
6	安全帽	2	1	40.00	200	NULL
7	水靴	2	1	55.00	200	NULL
8	防毒面具	1	1	80.00	200	NULL
9	止血绷带	3	2	32.00	200	NULL
10	救生圈	3	2	50.00	200	NULL
11	保护气垫	3	2	1980.00	50	NULL
12	红外探测器	3	2	360.00	50	NULL

g_id	g_name	s_id	type_id	unit_price	g_qty	goods_memo
13	氧气瓶	3	2	60.00	200	NULL
14	生命探测仪	3	2	9500.00	10	NULL
15	瓶装水	4	3	1.50	1000	NULL
16	压缩饼干	4	3	32.00	1000	箱
17	水果罐头	4	3	50.00	1000	箱
18	帐篷	4	3	150.00	200	NULL
19	棉衣	4	3	100.00	500	NULL
20	棉被	4	3	200.00	500	NULL
21	方便面	4	3	22.00	500	箱
22	手电	5	5	20.00	500	NULL
23	探照灯	5	5	50.00	300	NULL
24	防水灯	5	5	160.00	100	NULL
25	电钻	6	4	300.00	100	NULL
26	灭火器	6	4	120.00	300	NULL
27	绳索	6	4	20.00	200	NULL
28	警报器	6	4	320.00	50	NULL
29	电锯	6	4	300.00	50	NULL
30	口罩	2	1	10.00	1000	盒

4. 操作员表 operator

字段	数据类型	描述	说明
op_id	char(6)	主键,非空	操作员 id
pwd	varchar(20)	非空	密码
op_name	char(10)	非空	操作员姓名

数据如下:

op_id	pwd	op_name
10001	123456	张敏
10002	123456	王海
10003	123456	林晓
10005	123	陈倩倩
10004	123456	祁阳

5．入库表 goods_in

字段	数据类型	描述	说明
in_id	int	主键,自动增长,非空	入库 id
g_id	int	外键	物资 id
time_in	datetime	非空	入库时间
i_amount	int	非空	入库数量
op_id	char(6)	非空,外键	操作员 id

数据如下：

in_id	g_id	time_in	i_amount	op_id
1	1	2021-09-01	500	10001
2	2	2021-08-07	200	10002
3	3	2020-05-04	1	10001
4	4	2020-03-07	10	10003
5	5	2021-08-03	20	10004
6	6	2021-03-04	200	10005
7	7	2021-09-01	200	10003
8	8	2021-08-07	200	10002
9	9	2021-05-04	200	10005
10	10	2021-03-07	200	10003
11	11	2021-08-03	50	10004
12	12	2021-08-03	50	10002
13	13	2021-03-07	200	10004
14	14	2021-09-01	10	10001
15	15	2020-05-04	1000	10005
16	16	2020-05-04	1000	10005
17	17	2020-03-07	1000	10003
18	18	2020-03-07	200	10003
19	19	2021-08-03	500	10002
20	20	2022-02-28	500	10001
21	21	2022-02-08	500	10002
22	22	2022-02-03	500	10003

续表

in_id	g_id	time_in	i_amount	op_id
23	23	2022-02-28	300	10004
24	24	2021-05-04	100	10005
25	25	2021-03-07	100	10003
26	26	2022-05-06	300	10003
27	27	2022-04-08	200	10004
28	28	2022-03-09	50	10002
29	29	2022-07-06	50	10005
30	30	2021-01-15	1000	10003

6. 出库表 goods_out

字段	数据类型	描述	说明
out_id	int	主键,自动增长,非空	出库 id
g_id	int	外键	物资 id
time_out	datetime	非空	出库时间
o_amount	int	非空	出库数量
op_id	char(6)	非空,外键	操作员 id

数据如下:

out_id	g_id	time_out	o_amount	op_id
1	1	2021-10-11	200	10002
2	1	2021-10-15	100	10003
3	2	2021-08-20	1	10001
4	4	2020-03-10	6	10002
5	5	2021-08-10	10	10003
6	6	2021-03-15	100	10004
7	7	2021-09-11	80	10005
8	8	2021-08-15	100	10001
9	9	2021-06-04	150	10003
10	10	2021-03-12	200	10004
11	11	2021-08-13	50	10001
12	12	2021-09-03	50	10005

out_id	g_id	time_out	o_amount	op_id
13	13	2021-04-07	200	10003
14	14	2021-09-21	10	10002
15	15	2020-05-14	1000	10004
16	16	2020-06-24	1000	10001
17	17	2020-04-17	1000	10004
18	18	2020-03-27	200	10005
19	19	2021-08-16	500	10001
20	20	2022-03-08	500	10003
21	21	2022-03-01	500	10005
22	22	2022-03-03	500	10001
23	23	2022-03-22	300	10002
24	24	2021-05-14	100	10003
25	25	2021-04-07	100	10002
26	26	2022-05-16	300	10003
27	27	2022-04-18	200	10005
28	28	2022-03-19	50	10004
29	29	2022-07-26	50	10003
30	30	2021-01-25	1000	10002

附录二　MySQL 常用函数

函数类型	函数名称	含义	举例	返回结果
字符串函数	CONCAT()	将多个字符串连接为一个字符串	SELECT CONCAT('Hello', ' ', 'World');	Hello World
	LENGTH()	返回字符串的长度(按字节计)	SELECT LENGTH('Hello');	5
	UPPER()	将字符串转换为大写	SELECT UPPER('hello');	HELLO
	LOWER()	将字符串转换为小写	SELECT LOWER('HELLO');	hello
	SUBSTRING(str, pos, len)	从字符串 str 的指定位置 pos 提取 len 长度的字符串	SELECT SUBSTRING('MySQL', 2, 3);	ySQ
	TRIM(str)	移除字符串两端的空格	SELECT TRIM('MySQL');	MySQL
数值函数	ABS(x)	返回数值 x 的绝对值	SELECT ABS(-10);	10
	CEILING(x)	返回大于或等于 x 的最小整数	SELECT CEILING(3.14);	4
	FLOOR(x)	返回小于或等于 x 的最大整数	SELECT FLOOR(3.14);	3
	ROUND(x, d)	将 x 四舍五入到 d 位小数	SELECT ROUND(3.14159, 2);	3.14
	RAND()	返回一个 0 到 1 之间的随机数	SELECT RAND();	RAND()的返回结果是 0.3

续表

函数类型	函数名称	含 义	举 例	返回结果
日期和时间函数	NOW()	返回当前的日期和时间	SELECT NOW();	2023-09-06 16:47:45（仅参考）
	CURDATE()	返回当前的日期（不包含时间）	SELECT CURDATE();	2023-09-06(仅参考)
	CURTIME()	返回当前的时间（不包含日期）	SELECT CURTIME();	16:47:46(仅参考)
	DATE_ADD(date, INTERVAL expr unit)	将指定的时间间隔添加到日期	SELECT DATE_ADD('2023-09-01', INTERVAL 7 DAY);	2023-09-08
	DATEDIFF(date1, date2)	返回两个日期之间的天数差异	SELECT DATEDIFF('2024-09-10', '2024-09-01');	9
	DAYOFWEEK(date)	返回日期是星期几（1 表示星期日，2 表示星期一，依此类推）	SELECT DAYOFWEEK('2023-09-01');	6

参 考 文 献

[1] 张素青,翟慧,黄静.MySQL 数据库技术与应用[M].北京:人民邮电出版社,2018.

[2] 冯天亮,骆金维.MySQL 数据库项目化教程[M].北京:电子工业出版社,2017.

[3] 黑马程序员.MySQL 数据库原理、设计与应用[M].北京:清华大学出版社,2019.

[4] 谢萍,苏林萍.MySQL 数据库实用教程[M].北京:人民邮电出版社,2023.

[5] 杜晖,李纲.MySQL 数据库基础[M].哈尔滨:哈尔滨工程大学出版社,2022.